# 中国传统建筑与文化传承探析

姜立婷　著

中国纺织出版社有限公司

# 内 容 提 要

本书从审美文化的伦理观，自然观、宗教观、审美观念的核心角度对中国传统建筑蕴含的中国传统文化进行了论述。全书侧重于传统时期意识形态、精神信仰、社会文化、审美心理等因素对营建活动的影响，并侧重于这些思想观念是如何体现在中国传统建筑营造体系中各个环节的基本逻辑之中的。本书在理论上有一定的突破，其观点具有思辨性。一方面推进了中国传统建筑审美文化传承理论体系的建立，另一方面为打造"中国传统建筑文化品牌"提供了理论上的支持。本书值得广大建筑设计师以及建筑类专业的学生细心阅读。

## 图书在版编目（CIP）数据

中国传统建筑与文化传承探析／姜立婷著. --北京：
中国纺织出版社有限公司，2020.11（2023.6重印）
ISBN 978-7-5180-8049-6

Ⅰ．①中… Ⅱ．①姜… Ⅲ．①古建筑—建筑文化—研究—中国 Ⅳ．①TU-092.2

中国版本图书馆CIP数据核字（2020）第205357号

策划编辑：韩 阳  责任编辑：朱健桦
责任校对：高 涵  责任印制：储志伟

中国纺织出版社有限公司出版发行
地址：北京市朝阳区百子湾东里A407号楼 邮政编码：100124
销售电话：010—67004422 传真：010—87155801
http://www.c-textilep.com
中国纺织出版社天猫旗舰店
官方微博http://weibo.com/2119887771
永清县晔盛亚胶印有限公司印刷 各地新华书店经销
2020年11月第1版 2023年6月第2次印刷
开本：787×1092 1/16 印张：14.15
字数：230千字 定价：78.00元

# 前 言

　　建筑不仅是人类生活的物质载体，更是人类文化的一种表现形式。《中国传统建筑与文化传承探析》从审美文化的伦理观、自然观、宗教观、审美观念的核心角度对中国传统建筑蕴含的中国传统文化发表了作者的见解，旨在提供给大家一点关于中国传统建筑文化的不同认识。

　　中国在传统建筑审美文化上，无论是人与人、人与社会还是人与自然的关系，都追求一种心理的和谐。反映到建筑上就是不追求单体造型的丰富多彩和对高空的无限延伸，而是注重体量的高低和空间大小的合理搭配，以群居布局的四合院方式来营造一种和谐的秩序美。宗教建筑是有超越性的，但由于中国传统文化的人文气息和世俗性的浓厚，使得中国的宗教建筑——寺庙、道观大多采用世俗君主的宫廷建筑布局的四合院形式，也体现一种永恒的和谐。

　　本书论述的出发点在形态和意境上。中国传统建筑审美理想是追求意境，这一点与西方传统建筑的单体形态截然不同。实际上，"意境"的核心还是一种和谐，而建筑单体的塑造主要体现的是一种个体意识的超越。

　　中国传统建筑，其文化内涵丰富多彩，具有高水准的文化积淀、影响世界的高工艺水准。在中国传统建筑的研究中，对自然地理和资源环境等因素非常重视，虽然对于中国传统时期的营建活动来说，气候、地形地貌、资源、经济等客观因素固然重要，而意识形态、社会文化、审美心理等主管因素的影响亦不可小觑。特别是考虑到中国传统时期知识阶层在意识形态、权力架构以及社会文化领域所占据的支配地位，这种社会思想观念对营建活动的影响就体现得更为明显。

　　本书对影响中国传统营建活动的思想和观念做了简要的梳理，尝试描述今天所见的中国传统时期建筑环境的物质实体是在一种怎样的思想观念与逻辑体系之上建立起来的。全书侧重于传统时期意识形态、精神信仰、社会文化、审美心理等因素对营建活动的影响，并侧重于这些思想观念是如何体现在中国传统建筑营造体系中各个环节的基本逻辑之中的。本书在理论上有一定的突破，其观点具有思辨性。一方面推进了中国传统建筑审美文化传承理论体系的建立，另一方面为打造"中国传统建筑文化品牌"提供了理论上的支持。本书值得广大建筑设计师以及建筑类专业的学生细心阅读。

著　者

2020年4月

# 目  录

# 第一章　中国传统建筑概述

## 第一节　名词释义

在全球化的时代背景下，对于任何确定地域的强调，其实都隐含着对其传统或古代文化的基本认同。比如在建筑史论著中，不加限定词的地理名称通常指古代，如埃及建筑、波斯建筑所指都是古埃及、古波斯的建筑。同理，"中国传统建筑"中的中国也指古代中国。日本建筑学会编写建筑史，分为三部：西洋建筑史、日本建筑史、近代建筑史。其中"西洋建筑史"讲述 19 世纪以前欧洲为主的建筑；"日本建筑史"讲述日本本土建筑，也限于 19 世纪以前；"近代建筑史"则不分日本国内外，自 19 世纪以后，统而论之。日本的古代成就不足以置身于世界几大文明之列，但从 19 世纪开始"脱亚入欧"，进而成为全球性的列强之一，因此这样的总结十分符合他们的国情。中国的情况和日本很不同，但延续八千年的华夏文化始终保存着强大的生命力，建筑史该如何编排，值得我们认真思考。

## 一、传统

在中国，传统一词大致与英文 Tradition 一词对应。牛津词典将 Tradition 解释为 Handing down from generation to generation of opinions, beliefs, customs, etc.，意为：世代沿袭之风俗、信念、习惯等，与《辞海》对"传统"的解释大致相同。对于"传统"，人们大抵有两种态度，一种认为"传统"是历史智慧的结晶，是宝贵的文化遗产，《辞海》中的"传统剧目"含有此意。

本文中的"传统",倾向于这种用法。我们追寻中国传统建筑,主要着眼于对传统精华的赏鉴与学习,同时借以对当代建筑进行反思。另一种认为"传统"意在保守,与"现代"相对,《辞海》中的"传统农业""传统教育"就有此意,它们与"现代农业""现代教育"相对。当"现代"被打上"进步"的标记之后,"传统"的落后形象不言而喻。欧洲移民在美国西部的印第安领地上曾经树立标牌:Tradition is the enemy of progress,意为:传统是进步的敌人。问题显而易见,这里过度颂扬"进步"而极大贬抑"传统",曾经给多元而丰富的古代文明带来极大破坏,甚至引发出日益严重的资源和生态危机,今人不能不对其予以深刻的反省。

## 二、建筑

建筑最初产生于人们遮风避雨的需要。在中国古代,"建筑"之意常以"土木""营造"等表达,如"大兴土木""营造法式"等。古文中建、筑二字的意义近似,很少连用,如张衡《东京赋》中"楚筑章华于前,赵建丛台于后",建、筑二字对举。近代日译英文 construct 为建筑(kenchiku),意指建造房屋、道路、桥梁等。而中国习惯将 construct 译为建造(put or fit together),将 build 译为建筑(make by putting parts, material, etc. together)。将 civil engineering 译为土木工程,牛津词典解释为 the building of roads, railways, canals, docks, etc.,这恰与日译"建筑"的含义接近。

在中国,architecture 被译为建筑学,牛津词典解释为 art and science of building, design or style of buildings,意为:有关建筑的艺术和科学,有关建筑的设计或风格。中国将 architect 译为建筑师,牛津字典解释为 person who draws plans for buildings and looks after the work of building,意为:设计建筑物和掌管建筑工程的人。从学科设置上看,中国近代建筑学分为德、日与法、美两大体系,前者重工程技术,后者重造型艺术。19 世纪至 20 世纪初,西方文化部分经日本传到中国;但到 20 世纪 20 年代以后,留学于美国宾夕法利亚大学的清华学人构成了中国第一代建筑师的主体,建筑学的观念从而发生转变。在法、美体系的有力影响下,今人多将建筑视为美术的三大门类之一,将建筑与绘画、雕塑三者合称为艺术(beaux-arts 或 fine arts,牛津词典解释为 those that appeal to the sense of beauty, esp. painting, sculpture, and architecture）。需要指出，这是昔日主流的西方话语，今天我们如果仍然将其不假思索地接受，恐会导致思想上的混乱。

## 三、建筑、城市规划与园林

在欧洲传统中，城市规划和园林附属于建筑，同归于美术。而在中国传统中，城市规划由王公执掌，是国之大事；园林属于文艺，乃文人之风雅。园林多因主人意趣而擘画经营，故有"三分匠人，七分主人"之说。相比之下，中国建筑的观念虽然一直受到上层社会的极大关注，可是具体建筑的设计和实施者皆为匠人。

19世纪以后，欧美城市化速度加快，城市规划和风景园林这两个专业逐渐强化，趋向于获得与建筑并驾齐驱的独立地位。在20世纪70年代末至80年代初，中国大部分高校将城市规划和风景园林作为专业设置于建筑学之下。随着中国城市化的发展，三大学科也开始了重新调整的过程。

# 第二节　要素分析

建筑世界是由多种要素组成的。按英国著名建筑史家弗莱彻（Fletcher）的看法，建筑的根源可以分解成六大要素：地理、地质、气候、社会、宗教、历史。归纳起来，前三条是自然条件，后三条是人类活动。建筑的根源不同，结果当然不同，进而可知，世界上各地区的建筑各有千秋。弗莱彻早先曾将各国建筑分为历史性（historical）与非历史性（non-historical）的两大类型，在受到广泛批评之后，已在其新版著述中将此说废止。中国是一个地形多样、民族众多、历史悠久、文化深厚的国家，在这片土地上逐渐孕育出来的传统建筑，自然形成其独特而连贯的体系，呈现出丰富多彩的面貌。

就物质层面上的建筑遗产而言，欧洲以砖、石作为主要的建筑材料，中国则以土、木为主。大体上可以认为，北方（黄河中游为主）用土，南方（长江流域为主）用木。"土木"合称是汉语中"建筑"的古老表达，也在一定程度上象征着中国文化的南北统一。今日"土木"一词则无法涵盖建筑的全部，高校中"土木工程"这一学科，侧重于建筑材料与结构的研究，而较少关注建筑的文化蕴涵。早期北方建筑常采用穴居和半穴居的方式，随着生产力的提高，穴居和半穴居逐渐被地面式土木建筑所取代。南方的气候潮湿，为了避水防潮，多采用巢居的方式，逐步发展为干阑式建筑。

黄河中游的天然条件是，多土少木且少石；在干燥寒冷的气候中因地制宜，土自然成为最常使用的建筑材料。陕西、河南一带的考古成果表明，早期建筑经历了从地穴、半地穴到地面的进化。大约成书于西周的《易·系辞》说："上古穴居而野处。"大约成书于春秋战国之际的《礼记·礼运》说："昔者先王未有宫室，冬则居营窟，夏则居橧巢。"

北方房屋的墙体和屋顶采用木骨抹泥和草筋抹泥的做法，木骨被厚厚的泥土包裹在内。在汉代甘肃居延甲渠遗址中，可见夯土墙厚达 2 米。唐宋以后移居到南方的北方人，部分强烈执着于中原传统，如闽、粤、赣交界地区客家人建造外土内木的聚合性楼房（土楼）。其土墙厚达 2 米，高逾 10 米，整体边长或直径最大可达 80 多米，屋舍靠墙建造，秩序井然，而其内院的建筑多为木构。在今日华北农村，常见的建筑做法仍旧是以土为主、以木为辅。

长江流域及其以南的大部分地区，气候温暖湿润，森林植被茂密，理所当然以木材作为主要的建筑材料。南方的木加工技术在新石器时代就达到很高的水平，如在浙江河姆渡遗址中发现加工精美的榫卯构造。在 6500 多年前，使用石、骨工具加工这些榫卯构造能够达到如此精美，毋庸置疑地证明当时南方技艺的发达。采用榫卯构造，是中国传统建筑的重要特点之一。

古人云"巢居知风，穴居知雨"，准确指出了南北两地居住状态的差别。树巢为飞鸟所栖，因而南人崇鸟，南方建筑中常以鸟形为饰。如正脊上的燕尾、戗脊上的鸽、石桥墩分水尖饰等，使得南方建筑物在整体效果上轻灵欲飞。土穴为走兽所居，因而北人崇兽，北方建筑中常以兽形为饰。如正脊上的吞脊兽、戗脊上的戗兽以及石桥券心吸水兽等，使得北方建筑在整体效果上凝重庄严。另外应当注意的是，中国建筑并非单一中心的扩张，而是由不同地域建筑整合而成多样统一的复合体。自春秋时期或更早开始，黄河中游的汉族就自称华夏，在经济和文化上，都具有无法匹敌的优势。华夏周边的民族被蔑称为蛮夷戎狄，加上文字记录方面的弱势，他们为整个文明史所做出的贡献常被忽视，特别是那些带有地区色彩的成就。我们必须充分注意到文献中的这一并非公正的倾向，从而通过认真的梳理探究历史真相。

在中华文明南北互动的进程中，北强南弱的总体态势是显而易见的。黄河流域习惯上被称为中华文明的摇篮，从政治、文学等方面看，这种说法不会引起多大争议，但从技术史的角度着眼，情形有所不同。新石器晚期长江流域木构建筑的高度成就，必定建立于优良工具的基础之上。春秋战国时，北方铜制礼器的雄浑瑰丽无与伦比，但南方铜制器械的锋利坚固盖世无双。"蜀山兀，阿房出"，秦朝在咸阳建造宫殿须从四川输运木材，表明黄河流域的木建筑已经得益于长江流域的支持。最晚约从唐代后期开始，中原木建筑的成就可能直接仰仗于南方的技术和工匠，在京城负责建筑设计和施工的著名工匠（都料匠、梓人）大都来自南方。史料中有明确记载的如北宋初的喻浩，生于浙东，奉调到东京主持高达十一层的开宝寺塔工程，并撰《木经》三卷。宋代东南沿海石结构高塔长桥的建造，倘若没有足以克服花岗石的高硬度工具，工程根本无法进行。明代初年的蒯祥系江苏吴县的木匠名师，奉调到北京负责宫殿及陵墓的设计和施工。清代统领内廷工程长达200多年的"样式雷"家族，原为江西南康籍的木工，应朝廷的征募才来到京师。

材料的力学特点，决定了结构方式，继而决定了建筑物的空间形式。欧洲在砖石材料上的选择，导致了建筑物采用承重墙结构体系。砖石的抗压性能远远高于抗拉性能，适合砌筑拱券，但不适合制作横梁。在欧洲传统建筑中，拱券技术是对砖石材料抗压性能的完美诠释。中国传统建筑主要用木，木材有着良好的抗拉性能，适于制作抗拉的水平部件——梁。在中国，简洁而有效的立柱横梁体系成了最好的结构方式。梁在中国传统观念中是如此重要，以至于必须为之披上红妆并隆重对待。昔日土木工程中主梁的安装就位，类似于现代钢筋混凝土建筑的"封顶"。不同结构方式的选择，导致了中国与欧洲建筑在形式上呈现出各自不同的特点，并最终形成一定的思维惯性。

在中国，人们习惯于以梁柱斗拱为主要部件的木作形式，将其视为建筑的不二法门，甚至纳入意识形态色彩浓厚的礼制体系。从而在建造石阙、石屋、石塔及石亭这些石结构建筑时，执着地模仿木作建筑的形式。基于材料和结构有机产生的理性形式，一旦在文化观念上被普遍认同，久而久之将可能升华为在情感上不可割舍的非理性选择。适应石材本性的拱券结构往往受到负面评价，或被压抑到地下墓室或桥梁中去。

中国的抬梁式屋架外观近乎三角，实为若干矩形叠加而成，在荷载作用下允许局部变形，特别有利于减缓地震等瞬时外力的剧烈破坏，结构是柔性的。在欧洲建筑中，木材也有很长时间的使用，但结构做法与中国相比有本质的差别。如英国刚性结构的三角桁架（half timber），其优点在于受力时形体不变，但局部变形则可能导致整体破坏。柔与刚之间，是否有优劣之别？往往并不能够立即判明。

与中国相对应，欧洲以木材仿效石作形式。对拱券的极端推崇，也使人们对这一形式的选择从理性逐渐走向非理性。拱券风行的根本源于砖石材料的结构适应性，但到 19 世纪铁材料大量运用之时，结构却无法摆脱传统的羁绊，如英国塞文河上的铁的拱桥，巴黎埃菲尔铁塔下部的拱形支架。砖石适应拱券结构的原因是其受压强度大大超过受拉强度，铁则与之不同，其受压和受拉强度几乎相等，从而更适应梁柱或悬挂结构（工字梁和拉索），形式趋向正与拱券的形态上下颠倒。欧洲人以木建造桥梁时，也常采用拱券形式，木材被加工成楔石状，在荷载作用下全部受压，结构上更不合理。日本木拱桥受到了西方的影响，也用此种做法。中国的木拱桥则是由叠梁相贯而成，整体外观似拱券，而构件的局部受力似横梁。古代工匠的智慧，曾将木结构的壮观和优美演绎到极致。

# 第三节　延伸概念

## 一、建筑空间

建筑空间可分为内部和外部两种形态，前者与实用的关联较紧，如老子话中的"埏埴以为器，当其无，有器之用"。后者的狭义表达即建筑形式，主要着眼于美观，可是如此一来很难与绘画和雕塑有所区别，从而大大削弱了建筑自身的价值。正确的态度当然要突出建筑的特点，因此必须综合建筑的内部和外部空间两方面来论述。

（1）建筑空间的内部形态起源于材料和结构。中国建筑的主要构件是梁，在使用天然木材的条件下，简支梁的跨度很难超过 10 米，空间尺度不可避免地受到制约。可是由于采用梁柱结构的框架体系，建筑的内部空间可以灵活分隔，是相当通透和自由的。为了实现更大的跨度，天然木材可以采用特殊的结构做法如叠梁的木拱。北宋名画《清明上河图》描绘的汴水虹桥就是这种做法，较短的木梁经过巧妙组合，形成整体拱形的结构，跨度很容易超过20米，今天在中国不少地方还能够看到这种木拱桥。希腊建筑的主要构件也是梁，简支石梁的跨度更难超过10米，同时采用承重墙结构体系，墙体非常厚重，空间形态也很受制约，罗马建筑普遍采用拱券结构后，跨度才得到较大的改进。

（2）中国建筑空间外部形态的基本特征是平面舒展，这在很大程度上可被看成是华夏先民顺从自然依恋土地的心理反应。欧洲建筑与此正好相反，其中常见形体多呈向上趋势，如三角形（桁架、山花立面、金字塔）、圆弧形（券、拱、穹窿）以及竖立的矩形（塔楼）。中国建筑中并非完全没有这类形体，但具体处理大不一样，如以渐小的矩形叠加形成近似三角形的屋顶，以角柱生起做成下凹而非上凸的弧线，以重叠的单层结构替换筒状塔楼。凡此种种，都反映了中西主流文化的不同性格。但人类文化是多元而丰富的，顺从自然的心理其实并非中国人所独有。日本建筑师岸和郎说，水平象征着秩序，垂直象征着欲望。美国建筑师费兰克·劳埃德·赖特在大草原上追求建筑的有机性，认为高直构件的缺点在于同自然不协调，从而设计了大量屋面坡度平缓的低层建筑物。

中国建筑空间外部形态的另一特征是封闭性。长城封闭着国家，城墙封闭着城市，坊墙封闭着邻里，院墙封闭着住宅。欧洲建筑空间当然也须考虑到一定程度的封闭性，以满足国家或城市的防御需要，但在城市内部，或在安全得到保证的前提下，建筑空间的封闭性立即消失。以住宅为例，中国用实体的围墙对外，露天的庭院位于建筑的中心；欧洲用通透的栅栏对外，开放的绿地环绕于建筑的周围。用专业术语说，此为图底反置。它反映了中国人与欧洲人在生活习俗及行为心理方面的差别，前者内向谨饬，后者则外向张扬。两者的物质差别可能显而易见，但从精神方面着眼，却意味深长。

## 二、建筑意匠

博大精深的中国古代文化，直到19世纪，一直保持着相当强的连续性。作为中国文化有机组成的一部分，中国建筑具有超前与早熟的设计意匠。林徽因在《论中国建筑之几个特征》中说："中国建筑为东方最显著的独立系统；渊源深远，而演进程序简纯，历代继承，线索不紊……即在世界东西各建筑派系中，相较起来，也是个极特殊的直贯系统……独有中国建筑经历极长久之时间，流布甚广大的地面，而在其最盛期中或在其后代繁衍期中，诸重要建筑物，均始终不脱其原始面目，保存其固有主要结构部分，及布置规模，虽则同时在艺术工程方面，又皆无可置议的进化至极高程度。"这种连续性，反映出中国传统建筑是一个成熟完善的体系，有着很强的生命力。但是从近代开始，中国受到西方炮舰和文化的同时入侵，在革新救国的时代诉求下，中国传统建筑无法逃脱被蔑视被不断摧残的命运。20 世纪 40 年代，梁思成在《为什么研究中国建筑》中对传统建筑的状况深表担忧："研究中国建筑可以说是逆时代的工作。近年来中国生活在剧烈的变化中趋向西化，社会对于中国固有的建筑及其附艺多加以普遍的摧残。虽然对于新输入之西方工艺的鉴别还没有标准，对于本国的旧工艺，已怀鄙弃厌恶心理。自'西式楼房'盛行于通商大埠以来，豪富商贾及中户之家无不深爱新异，以中国原有建筑为陈腐。他们虽不是蓄意将中国建筑完全毁灭，而在事实上，国内原有很精美的建筑物多被拙劣幼稚的，所谓西式楼房，或门面，取而代之……近如去年甘肃某县为扩宽街道，'整顿'市容，本不需拆除无数刻工精美的特殊市屋门楼，而负责者竟悉数加以摧毁……这与在战争炮火下被毁者同样令人伤心，国人多熟视无睹。盖这种破坏，三十余年来已成为习惯也。"今日古建筑破坏的情形已经大为好转，人们越来越意识到传统建筑的价值，并逐渐予以保护。然而人们在对中国传统建筑的本质认识方面，特别是与欧洲建筑比较上，还有很多误区，有必要予以认真的辨析和讨论。

从物质层面上说，貌似简陋且难以持久的木建筑，似乎很难与壮丽而坚固的石头大教堂相提并论。这使很多中国人为传统建筑感到自卑，认为中国建筑不如西方，是没有价值的。然而从思想文化的深层次着眼，真相并非如此简单。建筑与绘画和雕塑的主要差别，就在于不能"以貌取人"。人们不大容易发现的是，中国传统建筑在物质层面上的简约，可能正是它在思想和意匠上超前和伟大的外在表现。

西方建筑与中国建筑相比之下的表面优势，与各自的文化特点密切相关。在西方，建筑是石头的史书。作为文化载体，建筑的功用强于文字，其他门类的艺术如绘画、雕刻等，往往都在为建筑服务。而在中国，文字才是历史的主要载体，建筑只是一种实用技艺，且从来未被推到高于其他技艺的地位。西方人将建筑看作是永久的纪念物，追求建筑在物质上的高大与恢宏；中国人不求实物之长存，建筑只求满足合理而适度的需要而已。儒家长期倡导的"卑宫室"思想，在很大程度上抑制了奢华的风气，限制了建筑的规模。单纯从物质表象去评价中国建筑和西方建筑的优劣，是有失公允的。

中国传统建筑采用梁柱的框架结构体系，较之西方的承重墙结构体系，即使以今人的眼光来看，也是高超和先进的。并不承重的中国墙体，只起围护和分隔作用（所谓墙倒屋不塌）。框架结构一旦确立，空间就获得了极大的自由，室内可以灵活地分隔布置。构件之间采用榫卯构造，具有很大的弹性，能消减瞬时的水平力，具有良好的抗震性能。榫卯连接的构件极易装配和拆卸，甚至可以做到整栋建筑物的拆卸搬迁。三国时孙权迁都建康，下诏拆运武昌旧宫的材料修缮新宫。经办的官员奏称："武昌宫作已二十八年，恐不堪用，请别更置。"孙权回答："大禹以卑宫为美，今军事未已，所在多赋，妨损农业。且建康宫乃朕从京来作府舍耳，材柱率细，年月久远，尝恐朽坏。今武昌木自在，且用缮之。"孙权拆旧建新的出发点是节俭，但是我们从中还可以看出，中国传统的木建筑早就有了"可循环"的优点。

构件之间的尺度用一定的标准统一起来，这就是建筑的模数制。宋代李诫在《营造法式》中提出了"以材为祖"的材分制度，"材"就相当于现在的基本模数单位，"材有八等，度屋之大小因而用之"，房屋因其规模等级的不同，采用不同等级的"材"。其他构件都以"材"作为基础而推算出来，使整个建筑不同的构件之间都有一种合理的内在联系。到了清代，"以材为祖"变成了以"斗口"为标准，尺度的基点变小，而模数思想是一脉相承的。

中国建筑很早就朝向标准化和规范化的方向发展，使得中国建筑的设计和建造都很容易。撇开土木和砖石两种材料在加工上的难易不同，我们还是可以说，中国建筑的施工期限比欧洲建筑要短得多。在中国，一座殿堂的建造很少超过十年；在欧洲，一座大教堂的建造往往需要百年。极端实例如科隆大教堂始建于1248年，直到1880才大体建成，经过了近7个世纪。这样的建筑是为神而不是为人服务的，如果没有强烈的献身态度，如果不是将人本精神压抑到极点，很难想象如此旷日持久的庞大建筑能得以完成。比较起来，中国建筑服务于人，因而建筑计划的理性、实用、适度是显而易见的。

中国历史上从未出现过宗教支配一切的时代，宗教对建筑的影响绝非欧洲那样普遍而决定性的。然而礼制对建筑的影响不可忽视，建筑活动处处受到礼的规范。礼在中国古代是社会的典章制度和道德规范，"周公制礼作乐"总结了夏商以来的国家制度和各种行为标准，形成比较完善的《周礼》。《周礼》本名《周官》，分为"天地春夏秋冬"六个部分，以天官冢宰居首，总理政和总御百官；地官司徒，掌征发徒役，田地耕作；春官宗伯，掌礼制、祭祀等事；夏官司马，掌军事；秋官司寇，掌刑狱。而"冬官"则是以大司空为长官，主管建筑工程。这种安排是合乎自然的，冬天农人处于闲暇之中，干爽的气候适宜土木建设，遂得其名。建筑的等级、布局、形制等，很早就被严格地规定了下来。

中国自古就很重视建筑和环境的关系。传统文化以农耕为主导，农耕受制于天时地利，顺应环境便显得十分重要。新石器时期人们便开始体察自然，选择适宜居住的地方，这一思想大约在夏商之际基本成熟，以后历经完善，形成了一整套考虑周全的体系。汉代杂糅阴阳五行等神秘学说，形成了中国古代专门的学问：风水。古人非常重视建筑选址，风水师是专门的职业人士。由于同地理学的紧密联系，从事风水的人又称地理先生。风水观念集中体现了中国人顺应自然的态度，它极大地影响了建筑的选址、朝向、布局等。

## 三、建筑师

在欧洲，从古希腊开始，建筑师的名字就常常被记载下来，神庙的建筑师甚至被当作"通神"之人而受到无比的尊敬。其中原因，很难三言两语地解释清楚。但概而言之，可以大致认为，在欧洲文化中，个人独特创造的价值远远大于群体之间的和谐。欧洲文明的典型标志就是征服自然和改造自然，作为人与自然抗争的代表性成就，宏伟壮丽的建筑备受尊崇是理所当然的。

显然，中国文明的要义与此不同。在中国的传统观念中，对过度的土木营造，也就是今天的奢华建筑，往往持轻视态度，认为其不登大雅之堂。土木营造的行业乃匠人所为，文人往往为之不屑。在有些古代文献中，会附录一章"奇技淫巧"，记述那些过度机巧而无实用意义的技术或发明。当我们欣赏中国古代建筑时，多半不知道建筑师是谁。只有极少数建筑师的名字，因为与某种事件的关联而流传下来。唐代柳宗元《梓人传》中记述的"梓人"，是一个木工头领，自己不会操作斧斤，而长于指挥调度，很像今天的建筑师。

韩愈《圬者王承福传》中的"圬者"，则是一位技艺娴熟同时操守极高洁的瓦工。虽然我们从中可以看到古代"建筑师"某一方面的工作情况，可是这两篇文章的作者原意都不在于为建筑师树碑立传，而注重于文以载道，阐述做人和为官之道。

中国古代有一套严格的工官制度，工官是城市建设和土木营造的掌管者和实施者。从西周到汉代，"司空"是全国最高的工官。"司"是掌管的意思，"空"与"建筑空间"有某种关联。由此推测，中国古人早已经意识到，空间才是建筑更本质的东西。《道德经》中有这样的一段话："三十辐共一毂，当其无，有车之用；埏埴以为器，当其无，有器之用。凿户牖以为室，当其无，有室之用。故有之以为利，无之以为用。"我们祖先对空间的重视，在很大程度上影响了建筑的发展。

## 四、营造法与建筑学

"建筑学"一词来自西方，中国古代没有建筑学，而只有营造法。这两者的区别绝不只是字面上的不同，而是有着本质意义上的差异。首先从概念上来看，建筑学是从工程技术和艺术、文化的角度出发来研究怎样把建筑做好；营造法则是作为一种法规和规范来告诫人们怎样做建筑，怎样使建筑符合于统一的规定。从基本性质上来看，建筑学是一种科学技术和文化艺术的研究，本身并不含有政治性，它是科学性的、学术性的；而营造法作为政府的法规，是由朝廷颁布强制推行的，它是政治性的、制度性的。事实上，中国历史上关于建筑的两部最重要的著作——宋朝的《营造法式》和清朝的《工程做法则例》，本质上就不是建筑学的专著，而是朝廷颁布的关于建筑的规范和制度，类似于今天政府颁布的建筑规范和建筑法规。在中国古代的书籍分类中，《营造法式》和《工程做法则例》也不是被归为工程技术或者经济一类，而是和礼制、法典、律令等一起被归为"政书"一类。这一点也清楚地表明了营造法的政治性因素。

中国古代没有建筑师，只有工匠。而这两者是有本质区别的，建筑师属于知识阶层，他们并不亲自动手建造房屋，而是用科学的理论指导来进行建筑设计，最后由工匠来实现其设计意图。工匠属于劳动阶层，他们并不懂理论，一般也不会做正规的设计。他们不知道什么风格、流派、思潮，也不懂得什么形式美的规律。但他们有实践经验，常在细微之处有巧妙的构思。当然也有少数具有一定文化水平的工匠，拥有长期的实践经验，又具有了一定的思想理论，上升到了设计师的水平，这种情况在中国古代也是常有的，例如清朝皇家匠师"样式雷"家族，就属于这一类。

在中国古代，甚至于到现在，人们都没有把建筑当作艺术，而是仅仅把它看作是一种工程技术，那就是"盖房子"。中国人一方面把建筑看作是一种实用技术；另一方面又把建筑当作人身份地位的代表，平民百姓以建筑来体现财富，统治者则以建筑来表达权力和威仪。中国古代建筑中的艺术性主要就用在这一方面——用宏大的体量和豪华的装饰来表达社会身份。而西方则不同，人们自古希腊时代就把建筑当成一种艺术，属于美术的一类。

直到今天一些西方大学的建筑学科是设在美术学院里面的，这就是英文中的 architecture（建筑、建筑学）。与之相对应的 building（建造、建构、楼房）是两个不同的概念，architecture 是有艺术性、文化性的；而 building 就只是功能性地盖房子。西方人理解的建筑是前者，中国人理解的建筑是后者。所以西方古代就有了建筑学，有了专门从事建筑设计的知识分子——建筑师。古罗马的维特鲁威就是一位著名的建筑师，他写的《建筑十书》成为世界上第一部建筑学专著。

中国古代没有建筑学，没有一个叫作建筑师的知识阶层来专门研究，但是这并不等于不重视建筑，相反，还是非常重视建筑，甚至比西方人更重视。中国人虽然不注重建筑的艺术性，但是却非常注重建筑的政治性。古代各朝代在兴建重要建筑，特别是与政治相关的国家重要建筑的时候，首先要做的事情就是集中很多懂得礼仪制度的礼官、史官、史学家和经学家来进行研究和考证，考证过去这类建筑是什么样的形制。一个新的王朝建立，要规划建设都城和皇宫，首先就是考证历代关于都城和皇宫的制度和做法。这说明统治者在建造这种重要建筑的时候，很看重它的政治含义，而并不是随心所欲地建造。

中国古代关于建筑设计和施工建造类的书籍、专著基本上就是两类。一类是属于建筑制度、规范、法规等，是由政府颁布强制执行的，主要就是《考工记》《营造法式》和《工程做法则例》这三部。另一类是民间工匠的技术经验的总结，像《木经》《鲁班经》等。显然，后一类不能算是建筑学的专著，它们只是一种技术书籍。而前者（《考工记》《营造法式》和《工程做法则例》）实际上也不是建筑学的专著，而是一种"官书"或"政书"。所谓"官书"或"政书"，是由朝廷颁布、下面必须遵照执行的规范，即我们今天的建筑法规。例如《考工记》就是一本"官书"，它的全名叫《周礼冬官考工记》，是一部关于工程技术方面的规范、制度类的书籍。《考工记》最初只是春秋时期齐国的一部官书，并不是《周礼》中的。《周礼》中有"六官"——天官、地官、春官、夏官、秋官、冬官，分别掌管国家各个不同的职能部门，例如"天官"负责朝廷内部事务，而"冬官"则主管工程营造方面的事务。经过春秋战国和秦朝的战乱，到汉朝再重新整理《周礼》的时候，"冬官"部分已经散失，《周礼》因而不全了，于是将春秋时期齐国的一部关于工程技术的官书《考工记》补入《周礼》，因此便成了《周礼冬官考工记》。

　　宋代的《营造法式》不仅是一部官书，而且其产生的过程有着一定的政治因素。北宋中期，官场腐败、贪污成风，朝廷大兴土木，宫殿、衙署、园林、庙宇建造精美豪华，铺张浪费，主管工程的官员贪污严重。宋神宗启用王安石变法，节省财用、杜绝贪污。王安石请将作监李诫主持编修一部建筑工程的技术规范，规定了建筑的等级式样、用材规格、施工过程等相关技术规则，其中，尤以"工限"和"料例"部分最有特色。所谓"工限"和"料例"实际上就是建筑用工和用料的计算方式。建筑设计和施工以"材"为模数，建筑上的所有构件都以"材"为模数来进行计算，例如柱子的高度是多少个"材"，柱子的直径是多少个"材"等。"材分八等"，根据建筑的等级来决定"材"的等级，确定了"材"的等级，也就确定了建筑上各种构件的尺度，也就知道了这座建筑需要用多少工、多少料，这样想贪污也就不容易了。实际上《营造法式》的政治意义远大于建筑学本身的意义。后来清朝又颁布了一部《工程做法则例》，其内容、作用、意义都类似于《营造法式》，只是建筑的式样、构件的名称、尺度模数的算法不同而已。

　　以上这些都说明中国古代对于建筑是非常重视的，但这种重视不是从科学的建筑学或者建筑艺术的角度来重视，而是政治上的重视。

# 第二章　中国传统建筑的地域共性与特性

## 第一节　传统建筑地域性的影响因素

地域概念具有多种含义，这种多义性首先体现在其不同的尺度。当谈论中国建筑与西方建筑的比较时，地域的意义存在于文明的尺度之上；当德国和法国的建筑作为比较对象时，地域的意义大约等同于国家；当讨论中国各地民居的差异时，地域指的是被地理和民族等要素划分的地理区域；在更小的尺度上，讨论一座山之隔的两个村子建筑的差异在地域性的研究上仍然是具有意义的。

因此，当针对某一具体尺度的时候，地域性就会体现为外在与内在两个方面。从外在地域性的角度看，在与其他地域建筑的比较中，地域性更多地体现为一种独特性和差异性；而在地域内部，内在的地域性则体现为统一性和整体性，尽管在地域内部进一步细分的区域之间同样会存在差异，但当将地域视为一个整体与其他地域进行比较时，通常更关注其共性的方面。

具体到中国传统建筑的研究方面，当中国建筑与其他文明中的建筑比较时，是将中国建筑视为一个整体，忽略它内部的差异性，而着重研究它与其他文明中建筑相比较的独特性。而将中国各地域建筑之间的比较作为研究对象时，关注的则是这些地域之间的差异性。

从中国传统地域文化的特征来看，一方面，地域内各地之间自然地理和社会文化条件的巨大差异造就了地域建筑极大的丰富性。另一方面，大一统的政治观念与不间断的经济和文化联系又使得地域间的建筑文化与技术存在着持续性的彼此影响。因此，今天所看到的复杂而多样化的传统建筑形态，并非是在彼此隔绝的、世外桃源式的环境下自然产生和演化出来的，而是地域之间文化彼此作用，并与地域的自然地理和社会资源状况互动和融合的结果，这构成了理解中国传统建筑地域性的基本语境。

首先，需要讨论传统建筑地域性的来源问题，也就是说，哪些自然地理或社会文化要素在地域性的形成中起到了更为重要的作用。总体上看，自然地理和资源因素作为影响历史进程的长时段要素，在地域性的形成中发挥着最为基础性的作用；而中国传统社会中文化因素对技术因素一定程度上具有的支配性，以及乡土建造活动中较为严格的成本限制使得经济和社会文化因素对地域性的形成也有着不可忽视的影响。

# 一、气候因素

气候的差异是建筑地域性最本质的来源之一。例如，解决大规模建筑群体的采光和通风问题是中国传统建筑中合院式的群体组织形态特别是天井类型的合院形成的主要原因之一，因此不同的日照条件和通风要求会显著地影响建筑群体的形态。一般来说，在冬季气温较低，对建筑获得自然光线有较高要求的地方，建筑的排列会较为疏朗，院落的平面尺度较大，剖面高宽比较小。反之在阴雨气候较多，直射阳光对室内环境改善意义有限的地区，院落趋向于狭小高窄，在潮湿气候中的通风意义大于采光意义。在这种情况下，建筑群体通常表现为多个狭小的天井式院落的组合，而不是一个大的集中式院落。而不同的降水条件对屋面坡度的影响对于将屋顶形式作为重要形式特征的中国传统建筑来说更是建筑地域性几乎最为重要的影响因素之一。

同时，气候还会影响建筑实体与外部空间之间界面的形式，中国传统建筑中面向院落的建筑界面趋向于透明的状态，只有在温带和热带地区室外温度总体上比较适合人类活动的情况下才能够存在。各地传统建筑之间，由于气候所导致的对界面开放性的不同要求，会显著地影响建筑材料和墙体构造的选择。例如在砖与木材的选择方面，只要具有一定的厚度，砖墙在密闭性上要优于传统建筑中常见的由木材和纸构成的开放性界面，这通常也意味着更好的隔热性能。但同时，砖材相对较高的导热系数和较低的比热容也会对建筑室内热环境产生负面影响。因此，在室外温度的舒适性较差的地区，传统建筑中会倾向于更多地采用砖砌墙体代替小木作墙体。这一点体现在气温较为温和的中部地区与寒冷的北方和炎热的岭南对比中，在安徽、江苏这样南北方向跨越气候大区的省份也表现得非常明显。

此外，一些气候因素会逐渐被赋予某种文化意义，并且影响建筑的形式和意义。比如在中国南方的一些多雨地区，水被赋予了象征财富的意义，从而发展出被称为"四水归堂"的合院式建筑形态，雨水通过单向的坡屋顶汇集到院落中来，寓意财富不能外流。

地形地貌对建造活动的影响则相对较为简单和直接。在地形陡峭的条件下，比较经济、空间利用效率也较高的建设方式是沿等高线平行展开，这也是传统山地聚落的典型形态。而合院式的围合形态在地形高差较大的条件下难于完整地展开，同时高差还会带来安全性和视线干扰的问题，从而使合院所具有的安全和私密意义受到削弱。当然，陡峭地形对于合院形态的排斥并不是绝对的。在一些山地聚落中，也能够看到在复杂的场地高差条件下以合院形式组织建筑群体的实例。在这样的例子中，对合院形式所具有的心理和文化意义的重视压倒了功能组织和建造方面的不便。

# 二、地形地貌

如果能够选择，所有的建造活动都会倾向于选择靠近水源的平坦用地，传统的观念，更是明确给出了关于城乡聚落与建筑营建理想环境的解答。但在现实中，并非所有的城市、聚落和建筑都有机会获得这样理想的场地环境。中国地形复杂多样，总体上看，山地多、平地少，高原、山地、丘陵约占国土面积的2/3。而在今天所见的传统建筑大规模营建的明清两朝，中国人口规模已较为庞大，明代人口的峰值据估计已达到1.5亿左右，清代人口在鸦片战争前已突破4亿。相对于庞大的人口基数来说，适宜居住的平坦用地总体上是较为有限的。同时，传统社会以农业为主的产业结构对营建活动也有很强的限制作用。一方面，分散的农业生产限制了聚落的规模，聚落人口增长到一定程度后，即使周边仍能够提供可供耕作的土地，也会因为与居住地距离过远而不便耕种，这就使得人口和建设用地不可能有很高的集约化水平。另一方面，对农业的重视和依赖意味着邻近水源的平坦土地要优先用于耕种，而非用于居住，这进一步限制了聚落营建的场址选择。事实上，在很多乡土聚落实例中，确实有将农田设置于平地，而将聚落设置于相邻山地、丘陵地带的做法。此外，也有一些聚落选择营建于山地、丘陵之间是出于主观的意愿。例如出于回避族群冲突的考虑，相关的实例在云南、贵州等地的少数民族聚落中较为多见，在一些地区的客家聚落中也有体现。又例如失意官员为规避政治风险迁族避世时，也往往主动选择交通条件较差的山地、丘陵环境。此外，在受到水患、匪患侵扰较为严重的地区，也有将聚落营建于地势较高处以增强防洪或防卫能力的做法。

因此，总体上看，传统时期选择山地、丘陵地形营建的做法并不少见。固然可以认为选择依山傍水、交通便利、土地肥沃的环境营建聚落是传统营建文化中相地择地传统的体现，代表了一种趋利避害、顺势而为的文化观念，但从另一个角度来看，在受到自然条件限制的情况下，充分利用有限的空间资源，最大限度地满足基本功能需求和空间环境质量，也是传统文化中因地制宜、物尽其用观念在营建活动中的体现，并且往往更能体现营建者的巧思。事实上，今存的山地环境乡土聚落中，也有很多建筑与地形巧妙结合的优秀实例，既满足了基本的功能和空间需求，也充分体现了山地环境的特点与优势。同时，中国传统建筑总体上以一层或二层为主，高度不大，因此城市、聚落天际线整体景观效果通常较为平淡，而山地聚落通过建筑与山地、丘陵等自然地势的结合，大大丰富了建筑群体性体量表达的内容，具有更为强烈的视觉表现力。

# 三、水文、植被与矿产

除了气候和地形的影响之外，其他自然地理因素也会影响建筑的地域特征。例如地势平坦、临近河湖的地区，更容易成为建筑形制和建造技术发达的地区。在传统时期，实际上几乎所有城市、聚落的选址和营建都需要考虑到水的影响。发达的水系能够为农业生产提供稳定的灌溉水源；同时在传统社会的交通技术和基础设施水平下，水运是大宗货物最为便捷和低廉的运输方式，因此河网密布、水运发达地区的乡土聚落不仅仅能够成为交通往来的要道和商贸集散的中心，同时也能更充分地享受到技术和文化交流的成果；此外，对于营建活动来说，一方面，水上运输为木材、石材、砖瓦等建筑材料的跨地域低成本快速转运创造了条件，另一方面，砖瓦等建筑材料的烧造本身也需要消耗大量的水，从而无法远离河湖地区。作为上述诸种因素综合作用的结果，无论是在南方还是北方，东部还是西部，河湖水系都会直接地影响城市、聚落和建筑的选址与营建。

植被、矿产等资源条件对传统建筑地域性的影响则主要体现在建筑材料以及对应的建造技术系统的选择方面。例如在森林资源丰富的地区，易于获取、成本低廉且便于加工的木材或者竹材很容易占据优势，从而使穿斗式板屋、竹楼甚至井干式木屋成为压倒性的地域建造技术体系。同样的，在石材易于开采加工、天然性状适于建造的地区，石砌建筑也存在着成为具有压倒性优势的建造技术体系的潜力。再比如，传统时期砖瓦烧造所需的燃料，或者来自易于开采的浅层煤矿，或者来自植物。在由于环境所限严重缺少植物性燃料、传统时期又未能有效利用矿物燃料的地区，很难形成成规模的砖瓦生产，自然也就不会有乡土建筑中对砖的有效使用。

## 四、技术经济因素

与气候、地形地貌等自然地理因素相比，技术经济因素对营建活动地域特征的影响显得不那么恒久而稳定，但在特定的时间和空间范围内可能会表现得更为激烈，并且其影响同样也体现在传统建筑营建活动的各个层面。

首先，地域的生产力与社会分工水平会在很大程度上制约建筑建造技术体系的选择，例如在传统时期的技术水平条件下，砖瓦烧造是消耗巨大的产业，与民居建造过程中木、土、石等材料的加工可以依靠少数工匠加上邻里之间的互助来完成不同，砖材生产较高的前期投入、复杂的工艺流程和严格的技术要求都决定了它必须依靠专业或至少是半专业的生产组织。因此，在地域的生产力水平和经济结构无法支持较高程度社会分工的情况下，制砖产业的规模和质量就很难得到保证，砖在建筑中的使用就会受到限制。

其次，在各地乡土建筑的视觉形态中，也可以明显看出地域经济水平和技术水平的影响。江南的长期富庶、山西与徽州的商业资本聚集、闽粤的宗族聚居与侨商反哺，在积累了大量社会财富的同时，也造就了地域乡土建筑形制和建造技术体系的发达。建筑材料的质量、建造技术体系的整体发展水平以及木雕、石雕、砖雕等装饰技艺的发达，无不建立在社会财富和人力成本的大量消耗之上。反之，严格的成本限制则往往导致乡土建筑形制和建造技术的粗糙、简单和单一化。

再次，地域的交通运输条件对营建活动也会有显著的影响。便捷的交通使建筑材料能够在一定范围内运输，对于促进建筑材料质量的提升和类型的多样化具有重要意义，并进而提升了对应区域内建造技术的发展水平。关于这一点，一个典型的例子是传统时期沿大运河展开的一系列的砖瓦烧造中心和砖砌建筑及其建造技术的核心分布区。在传统社会的信息传播条件下，交通运输状况是决定一个地区封闭与开放程度最为重要的原因，具有良好交通条件的地区会与外界有更为充分的文化与技术交流。交通便捷、与周边地区特别是经济、文化上领先地区联系密切的区域，输入性的建筑形式和建造技术更容易替代原发性的建造体系，并在一定范围内形成带有相当程度共性的建造技术类型。关于这一点，一个具体的例子存在于福建、广东等地传统社会晚期以来因海运便利而持续受到外来建筑文化影响的沿海区域，其建筑类型和建造技术体系表现出与邻近的内陆区域较大的差异。

最后，地域的产业结构对于营建活动的影响不如前面的原因那样直接，但其意义同样不可忽视。一方面，相对于传统时期正统的农耕社会，商业社会心态的开放程度、对新事物的宽容程度以及对沟通与交流的渴望要强得多，同时商业活动所带来的人员流动对于建筑文化和技术的传播也有直接的影响。

因此，商业在整个社会经济结构中所占比重较高的地区，相对来说更容易受到输入性建筑形式和建造技术的影响。这一点在山西、徽州等明清时期商业发达的地区表现得非常明显，其乡土建筑形制和建造技术体系的特征，明显受到了其商业活动的主要对象区域（对于前者来说是京畿地区，对于后者则是江南地区）的建筑文化和建造技术的影响。同时，商业社会的开放性也表现在建筑审美表达上更为开放、大胆而直接的态度。在乡土建筑中往往体现为建筑群体规模的宏大、建筑形式和建造技术选择的不拘一格以及木雕、石雕、砖雕等装饰技艺使用的大胆甚至夸张。另一方面，手工业在社会经济结构中的地位以及工匠的组织模式显然也会对营建活动的水平和形式有所影响，关于这一点的一个典型例子是元明时期匠户制度对当时建造技术发展的影响。

## 五、社会文化因素

中国传统时期的建筑领域里，技术的发展在很多时候并不具备独立的地位，而是受到社会文化因素的压制，技术本身更多地被视为实现某种文化诉求的手段而非目的。因此，对于传统建筑的地域特征来说，社会文化因素的影响同样不可忽视。

例如在政治制度方面，一种政治制度所涵盖的范围不限于某一特定地域，在中国传统政治和文化中"大一统"观念一直被视为主流的情况下尤其如此。但在传统时期的交通和资讯条件下，由于与统治中心区域的距离、交通联系、地缘政治、治理模式、地域文化等原因造成的差异，不同地域对统治中心的官方主流文化的认同和接受程度是有很大差异的。这种差异性会在很大程度上影响乡土建筑及其营造体系与官式建筑之间的关系，并且鉴于在中国传统建筑体系中官式建筑所具有的重要地位和影响力在很大程度上影响甚至决定乡土建筑建造体系的发展方向。

关于这一点，一个最为显著的例子是，木结构建筑在中国传统时期是一种压倒性的建筑体系，对所有其他建造技术体系都产生了排斥作用，但这种排斥作用仍随着受官式建筑影响的强弱而有所不同：明清京畿及周边地区的乡土建筑中，与官式建筑建造体系的状况相类似，土、石和砖总体上被视为一种辅助性建筑材料，并不具有可以与木材并列的地位和重要性。硬山搁檩、檐墙承重等砖承重结构方式一般都是被用在厢房等次要建筑中，作为一种独立结构体系的合法性并未得到认可。

在同样作为传统官方文化中心的江南（江南地区虽然在明初后就不再作为国家的政治中心，但基于历史和文化向心性的原因，其作为官方文化中心的地位一直不逊于京畿地区）及周边地区同样也是如此。而在东南、华南沿海官方文化影响较为薄弱、同时受外来建筑文化影响较多的地区，则表现出与官式建造体系之间更多的差异性。砖在整个乡土建筑建造体系中的重要性较之官式建筑有明显的提升，砖的结构意义开始得到重视，硬山搁檩作为一种独立结构样式的意义被普遍接受，从而可以在建筑中较为重要的部分使用。除此以外，这种差异还体现在乡土建筑的材料体系、围护体系、饰面体系、施工工艺以及装饰性细部等各个方面，在远离统治中心的地区都表现出与官式建造技术体系更明显的差异。

另一个重要的影响存在于地域性的审美文化之中，例如官僚阶层、文人阶层、商人阶层作为主导性的审美主体对于地域建筑审美文化的影响，关于这一点，之后会进行详细阐述，此处不再赘述。

# 第二节　地域间的过渡、交融与融合

在有关传统建筑地域性的问题上，严格地确定对象分布的地理界域是非常困难的。不同建筑类型之间的边界很少能够表现为一条精确的线（这种情况仅存在于少数极端的自然屏障所划分的区域之间），而是一个模糊的边界地带。表现在实际的建成环境当中，就是类型之间的模糊、影响、渗透和交融。追溯造成传统建筑特别是乡土建筑形制及建造技术类型之间的过渡、交融与融合的原因，既有人口流动所带来的直接影响，也有文化、技术由于其他各种原因发生的传播。

## 一、自然地理的影响

对于建筑文化与建造技术传播相互影响的分析，仍须首先着眼于长时段的影响因素。其中特别需要关注的是，在传统时期，有哪些自然地理方面的原因使地域之间建筑文化与建造技术传播的相互影响成为可能。

中国所处亚欧大陆东部、太平洋西岸的地理位置，位于四周天然屏障形成的相对封闭的区域中：东面是海洋；南面地形复杂，同时热带雨林的地貌在传统生产条件下是很难通行的障碍；西面是隆起的山地和高原，只有少数山口可供通行，至今仍是东亚与南亚次大陆之间的天然屏障；北面则是广袤的草原和荒漠。而相对于四周难以逾越的自然屏障来说，除了少数边疆区域，内部的各地域之间并无绝对的地理分隔，特别是在作为文明发祥地和传统时期主要人口聚居区的大河流域之间，没有来自自然原因的大的障碍。

这种地理状况导致了一系列的结果。一方面周边的地理屏障使传统时期的中国文明与周边的其他文明（例如印度文明、阿拉伯文明、日本文明等）

之间一直缺乏持久而稳定的有效交流，因此中国文化在历史进程中总体上较少受到外来文化的影响，保持了相对稳定的发展方向。一个例子是中国和印度这对邻居，双方之间交流的存在是毫无疑问的，并且这种交流带来了非常重要的结果——印度给中国带来了印度历史上最为重要的宗教之一。但即使是这样，在距离和复杂地形的阻隔下，二者的交流也是非常不稳定的，以至于玄奘法师往返于印度的经历被描绘成《西游记》中那样充满妖魔鬼怪和艰险磨难的旅程。并且，玄奘的历险行为得到经久的流传并被各种文学作品和民间传说广泛传颂的状况，本身也说明了这样的行为所具有的稀缺性。另一方面，内部各地域之间相对便利的沟通条件促进了地域之间的交流，也强化了官方主流文化对地域文化的压制和渗透。

因此能够看到，尽管在中国的各个地域都保留了一定特色的居住文化、建筑形态和建造技术类型，但总体上，这种独特性比起其共同点来说是有限的。并且，在特定地域的乡土建筑形制和建造技术体系形成的过程中，文化之间、地域之间的交流往往发挥着相当重要的作用。一直到今天，在徽州民居、雷州民居、黔中屯堡民居、大理白族民居等乡土建筑类型的建筑形态和建造技术体系中，都还能够明显看出地域之间的建筑文化交流所带来的影响。因此，诚然不能否认气候、地形地貌等自然地理条件和基于不同生活方式的社会文化差异所造成的地域之间乡土建筑差异的恒久性和稳定性，但同时也不能过分夸大这种地域差异对建筑形态和建造技术体系的影响，以至于将不同区域富于特色的建筑形态和建造技术体系的形成完全视为地域差异的产物。

## 二、大传统与小传统的相互影响

传统时期中国疆域内部各地域之间相对便利的沟通条件促进了地域之间的交流，也强化了官方主流文化对地域文化的压制和渗透。而作为结果表现出来的，则是与中国政治上一直存在的大一统观念相对应，中国传统文化也表现出这种大一统的趋向。

同时，强有力的中央政府的存在一直在强化这种趋向。一方面，中央政府在交通和信息基础设施方面的投入使进一步突破地理界限有了物质上的基础。秦统一六国之后就有了秦直道的建设，其后历代在驿道和以驿站为核心的信息传递体系上均有大规模的投入。其初衷主要是为了政令传达和军事调动的需要，但在客观上确实促进了地域之间在人员、信息、技术和文化上的沟通与交流。而类似大运河这样的大型交通工程更是从根本上改变了黄河流域到长江流域之间的地理空间格局。除了使得地域之间文化和技术的传播更加便捷之外，从最为直接的角度看，这些交通基础设施上的巨大成就也在很大程度上影响着建造行为：工匠和材料在地域之间的快速低成本转运成为可能，从而使得基于资源和技术条件的地域性在一定程度上受到冲击。

《天工开物》中记载："若皇家居所用砖，其大者厂在临清，工部分司主之。初名色有副砖、券砖、平身砖、望板砖、斧刃砖、方砖之类，后革去半。运至京师，每漕舫搭四十块，民舟半之。又细料方砖以礲正殿者，则由苏州造解。其琉璃砖色料已载《瓦》款。取薪台基厂，烧由黑窑云。"可见明代皇家建筑所用的砖，至少来自临清、苏州和北京三地，并且其运输方式已经制度化（"每漕舫搭四十块，民舟半之"）。事实上，明清以来大运河沿线多个地域砖砌建筑形制的高度发达和砖作建造技术体系的成熟完善，与大运河的便捷水运交通对流域内资源、技术与文化的整合有着密切联系。

另一方面，在大一统的政治观念的驱动下，自秦统一六国后，废分封而设郡县，并由中央政府任命和派遣地方首长，之后的历代政府都很重视从制度上维持国家的统一，防止地方的割据与分裂。这些制度客观上也促进了中央与地方之间以及地域之间的交流。特别是隋代以后，科举制度在很大程度上促进了知识阶层从地方向中央持续性的流动。同时，官员异地为官、任期轮换、"退而致仕"的退休制度以及叶落归根、归隐田园的文化观念，与科举制度一起，构成了中央与地方之间以及地域之间人员流动的完整循环，从典章制度方面进行强制化的人员流动并进而促进了中央与地方之间以及地域之间的交流。尽管制度所涉及的官员和知识分子阶层在社会总人口数量中所占的比例很低，但在传统社会条件下，这部分人却是影响甚至决定社会文化和审美取向的主导力量。因此，上述人口流动对中央与地方之间以及地域之间文化交流和技术交流的影响要远远超过其人口数量所占的比重。此外，明代等朝代实行的藩王制度，也成为向地方传播官方文化的重要渠道。藩王的府邸等相关建筑，均严格遵循官式制度，一定程度上成为民间了解和学习官方建筑形式和建造技术的典范。

在传统建筑的形制和建造技术方面，这体现为官式建筑的形式和建造做法对乡土建筑的影响，除了京畿及周边地区外，这一点在其他很多地域的乡土建筑中也有明显的体现。以山西为例，晋商虽然不像徽商那样重视读书致仕，其家族中直接做官者相对较少，但晋商的经营无论是在明朝还是清朝都是在与中央政府的密切联系中进行的，具有更为浓厚的"官商"色彩。特别是作为晋商经营核心的山西票号，对当时金融业的垄断离不开政府的默许和支持。因此，相对来说晋商与当时中央政府的关系更为密切。相应地，其社会文化和审美情趣也更加受到官方主流文化的影响。这一点也深刻地体现在山西地区乡土建筑的建筑形式和建造技术体系中。

因此，今天所看到的复杂而多样化的乡土建筑形态及其建造技术体系，并非在彼此隔绝的、世外桃源式的环境下自然产生和演化出来的，而是地域之间文化彼此作用并与地域的自然和社会环境条件互动和融合的结果。在这当中，除了地域文化的"小传统"之外，官方主流文化的"大传统"也起到了不可忽视的作用。甚至可以说，中国乡土建筑之最高成就者，不是存在于大传统所不及之处，而恰恰是大传统与小传统充分交流的产物。

## 三、人口迁徙造成的技术交流

人既是建筑的使用者，也是建筑美学、建筑文化与建造技术的直接载体。

(1) 人口的迁移以最为直接的方式带来建筑文化与建造技术的传播和交流。尽管移民来到新的地域后，其建造活动会受到当地的资源条件、气候条件、地形地貌、技术水平以及文化习俗的制约，因此很难完全复制原有的建造体系，但移民在长期的生产生活和建造实践中积累起来的生活智慧、建造经验和审美意识，仍会持续地对建造行为产生影响。这种移民带来的外来建造文化与地域环境条件互相作用的结果，会在不同程度上影响地域原有的建造系统——或者带来全新的建筑形式和建造技术体系（尽管通常也需要对地域的环境条件作出妥协），甚至替代原有的建造系统；或者仅仅表现为对原有建造系统的修正；又或者（在大部分情况下）实现两者的交汇与融合。

对于集中体现传统建筑地域性的乡土建筑来说，今天所见的遗存主要建造于明、清及民国时期，在此只需考量明代以来移民活动对各地乡土建筑形制及建造技术的影响。

①明代最大规模的移民发生在明初时期，一般称"明初大移民"或"洪武大移民"，宋金战争、宋元战争以及元代末年的战乱中受到影响较大、人口

稀少、土地荒芜的地区，这个时期成为人口主要的流入地区。具体的人口流动方向主要包括：南京作为首都接纳的政治性移民、驻守卫所的士兵及其家属；从浙江等地迁往南京的"富民子弟"和工匠；从苏南、浙北向南京、淮扬、苏北、江淮、皖北地区的移民；从山西向河南、河北、山东和淮北地区的移民；从江西向皖中、皖北、湘南、湘中、湘东、湖北地区的移民；从湖北向四川的移民等。"靖难之役"后，由于华北地区在战乱中的破坏以及首都的北迁，形成了以江南富户、工匠、山西、山东移民填充北京、河北地区为主的"永乐大移民"。此外，明代中期的"流民运动"，流民的来源主要来自山东、陕西、山西等地，"流民起义"之后主要安置于荆襄、汉中、河南南部等地区。

②到了清代，尽管政府对人口流动实行严格的控制，但人口迁移的现象却更趋于普遍和常态化，主要原因包括：西南地区开展大规模"改土归流"（废除少数民族区域的世袭土司制度，改由中央政府任命的流官进行行政管理）后，汉族人口开始较大规模地迁入少数民族地区；雍正朝普遍实行"摊丁入亩"（将丁银并入田赋征收，即废除人头税，并入土地税）后，客观上削弱了国家对农民人身的束缚；新的农作物如玉米、番薯、马铃薯等的广泛传播和种植，扩大了可利用土地的范围，使得原本气候、地形复杂的丘陵、山地都成为移民垦殖的对象。在此基础上，清代主要的大规模人口流动事件包括：清代前期的湖广（包括来自湖南、湖北、广东、江西和福建的移民）填四川，因张献忠、吴三桂等变乱损失惨重的四川地区人口得到了补充，这部分移民的一部分也进入到毗邻的陕西、鄂西、湘西、云贵等地区；东南（江西山区、湘东、浙江和皖南）的"棚民运动"和客家人的迁徙；闽、粤向台湾、雷州及海南的移民；太平天国运动后苏南、扬州等受战争损失严重的地区得到了河南、湖北和苏北移民的补充，浙江、皖南等地也有同样的情况发生；以及关内向辽东地区的移民。

（2）大规模的人口迁移必然导致建筑形式和建造技术的传播与交流。具体地说，明清两代移民运动所带来的影响主要体现在如下几个方面：

①移民大大加快了技术交流和扩散的进程。这既包括卫所、军户、匠户等政府主导下的人口制度与人口流动的影响（除了促进地域间的交流外，也一定程度上形成了官式建筑与乡土建筑之间的技术沟通渠道），也包括民间自发的人口迁徙所带来的技术交流。

②在一些移民来源地域和目的地域之间，能够看到乡土建筑形制和建造技术体系相同或相似的情况。特别是在存在大规模持续性移民的地域之间，能够明显看出建造技术流布的路径。以空斗样式砌筑的封火山墙为例，其主要分布地域包括江西（以及相邻的浙西、闽北等地）、徽州、皖中、湖南、湖北以及四川省的汉族地区等，这一分布区域与明清两代从江西向安徽、湖南、湖北以及从湖广向四川的持续性的移民大趋势基本相符。据此可以推断，对于此种建筑形式和建造技术的传播，存在一条与上述移民路径相对应的技术流布路线。并且，从传播途径上各地乡土建筑中空斗墙体的具体形式和建造技术细节中，也能够大体上推断技术本地化的状况，即移民带来的技术是如何与地域的自然和社会环境条件相互影响、并形成同一来源下各具特色的地域乡土建筑类型与建造技术体系。以徽州民居为例，其封火山墙的形式和空斗砖墙的砌筑技术与江西、湖广地区非常类似。但在具体的形式上，由于徽州地区人口稠密，聚落防火的要求更高，对封火山墙的作用更为重视，使用频率更高。同时高密度聚落肌理下多个方向马头墙的组合形式，也形成了令人印象深刻的视觉效果，成为徽州民居最显著的特征之一。此外，上述移民与技术传播路线上诸地域的乡土建筑中，大多采用了清水砖墙的样式，而徽州民居则使用了白色混水砖墙，并以此作为地域乡土建筑重要的风格特征。从明清徽商的活动看，这一特殊性应该与受到江南区域文人审美情趣和建筑风格的影响有关，体现了地域间建筑风格和建造技术的杂交与融合。同样的，在闽、粤向台湾、雷州及海南移民路径上的诸区域间，也同样显示出乡土建筑建筑风格与建造技术的传播、融合与变异。又如江西万载县，自清康熙以后，持续性地接收来自闽、粤和赣南地区的客家移民。从今存的万载地区的乡土建筑来看，确有受到上述地区影响的例证，特别是对红砖的使用，明显体现了闽南地区乡土建筑建筑风格和建造技术的影响。

③伴随着"改土归流"后民族地区行政治理模式的变化，以及新的农作物的广泛传播和种植，汉族人口开始较大规模地迁入，新的建筑形式和建造技术也随之传播到少数民族地区。尽管一些丘陵、山地地区的原料、燃料、水源及交通条件未必适合新的建筑形式，并且当地通常存在业已成型的原生建造技术体系，但作为来自强势文化地区的汉族移民，很难完全接受当地原有的居住样式与建筑文化，反而是外来的建筑文化和建造技术体系在很大程度上影响了少数民族原住民。这种影响生动反映了移民过程中不同文化和建

造技术体系的碰撞与融合，相关的例子在湘西的苗族聚落、粤北的瑶族聚落、云南的汉族和白族聚居区、贵州和四川的汉族聚居区等很多地区都普遍存在。关内向辽东地区的移民，同样也在很大程度上重塑了当地的建筑文化和建造技术体系。

④移民仅提供了一种建筑文化和建造技术传播的可能性，这种从移民来源地到目的地的技术传播并非一定会发生。通常来讲，从文化相对强势地域向文化相对弱势地域的移民，较容易伴随技术的传播。移民抱有文化优越的心理，促使其倾向于保持原有的建筑文化和建造技术体系，而不是采用所移居地域的建造系统。同时，移居地的原住民，出于对外来强势文化的向往或屈从，也更倾向于接受外来的建造体系。上述明清时期江西、江南、闽粤、山西等地向其他地域的移民，大多带有从当时的文化相对强势地区向外迁移的特征，因此所伴随的建筑文化与建造技术的扩散也表现得较为明显。反之，在从文化相对弱势地区向相对强势地区的移民中，移民更倾向于接受移居地的建造系统，同时其原有的文化和技术体系也较难对移居地产生影响。这一点的例子可见于太平天国运动后受战乱影响较小的河南、湖北和苏北地区向苏南、扬州、浙江、皖南等地的移民中，移民的建造系统几乎完全为当地原有的建筑文化和建造技术体系所同化，而较少保留自身原有的特征。

## 四、工匠流动带来的技术传播

在人类历史的早期，乡土建筑的建造者和使用者是同一的，建造活动并没有成为一种专门化的工作。这种依靠居住者自建和互助合作建造的方式至今在一些偏远的聚落中仍然存在。随着建筑形制和建造技术的日益复杂化，以及社会分工水平的整体提高，建造活动逐渐独立出来，产生了职业化或半职业化（仍部分从事农业生产）的工匠和专业化的民间建造组织。在初期阶段，乡土工匠和建造组织的工作范围仅限于自身所在的聚落，这一方面是由于建造组织的规模小、技术力量薄弱，半职业化的执业方式也无法完全摆脱土地的束缚；另一方面也是因为交通和信息水平的普遍落后。其后，伴随着地域之间交通和信息联系的日趋便捷，以及乡土建造组织规模、技术水平、职业化程度的提高，其执业范围也逐渐扩展，从单一聚落到周边聚落，再到跨县域、跨省域的建造活动。到传统社会后期，大型民间施工组织的执业范围已经扩展到全国。其中的杰出者例如苏州的"香山帮"，甚至已经超出了民间建筑的范畴，成为很多重要皇家建筑的设计和建造者。

乡土工匠和民间建造组织的跨地域执业，一方面使其自身的职业视野和技术水平能够在一定程度上超越一时一地的局限，适应更大范围内的自然和社会环境条件；另一方面，工匠在执业过程中，也不可避免地受到自身经验的局限，特别是成长和早期职业学习时期所处地域的地域文化、建筑形式和建造技术，往往会在其整个职业生涯中发挥持续性的影响。因此，工匠异地执业的建造活动成果，往往既不是完全按照当地既有的建筑形式和建造技术，也非其原有知识和技术体系的简单移植，而是表现出二者的杂交与融合。而随着工匠执业范围的扩展，地域性的建筑形式和建造技术也逐渐扩散开来。

在元明以来传统建筑建造技术扩散、交流与融合的过程中，工匠的流动所起到的作用大致体现在如下几个方面：

（1）在元明时期建造技术特别是砖砌建筑的迅速发展中，外来的色目人工匠起到了重要的作用。他们一方面带来了中亚、西亚地区业已成熟的砖砌建造技术，另一方面也常被任命为重要的官吏或技术顾问。这些域外工匠和管理者的实际参与，对城市建设和建筑建造的风气带来了迥异于传统的影响，从而使得传统上已经发展得非常成熟、完善的木构建筑之外的建筑类型和建造技术体系获得了发展的契机。同时元代实行"匠户制度"，将手工业者编为世代承袭的"匠籍"，蒙古军队占领一地后，即将当地工匠编入匠户，集中起来加以役使，隶属于统治者专用的手工业机构。这在加强了地域之间建筑文化和建造技术交流的同时，也造成很多地方工匠缺乏，绵延千百年的建造传统遭到了极大的削弱，客观上使得新的建筑文化和建造技术更容易得到接受。这也是造成元明时期砖砌建造技术在乡土建筑中迅速普及的原因之一。

（2）伴随着大规模移民运动发生的工匠流动，是移民造成的建造技术扩散与交流的重要载体。其中既包括政府主导的移民运动，也包括民间自发形成的移民活动。明初的洪武大移民中，有大批的工匠被迁入京师（南京）；其后明成祖北迁，这些工匠中的很大一部分又随之迁往北京。顾炎武的《天下郡国利病书》中记载："维高皇定鼎金陵，驱其旧民而置之云南之墟，乃于洪武十三等年，起取苏、浙等处上户四万五千余家，填实京师，壮丁发各监局充匠，余为编户，置都城之内外，爰有坊厢。上元坊厢原编百七十有六，类有人丁而无田赋，止供勾摄而无征派。成祖北迁，取民匠户二万七千以行，减户口过半，而差役实稀。"记述了洪武大移民和永乐大移民时期政府有计划地迁移工匠的情况。这种大规模的工匠流动，对于明代建造技术的扩散与融合起到了重要作用。在对工匠的管理方面，明代延续了元代的匠籍制度，将部分工匠纳入匠籍，"世役永充，子孙承袭"，成为官营的手工业者。其中就包含木匠、瓦匠、土工匠、石匠等建造工匠，归属工部营缮所管理。据记载，明代的匠户分两种："住作匠"和"轮班匠"。前者定居于京城，后者则居住于京城以外。各地轮班工匠按照丁力和路途远近，按三年一班（后来又按工种分为一年一班、两年一班、三年一班、四年一班和五年一班），轮流赴京服役，时间为三个月，役满更替。"夏四月丙戌朔，定工匠轮班。初，工部籍诸工匠，验其丁力，定以三年为班，更番赴京输作三月，如期交代，名曰'轮班匠'，议而未行。至是，工部侍郎秦逵复议：'举行量地远近以为班次，且置籍为勘合付之，至期赍至工部，听拨免其家他役，著为令。'于是诸工匠便之。"轮班匠的制度，更是进一步打破了地域的藩篱，促进了地域之间，特别是官式建筑与乡土建筑之间的技术交流。而民间自发形成的移民活动伴随的乡土工匠和民间建造组织的流动，也同样促进了地域之间建造技术的交流。周忱的《与行在户部诸公书》中记载："其所为豪匠冒合者，苏、松人匠，丛聚两京。乡里之逃避粮差者，往往携其家眷，相依同往。或创造房居，或开张铺店，冒作义男女婿，代与领牌上工，在南京者，应天府不知其名；在北京者，顺天府亦无其籍。粉壁题监局之名，木牌称高手之作。一户当匠，而冒合数户者有之；一人上工，而隐蔽数人者有之。兵马司不敢问，左右邻不复疑，由是豪匠之生计日盛，而南亩之农民日以衰矣。"描述了当时民间工匠流动和从业的情况。其影响如《中国古代建筑史第四卷：元明建筑》中所记载："明代工匠制度的另一变化就是明初洪武年间开始实行的工匠南北流动制。这一制度促进了砖结构技术的南北交流与提高。明代无梁殿外观为北方风格，但在细部装饰上又带有南方做法，营建匠师则多为晋、陕地方人。"

（3）清康熙以后，政府将工匠代役银并入田赋中征收，同时废除了匠籍制度，使手工业者对政府的人身依附关系大大减弱。其时跨地域的商业活动已经相当发达，因此国家的控制稍一放松，手工业工人的流动立刻变得频繁。与其他手工业行业相比，建造工匠与地域的联系更为密切，但异地执业的情况也已经非常普遍。与之前工匠的流动基本依附于政府的控制和大规模的移民运动不同，这一时期之后的工匠流动更多地基于自发的执业活动，因此从文化强势、技术先进地区向文化弱势、技术落后地区技术输出的意味也就更加明显。同时，这一时期新的生产关系形式已经逐渐形成，一些大的民间建造组织开始从原始的合作化形式向雇佣制过渡，技术传播与商业活动的关联相应也变得更为紧密，因此重要的商业城市往往也成为技术输出的中心，其建筑形式和建造技术具有更强的辐射能力。

（4）在今存的传统建筑中，有一些明显体现了工匠的流动所带来的建造技术传播与扩散。在官式建筑方面，明代苏州香山工匠蒯祥主持了北京紫禁城诸多重要建筑的施工，曾官至工部侍郎。在很大程度上，蒯祥与同时期及其后苏州香山帮工匠的工作将江南地区的地域性建造技术带到了北京，对京畿乃至整个华北地区官式建筑和乡土建筑建造技术体系的发展产生了长远的影响。在乡土建筑方面，云南北部存在着从东部昆明等汉族地区向西北部的丽江、迪庆等地区的技术传播路线，而其核心则是白族工匠的活动。白族工匠将云南和周边省份汉地的建造技术带到大理白族地区，并进而传播到西北部的纳西族和藏族聚居区，这一点至今仍可见于昆明、大理和丽江地区乡土建筑形式的相似性和过渡之中。

## 五、战争与商路的影响

在节奏平缓、渐进发展的传统农业社会中，战争和商业属于变动激烈的要素。战争和相关的军事活动对于乡土社会来说属于突发性事件，并且通常体现为来自外部的、不可抵抗的强制力量。商业活动的繁荣尽管需要时间的积累，但相对于静态的农业生产，商业力量的冲击对地域的影响也会在较短的时间内产生效果。同时对于乡土社会来说，商业活动也属于具有一定强制性的外部力量。

（1）在对地域之间乡土建筑形制和建造技术过渡与交融的影响方面，军事和商业力量的作用主要体现在如下两个方面：

①由于战时的避祸和战后损失人口的填补，元末战争、靖难之役、太平天国运动等战争，造成了大规模的人口流动，从而使得地域之间的建筑技术彼此交流与融合，关于这一点，前文中已有详细论述。同样地，伴随商业的繁荣而日益便捷的交通运输条件对于地域之间建筑文化和建造技术的交流也起到了重要的作用。

②戍边卫所的设置与军卫的调动，是地域间建筑形式和建造技术传播与扩散的重要途径之一。明洪武年间初创了卫所制度，卫所遍布全国，其中北方边疆（辽宁、河北、内蒙古、山西、陕西、甘肃、宁夏等）、西南边疆（四川、云南、贵州等）和东部海疆（胶东、浙江、福建、两广等沿海地区）地区设立的卫所，均具有戍边性质。明代卫所军士皆划为世袭的军籍，由国家分给土地，屯田自给。且按明代前期制度，军户不在本地卫所从军。清雍正朝改土归流以后，也在西南云、贵地区屯垦。综上所述，卫所并非纯粹的作战部队，而是涵盖了防卫、治安、屯垦、建设等综合职能，其人员配备中工匠占有相当的比重。鉴于戍边卫所的功能本来就是基于扩张与镇压，其文化强势的意味是非常明显的。因此，卫所相关建筑的形式通常不会采用其戍卫区域的原生建筑形式，而是更为接近官方主流文化区域或军卫兵员地区域的建筑形式，并按照戍卫地域的环境条件和防卫功能的需要做出相应的调整。典型的例子如贵州安顺市的屯堡建筑，建筑的外围护墙体基于就地取材的便利和防卫的需要使用了石材，但建筑合院式的平面格局以及院落内部立面的材料、结构和构造方式，都沿袭了江南文化区民居建筑的特征。

（2）在商业方面，跨地域的商业活动同样是地域间建筑形式和建造技术传播与扩散的重要途径之一。商业活动通常以区域或全国范围内的经济发达地区为中心，这些地方往往同时也是技术进步、文化昌明之地。因此在商业交往的过程中，从经济、技术、文化中心向外的技术传播往往也自然地伴随发生。明代历史上著名的山西商人、徽州商人、江西商人和苏松（苏州、松江）商人，其活动对相关地域的乡土建筑的建筑形式和建造技术皆有影响。以徽州商人为例，他们一方面将其商业活动的主要目的区域（江南地区）的建筑形式（例如对白色混水墙体的偏爱）和建造技术带回徽州地区，另一方面又将融合发展后的建筑形式和建造技术体系扩散到周边的皖中、浙西、湖广等地。又如今内蒙古呼和浩特、包头等地留存的乡土建筑，其形制和建造技术明显受到了山西商人"走西口"的商业活动的影响。此外，伴随着跨地域的商业活动还会产生一些新的建筑类型，其建筑形式和建造技术往往也呈现跨地域和混合性的特征。

# 第三章　中国建筑文化与建筑美学

## 第一节　中国古代建筑文化

中国传统建筑文化历史悠久，源远流长，光辉灿烂，独树一帜。纵观建筑历史长河，中国传统建筑作为东方传统文化和哲学的物质载体，深深地影响着东方各国，它是中国人物质与精神财富的沉淀，具有历史的延续性，同时反映着民族文化特征，映射出中国特有的美学精神、严肃的伦理规范，以及对人生的终极关怀。

### 一、中国古代建筑体系的形成期——原始社会及夏商周时期

#### （一）原始社会建筑

中华民族是世界上最古老的民族之一，大约在一万年前进入新石器时代。人类最早创造出用来居住的建筑物，也是在这一时期。而在此之前，原始人类则栖息在天然崖洞中，或构木为巢而居。

#### （二）夏商周古建筑

到新石器晚期，规模较大的聚落和"城"已开始出现。随着夏王朝的建立，国家形态的逐渐形成，出现了宫殿、坛庙等建筑类型，城市规模也不断扩大，内容不断丰富。

在随后发现的河南偃师二里头另一座殿堂遗址中，可以看到更为规整的

廊院式建筑群。这些例子说明，在夏代至商代早期，中国传统的院落式建筑群组合已经开始走向定型。

1983 年在偃师二里头遗址以东五六公里处的尸沟乡，发现了另一座早商城址，考古学家认为这是商灭夏后所建的都城——毫。其规模较郑州商城略小，由宫城、内城、外城组成。宫城位于内城的南北轴线上，外城则是后来扩建的。宫城中已发掘的宫殿遗址上下叠压 3 层，都是庭院式建筑，其中主殿长达 90 米，是迄今为止最宏大的早商单体建筑遗址。

根据《考工记》中记载所绘的周王城图，通过这幅图我们可以看出，从那时起，方形的城市平面与泾渭分明的城市街道所构成的城市面貌被以后历朝历代所沿用，形成了我国独特的城市布局和结构。

西周最具代表性的建筑遗址当属陕西省岐山凤雏村的西周遗址，而瓦的发明是西周在建筑上的突出成就。

# 二、中国古代建筑体系的发展期——春秋战国与秦汉时期

## （一）春秋战国时期古建筑

春秋战国时期，建筑上的重要发展是瓦的普遍使用和作为诸侯宫室用的高台建筑（或称台榭）的出现。

根据考古发掘得知，战国时齐国故都临淄城南北长约 5 千米，东西宽约 4 千米，大城内散布着冶铁、铸铁、制骨等作坊以及纵横的街道。大城西南角有小城，其中夯土台高达 14 米，周围也有作坊多处，推测是齐国宫殿所在地。

## （二）秦汉时期古建筑

阿房宫留下的夯土台东西约 1 千米，南北约 0.5 千米，后部残高约 8 米。秦代宫殿遗址出土的陶水管，管道转弯处的装置，不仅有大小头，而且内外均有花纹装饰，说明当时建筑中的排水设施已经相当完善。

汉朝的长期稳定强大，使汉长安城成为与罗马城并称的是当时世界上最繁华壮丽的都市。汉代末年，佛教建筑也开始崭露头角。

## 三、中国古代建筑体系的成熟期——魏晋与隋唐时期

### （一）魏晋时期古建筑

汉末，由于农民起义和军阀混战，所以两汉时期三百多年的宫殿建筑被毁弃殆尽。北魏时所建造的河南登封嵩岳寺砖塔，是我国现存最早的佛塔。

### （二）隋唐时期古建筑

隋朝建筑上主要是兴建都城——大兴城和东都洛阳城，以及大规模的宫殿和苑囿，并开凿南北大运河、修长城等。

唐代的建筑在规模、建筑群、砖石结构上均有相当大的特色。唐朝首都长安原是隋代规划兴建的，但唐继承后又加以扩充，使之成为当时世界最宏大繁荣的城市。

## 四、中国古代建筑体系的转变期——宋辽到金元时期

### （一）宋代建筑

北宋东京城的桥梁以东水门 7 里外汴河上的虹桥最为特殊，是用木材做成的拱形桥身，桥下无柱，有利于舟船通行，宋代张择端《清明上河图》即绘有此桥。这种虹桥在城内汴河上还有两座，表现了宋代木工在结构技术上的创造。

城市消防、交通运输、商店、桥梁等都有了新的发展。例如江西赣州城，北宋时已形成由"福沟"与"寿沟"两个子系统组成的全城排水系统，福沟汇城市南部之水，寿沟汇城市北部之水，再通过 12 个水窗（涵洞）分别排入城东的贡江和城西的章江。至今所存沟渠长达 12.6 千米，沟深约 2 米，宽约 0.6~1 米，对赣州旧城区的排水起着重要作用。

这时的砖石建筑主要是佛塔，其次是桥梁。目前留下的宋塔数量很多，遍布于黄河流域以南各省。宋塔的特点是：木塔已经较少采用，绝大多数是砖石塔。其中最高的是河北定县开元寺料敌塔，高达 84 米。

（二）元代建筑

蒙古贵族统治者先后攻占了金、西夏、吐蕃、大理和南宋的领土，建立了一个疆域广大的军事帝国。忽必烈时代，在金中都的北侧建造了规模宏大的都城，并由于统治者崇信宗教，佛教、道教、伊斯兰教、基督教等都有所发展，使宗教建筑异常兴盛。

在元代的遗物中，最辉煌的成就就是北京内城有计划的布局规模，它是总结了历代都城的优良传统，参考了中国古代帝都规模，又按照北京的特殊地形、水利的实际情况而设计的。元大都的建设为明清北京城打下了基础。

# 五、中国古代建筑体系的高峰期——明清时期

（一）明代古建筑

南京是明初洪武至永乐 53 年间全国政治中心的所在地（洪武元年到永乐十八年），它以独特的不规则城市布局而在中国都城建设史上占有重要地位。

明代北京是利用元大都原有城市改建的。明攻占元大都后，蒙古贵族虽已退走漠北，但仍伺机南侵，明朝驻军为了便于防守，将大都北面约 5 里宽较荒凉的地带放弃，缩小城框。明成祖建都时，为了效仿南京的制度，在皇城前建立五府六部等政权机构的衙署，又将城墙向南移了 1 里多。到明中叶，蒙古骑兵多次南下，甚至迫近北京，兵临城下，遂于嘉靖三十二年加筑外城，由于当时财力不足，只把城南天坛、先农坛及稠密的居民区包围起来，而西、北、东三面的外城没有继续修筑，于是北京的城墙平面就成了凸字形。清朝北京城的规模没有再扩充，城的平面轮廓也不再改变，主要是营建苑囿和修建宫殿。

（二）清代古建筑

清代帝王苑囿规模之大，数量之多，建筑量之巨，是任何朝代不能比拟的。自从康熙平定国内反抗，政局较为稳定之后，就开始建造离宫苑园，从北京香山行宫、静明园、畅春园到承德避暑山庄，工程迭起。

由于蒙藏民族的崇信和清朝的提倡，兴建了大批藏传佛教建筑。雍正十

二年颁行的工部《工程做法》一书，列举了 27 种单体建筑的大木做法，并对斗拱、装修、石作、瓦作、铜作、画作、雕銮作等做法和用工、用料都做了规定。在清代建筑群实例中可以看到，群体布置手法十分成熟，这和设计工作专业化是分不开的。显示清代砖石建筑成就的主要是北京钟楼。

# 第二节　中国近现代建筑文化

## 一、近现代城市建筑发展历程

由于我国长期处于半殖民地半封建社会，自然经济占据主导地位，导致商品经济发展较慢，所以产业革命对我国城市建设的发展影响不大。我国很长一段时间实行计划经济，城市整体的发展速度相对缓慢，结构变化不大，历史城区的发展受到制约。1978 年改革开放以后，我国建立了市场经济体制，城市建设开始进入了快速发展阶段。

我国城市建设从 1949 年至今已走过了 70 年的历程，其中漫长曲折的道路大致可分为三个发展阶段。

（一）第一阶段：新中国成立到 20 世纪 60 年代中期

新中国成立初期，由于受连年战争和经济发展缓慢的影响，我国大部分城市发展都比较缓慢，尤其是居住区的居民，生活状况十分不好。所以，治理城市环境和改善居民生活条件成了当时城市建设最为迫切的任务。

"一五"计划（1953～1957 年）期间，经过三年的经济复苏，使得国民经济在根本上得到了转变。虽然工业生产在当时已经得到了快速发展，但我国实质上还是一个落后的农业国，工业发展水平远远低于西方发达国家。在城市建设方面，根据当时我国的经济状况，城市建设充分利用原有的建筑和公共设施，采用以维修养护为主和局部更新扩建为辅的方法进行城市改造，这样不仅减少了资金的投入，而且对城市环境的改善和居住环境的提高起了积极的作用。但同时由于过分强调利用旧城，降低了城市建设标准，导致居住区与公共设施质量低下，为后来城市的更新改造埋下了隐患。

1957 年以后，城市建设在计划经济的指导下，借鉴苏联的建设模式，扩大改造规模，把重点放在改善城市居住环境条件，许多城市开始修建工人新村。受"八大"后冒进思想的影响，"二五"计划在制定和执行中出现了严重的冒进倾向。1958 年以来的"大跃进"运动和"反右倾"运动，造成国民经济比例严重失调，出现连年的财政赤字，人民生活十分困难，由于城市人口的急剧加大，加重了旧城的负担，居住环境日益恶化，加速了旧城的衰退。

（二）第二阶段："文革"十年

"文革"十年进一步加剧了城市建设的衰败，部分城市建设处于无政府状态，城市中到处见缝插针地建设新工房，乱拆乱建现象十分严重。同时，在这一时期历史文化古迹遭到严重破坏，公共绿地被侵占，市民聚居区环境质量更加恶劣。

（三）第三阶段：改革开放至今

改革开放之后，我国城市的对外开放程度大大提高，城市的规模继续扩大，同时配套的基础设施建设也随之加强，城市人口不断增加。这一阶段我国的城市化水平得到了快速的发展，经济实力显著增强，国民经济在城市经济建设的快速发展下得到了飞速提升。城市建设进入了快速发展时期。

与此同时，历史城区的更新也进入了崭新的发展时期。但是由于在这一阶段的前期，城市建设的重点放在了调整城市用地结构和功能，解决城市住房问题的需求上，导致管理体制和经济条件被限制，从而对历史城区的建设和保护城市环境及历史文化遗产方面的重视程度不够，建设项目中各种混乱现象出现，如各自为政、配套不全、标准偏低，以及侵占绿地、破坏历史文物等。特别是在 1992～1995 年的全国房地产过热所形成的畸形开发热潮中，最终导致房地产的泡沫经济。在没有健全的规划体制指导下，大多数地方政府为了自身政绩的体现，对历史城区进行肆意的更新改造，这样就导致历史城区原有的物质和社会结构遭到了严重的破坏。

总的来说，改革开放以来我国对历史城区的更新和发展还是有很大成就的，特别是在城市环境治理和保护、基础设施的完善和生活条件的提高等都

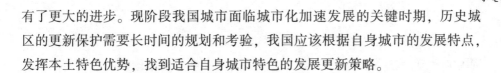

有了更大的进步。现阶段我国城市面临城市化加速发展的关键时期，历史城区的更新保护需要长时间的规划和考验，我国应该根据自身城市的发展特点，发挥本土特色优势，找到适合自身城市特色的发展更新策略。

# 二、近现代古建筑文化研究

## （一）传统文化与古建筑

### 1. "礼"文化

（1）"以大称威"。春秋末年，伟大的思想家、道家创始人老子在《道德经》中说道："道大，天大，地大，王大。域中有四大，而王居其一焉。"东汉的文字学家许慎在《说文解字》中说："皇，大也。"在古代的传统思想中，"王"之所以"大"，是因为"王"与"天"联系在一起，认为其权力是神授予的，其行为代表着天的意志，从而皇帝的权力是至高无上的。因此，凡是与帝王有关的建筑群都建造得非常雄伟、阔大、金碧辉煌，使得我国现存的许多古建筑在世界建筑史上都具有赫赫显著的地位。还需说明的是，我国传统建筑之大，并不是以单体建筑的形式来显示其大，而是以建筑群的形式出现，如北京故宫号称有建筑9999间半之多，为天下之最。

（2）"以中为尊""以中为尊"在华夏文化形成与政治形态体系中是一大特色。《荀子·大略》说："王者必居天下之中，礼也。"《吕氏春秋》说："择天下之中而立国，择国之中而立宫。"在五行学说中，东、南、西、北、中，乃以"中"为最尊。"以中为尊"思想的形成，固然与中央集权统治制度有关，但更重要的是与古代所观察的天体运动有关。

### 2. 官文化
官文化的典型代表就是宫廷艺术，在建筑领域主要表现为宫廷建筑。

### 3. 士文化
士文化的典型代表就是文人艺术，在建筑领域主要表现为文人建筑。

## （二）地域古建筑研究

### 1. 南方建筑
（1）徽派建筑。"一生痴绝处，无梦到徽州。"这是明代著名剧作家汤显祖的诗句。

徽州自古就是人杰地灵之地，是南北文化的交汇处，有丰厚的文化底蕴。明中叶以后，随着徽商的崛起和社会经济的发展，在雄厚财力的支持下，徽商"盛馆舍以广招宾客，扩祠宇以敬宗睦族，筑牌坊以传世显荣"。而徽商实际上又是"儒商"，他们在意识、生活方式及情趣方面，保留和追求与文人、官宦阶层相一致，以文雅、清高、超脱的心态构思和营建建筑，因此具有浓郁的文化气息。

徽派建筑融古雅、简洁、富丽为一体，现存主要是明清时期的建筑。

安徽黟县的西递村和宏村民居是徽派民居的突出代表。两村依山傍水，有数百幢明清时期的民居建筑，如今成为国内外游客的观光胜地。

徽派民居集中反映了古徽州地区的山地特征，通常沿着地面等高线灵活地排列在山腰、山脚或山麓，选址一般按照阴阳五行和风水学说，周密地观察自然和利用自然，表现出对山水、自然景观的依赖。徽派建筑外观整体性和美感很强，马头翘角，墙线错落有致，形成丰富的天际线；高墙封闭，内设天井；青瓦白墙，色彩典雅大方，在山光水色之间形成了一幅幅美丽的画面。

徽派民居在外观上独具特色的是马头墙，也称为风火墙，不但韵律多姿，还具有防火防风功能。四周封闭的高墙天井一般都为长方形，用来采光通风，也有"四水归堂"的吉祥寓意，由于通过天井调节采光，对外的高墙上一般不开窗户，只有少数在楼上对外开启类似瞭望孔的小窗。

徽州民居的木雕、砖雕和石雕称为"徽州三雕"。木雕内容广泛，有花鸟鱼兽、历史人物、戏曲故事等；而民居门楼是大宅第的门面，是重点装饰部位，门楼、门罩、八字墙等处大都饰有精致砖雕；石雕则多见于墙上的漏窗、天井石栏、门楼石框等处。

（2）江南民居。通常所说的江南，指长江下游苏南和杭（州）嘉（兴）湖（州）一带，"小巷小桥多，人家尽枕河"，是江南水乡留给游人的深刻印象。

江南民居与江南古镇是分不开的，城镇建筑数百年来逐渐与当地的自然环境相融合，与当时的经济文化相适应，建筑的形式和结构基本上还是以四合院的发展和改造为主。

江南民居是江南古镇最基本的空间，它包括单个的宅院、院落组合，还包括沿河地带常见的商住合一的建筑。房屋朝向多朝南或东南，屋脊高，进深大，墙身薄，出檐深，外檐用落地长窗等特点，以达到隔热通风的效果。屋面坡度较陡，以利及时排除雨水。住房一般为三间，稍大的住宅有曲尺形或三合院。一般可分为普通住宅、前店后宅式、上宅下店式和大宅四种。

　　江南民居一般用穿斗式木构架，或穿斗式和抬梁式的混合结构。江南民居雕刻装饰极为繁多，却极少彩画，墙用白瓦青灰，木料则为棕黑色，或棕红色等。与北方的绚丽色彩相比十分淡雅。梁架和门框等可装饰部位，有精致的木、砖雕刻，涂栗、褐、灰等色，不施彩绘。房屋外部的木构部分用褐、黑、墨绿等色，与白墙、灰瓦、绿色竹木相组合，色调素雅明净，在繁杂的人群与闹市中，柔和幽静，给人们提供了读书做学问的安宁环境。

　　江南水乡民居的另一个显著特点就是与河道有极为密切的关系。居民住宅通常是前门临街，后门临河，几乎每一户都有一个石砌码头，石级通向河面。河的驳岸就是民居的宅基，居民用水靠河，交通靠河，排污水也靠河。水上人家，画中天地，亲水性是区别于北方民居的一大特色。苏州现在还保留了一些临河的民居，从中可以看到江南水乡民居的风貌。

　　位于苏州东山镇陆巷村的明代宰相王鏊故居在太湖之滨。王鏊是明代苏州东山人，正德年间官至宰相。其学生唐伯虎尊他为"海内文章第一，山中宰相无双"。现存的"惠和堂"是一处建于明代、清代重修的大型群体厅堂建筑，其占地面积约为5000平方米，共有厅、堂、楼、库、房等104间，建筑面积约2000多平方米。其轩廊制作精细，用料粗壮，大部分为楠木制成；瓦、砖、梁、柱也均有与主人宰相身份相对应的雕绘图案。

　　长江三角洲是我国现代化程度最高的地区之一。然而，这个地区的乌镇、周庄、同里、西塘、南浔等古镇，是至今保存比较完整的江南民居群落，在这里保持着传统的建筑风貌和生活方式。

　　乌镇，古风犹存，东、西、南、北四条老街呈"十"字交叉，构成双棋盘式河街平行、水陆相邻的古镇格局。自宋至清，这里出了161名举人，其中进士64人。镇上的西栅老街是我国保存最好的明清建筑群之一。镇东的立志书院是茅盾少年时的读书处，现辟为茅盾纪念馆。

　　周庄，建镇已有900多年的历史。南北市河、后港河、油车漾河、中市河形成"井"字形，因河成街，傍水筑屋，呈现一派古朴、幽静的典雅的风貌。著名的景点有双桥、富安桥等。全镇桥街相连，依河筑屋，小船轻摇，绿影婆娑："吴树依依吴水流，吴中舟楫好夷游。"明代时这里住着江南首富沈万三，他个人出资修了南京明城墙的三分之一。沈万三在各地都有许多产业，但是他始终把周庄作为他的根基。

同里，旧称"富土"，宋代改为"同里"，沿用至今。同里的主要特色是：水、桥多，明清建筑多，名人雅士多，主要景点可以概括为"一园""二堂""三桥"，今天已是著名的旅游胜地。

西塘，河流纵横，绿波荡漾，是典型的江南水乡。始建于宋代的望仙桥，已经倾听了千年的流水低吟、桨橹浅唱；来凤桥、五福桥、卧龙桥等建于明清。依河而建的街衢，临水而筑的民居，尤其是总长近千米的廊棚，狭窄而悠长的石皮弄，陌生而又亲切；种福堂、尊闻堂、薛宅等皆是明清时代的建筑。

南浔，建镇已有 700 多年的历史。在中国近代史上，南浔是一个巨富之镇，百余家丝商巨富所产的"辑里湖丝"驰名中外。嘉业堂藏书楼及小莲庄、南浔张氏旧宅建筑群、适园石塔、耶稣堂、望海禅院以及深宅大院的百间楼，显示了多种文化的深厚底蕴，体现水乡古桥风采的长发桥、新民桥、兴福桥、通利桥、南安桥等为南浔古镇增添了妖娆风采。

（3）客家土楼。有人说它是天上掉下来的飞碟；也有人说它是地上冒出来的蘑菇；还有人说它是人间的梅花；甚至被美国的间谍卫星当作"导弹发射基地"。这就是星星点点散落于闽南民间的客家土楼。

土楼大体上可以分为三类：方楼、圆楼、三堂屋。

土楼最早时是方形，形态不一，不但奇特，而且富于神秘感，坚实牢固。在福建省龙岩适中镇这个小镇上，三层以上的大土楼竟有 362 座，现存的尚有 200 多座。方楼的特征，是夯筑一圈正方形或接近正方形的高大围墙，沿屋墙设置房间，中央是敞开天井，天井的周围是回廊，如此重叠起来，高达五层，局部有达六层者，用木楼梯、木地板和木屋架，青瓦盖顶。这种土楼极其雄伟壮观，将传统的夯土技术发展到了登峰造极的地步。

圆楼，是外地人的叫法，当地人称"圆寨"。这个"寨"字，反映此类建筑的特征含义，即具有强烈的军事防御性质。因此如下特点：第一，大小不同。最小的只有 12 个房间，最大的达 81 个房间。第二，环数不同。少则一环、二环，多达五环。第三，层数不同。最简单的单层，最高的五层。第四，布局不同。一般是水平分层的，底层为厨房、餐室，二层仓廪，三层以上才是卧室。每个小家庭或个人的房间是独立的，用一圈圈的公用走廊将各个房间联系起来。这条公用走廊通常都布置在内圈，环绕庭院。还有一种被称为罗溪式的圆寨，如同切西瓜一般，是竖向分割的。它的外围墙只有一个进口，入内是一个圆形的小庭院，向着庭院设置各户独立的大门，进门又是小庭院、厨房、杂屋，楼下为堂，设梯，楼上二、三、四层乃至五层都是独用房间，这是为了保证小家庭的独立性而创造的一种建筑形式。还有一种是根据山势不同而环绕山头，内圈高、外圈低、高低错层的圆寨。也有为了防御需要而外圈高、内圈低的石圆寨。

客家土楼就地取材、施工方便、节约能源、不占农田；堡垒式封闭厚墙，便于防卫。有内部通风、采光、抗震、防潮、隔热和御寒等多种功能，在内居住舒适方便。明显的中轴对称和以厅堂为中心的布局，是中国传统的宗法观念。而且房间没有主次向，有利于家族内部分配；构件尺寸统一，用料统一，施工方便；对风的阻力小，圆楼无角，刮山风以至台风时容易分流；抗震力强，从抗震的角度看，圆楼能更均匀地传递水平地震力。

振成楼坐落在福建省永定县湖坑乡，是内部空间配置最精彩的内通廊式圆楼，始建于1912年，历时五载建成。圆楼由内外两个环楼组成，外环楼四层，环周按八卦方位，用砖墙将木构圆楼分隔成八段，走马廊通过隔墙的门洞连通，砖隔墙起到了隔火的作用，后楼有两段曾被匪兵烧毁，由于隔火墙的作用，其余六段仍完好保存。走马廊的木地板上还加铺一层地砖，也起到防火作用。外环楼中对称布置四部楼梯，第三、四层走马廊的栏杆还做成"美人靠"式，便于人们依栏而坐，这在客家土楼中是不多见的。

内环楼由两层的环楼与中轴线上高大的祖堂大厅围合而成，楼房底层用作书房、账房、客厅，二层为卧房，设两部楼梯。内天井全部用大块花岗石铺地。祖堂为方形平面、攒尖屋顶，正面四根立柱采用西洋古典柱式，柱间设瓶式栏杆，这种中西合璧的做法也是客家土楼中少有的例子。内环楼二层的回廊采用精致的铸铁栏杆，其花饰中心是百合，四周环绕兰花、翠竹、菊花和梅花，意为春夏秋冬、百年好合。这种铁花栏杆在客家土楼中绝无仅有，据说当时是在上海加工，用船运到厦门，再用人工挑到永定的。

内外环楼之间又用四组走廊连接，将环楼间的庭院分隔成八个天井：圆楼大门入口门厅前的天井与两侧敞廊形成的空间，作为进入祖堂内院前的过渡，增加了层次，形成门厅、天井、祖堂前厅的空间序列，绝妙地起到烘托祖堂气氛的作用；后厅前的小天井与两边敞廊构成更为私密性的内部活动空间；圆楼两个侧门正对的是方形天井，天井中心设水井，供日常洗刷、饮用，充满生活气息；底层厨房前面隔出的四个弧形天井，内置洗衣石台，摆设花木盆栽，形成亲切宜人的居住环境。楼内院空间变化之丰富，在客家圆楼中首屈一指。在外环楼两侧还有两段弧形的小楼，形如乌纱帽的两翼，自成合院，别有洞天，用作书房，二楼也可住人。

承启楼建于清康熙年间，是内通廊式圆楼的典型。承启楼现在居住江姓57 户共 300 余人，此楼最兴盛时住 80 多户 600 余人。在此巨大的圆楼中，住房一律均等，尊卑等级在这里完全感受不到，这种平等的聚居方式在中国封建社会中的确是难能可贵的。

土楼群的奇迹，充分体现了客家人的集体力量与高超智慧。客家聚居建筑是客家人自己建造的居住生活环境，首先要满足其"客居他乡"生产生活的实际功能需要，反映和传达出客家民系文化精神和环境观念，显示出客家民居建筑的美学理想。

（4）闽粤台民居。福建、台湾的大部分地区处于亚热带，除了以厅堂为活动中心的三合院或四合院外，由于特有的地理条件和历史原因，民居形成鲜明的地方特色，创造出绚丽多彩的"红砖厝"建筑。"厝"在闽台各地是大房子的意思。红砖大厝是指用红砖砌成的民居，燕尾马鞍屋脊、红砖红瓦、二落四合院、三落二院、四落三院外加护厝的形制，严格的中轴对称，其名称、叫法，两岸完全一样，别无二致。两岸的红砖民居，充分展示闽南文化的精髓。家居、教育、祭祀是中国农村村落组成的三要素，闽台农村村落同样是同一姓氏相近而居，多个姓氏相邻而居，共同拥有私塾或小学甚至中学。

闽台各地和其他地区的院落式住宅的共同之处是以天井为中心的。不同之处在于，北方的四合院庭院宽敞方正，四周房屋尺度较小，庭院自然成为院落的中心。而闽台各地则庭院（天井）较小，厅堂相对高大，并且大厅和天井之间没有任何隔断，完全敞开，天井周围是敞廊或较大的出檐，房屋组合主次分明，庭院空间曲折多变，有的成为厅堂空间的延伸，整体结构统一而和谐。

福建晋江地区厢房建成两层，或在主厅两侧及护厝后部建造阁楼，并设屋顶露台，夏可供乘凉和其他户外活动，称为"角脚楼"。此外，屋顶保留了宋代曲线屋顶的特点，在房顶上几乎找不到一条直线。曲线反翘，其曲线翘角的美与自然环境融为一体，构成了充满诗意的田园画卷。坐落于南安市官桥的蔡资深古民居建筑群，俗称"漳州蔡"。清朝同治年间，侨居菲律宾的富商蔡启昌回到官桥漳里村，斥资买地，大兴土木，开始兴建蔡氏豪宅。当时，许多建筑装修材料都是从菲律宾海运过来的。其后，蔡启昌之子蔡资深继承父业，广购荒地，筑祠堂，建宅第，由此蔡氏古民居渐成规模，其布局严整，面积适中，保存完整。西部 4 座成两排组合，东部 7 座成三排两列组合，由南向北纵深，前后平行，南北 95 米，笔直贯穿，透视感极强。

宏琳厝位于福建省闽清县坂东镇，由药材商人黄作宾于清乾隆六十年（1795 年）始建，前后历时 28 年。宏琳厝占地面积 17832 平方米，号称全国最大的古民居。共有大小厅堂 35 间、住房 666 间、花圃 25 个、天井 30 个、水井 4 口，厝内廊回路转，纵横有序，是一座一次性设计、整体建成的民居建筑。综观这座方形木结构建筑，给人印象最深的是其严密的防御系统。由于宅院深深，防备严密，所以新中国成立前的 150 多年中，尽管盗匪猖獗、军阀觊觎，最终没敢进入此地。

闽台各地的民居另一个特点表现在内部的装修重于外部。大厅空间高敞，梁栋暴露。木穿斗结构本身有韵律的穿插以及流畅的曲线形月梁，构成了很强的装饰效果，使大厅显得雅洁、庄重，在闽南"天井"中砖刻壁画、镂花木雕更是花样繁多。

赵家堡坐落在福建漳浦县，是一处由厚实的城墙围合的城堡式建筑群，外城围墙是条石砌基的三合土墙，高 6 米，厚 2 米，周长 1200 米。当年宋朝末代皇族闽冲郡王赵若和曾逃难隐居在此。赵家堡初建于宋，明两次重新扩建，形成今天完整的仿宋建筑群。城堡分内、外城。内城建一座三层四合式"完璧楼"，取意"完璧归赵"。楼高三层，高 13.6 米，边长 22 米，墙厚 1米，是一座具有防御能力的堡垒。内城除了完璧楼外，外城主要建筑为五座五进并列的府第，每座 30 间，共 150 间，俗称"官厅"，雕梁画栋，古朴庄重，其大厅前的踏步由 1 米宽、0.5 米厚、15 米长的巨型花岗岩细凿而成，可见当年建造时的规模。每座第五进为两层楼，系内眷住。城堡内还有汴派桥、禹碑、宋代书法家米芾手迹"墨池"石刻等文物。

漳州诒安堡位于漳州城东南 80 余公里处的漳浦县湖西畲族乡，占地面积10 万平方米。南宋亡时，侍臣黄材跟随闽冲郡王赵若和从广东崖山逃至漳浦，其后裔及世代聚居于此。黄材的第十四代孙黄性震于清康熙二十六年（1687年），回乡兴建诒安堡。诒安堡城墙系条石砌成，周长 1200 多米，高 6.7 米，顶部外侧有2米高的夯土墙，上开垛口共有365个，还按一定距离建了4个小谯楼。有25条登城石梯等距分布，紧附于城墙内壁。东、西、南三城门各有城门楼，北门封闭。城内至今保存当年风貌，与筑城同时期建造的95座房舍一律坐北朝南，8条铺石街道井井有条。城南城北分设黄氏大小宗祠。

福州的"三坊七巷"是唐宋以来形成的坊巷，是从北到南依次排列的十条坊巷的简称，集中体现了闽越古城的民居特色，被建筑界喻为一座规模庞大的明清古建筑博物馆，但是破坏严重，昔日"坊巷纵横，石板铺地；白墙青瓦，结构严谨；房屋精致，匠艺奇巧"的面目几乎荡然无存。

福建、广东侨乡民居在中国住宅传统建筑的基础上，又吸收国外居住建筑的一些特点，特别是受欧洲建筑风格的影响，显示出异国情调，形成了侨乡民居的一大特色。这种侨乡民居主要有"庐"式住宅和城堡式住宅。"庐"实际上是别墅式住宅的雅称，具有中国传统式或西方古典式的建筑美，造型活泼；城堡式住宅形式多样，其中以裙式城堡独具特色，它既有"庐"的开阔通透的特点，又有城堡式住宅的良好防御功能。广东陈慈黉故居始建于清末，历时近半个世纪，占地2.54万平方米，共有厅房506间。其中最具代表性的"善居室"始建于1922年，计有大小厅房202间，是所有宅第中规模最大、设计最精、保存最为完整的一座，至1939年日本攻陷汕头时尚未完工。陈慈黉故居建筑风格中西合璧，总格局以传统的"驷马拖车"糅合西式洋楼壁，点缀亭台楼阁，通廊天桥，萦回曲折。陈慈黉故居的建筑材料汇集当时中外精华，其中单进口瓷砖样式就有几十种，这些瓷砖历经近百年，花纹色彩依然亮丽如新。

鸦片战争后，厦门成为"五口通商"之一的城市，西方列强纷纷来到鼓浪屿，抢占风景最美的地方建造别墅公馆。二十世纪二三十年代，许多华侨也回乡创业，在鼓浪屿建造许多别墅住宅。鼓浪屿，这个不足2平方千米的小岛上，在短短的15年内就建造了1000多幢别墅，构成厦门市一道独特的人文景观。现在，这些老建筑中，有207幢被确定为受保护风貌建筑，其中属于重点保护的有82幢，一般保护的有125幢。

台湾、金门等地的民居无论是从建筑风格或样式、布局或构成还是建筑观念上都是源于闽南地区。

台湾大部分地区的传统民居多坐南朝北；民居总体通常呈南北稍长的矩形的"合院"建筑构成平面，有明确的纵中轴线，建筑总体规划重心在北，以前埕、后厝为基本构成平面形式。"白石红砖红瓦"成为台基、墙身、屋顶这三段相间构成的基本立面的色彩质感和造型风格。屋顶基本上均为两坡红瓦顶，但远望造型却非常丰富，特别是屋脊的做法不仅形式不同，而且高低错落有致。中轴线上的主体多为翘脊的做法，正脊弯曲，而以中轴线为对称的两侧燕尾双翘脊，非常有特点。

2. 北方建筑

（1）四合院。在中国建筑发展史上，四合院这种建筑是中国民居最典型的建筑形式。所谓四合院，是指由东、西、南、北四面的正房、厢房和倒座围合起来而形成的内院式布局的住宅的统称，也可以称为"合院"。

从结构上看，由四面房屋围合起一个庭院，为四合院的基本单元，称为"一进四合院"，两个院落即为两进四合院，三个院落为三进四合院，依此类推。从规格上看，四合院一般有大、中、小三种。如果可供建筑的地面狭小，或者经济能力有限的话，四合院又可不建南房，称为三合院。

由于建筑面积的大小以及方位的不同，从空间组合来讲有大四合院、小四合院、三合院之分。

小四合院布局较为简单，一般是北房（又叫正房）三间，一明两暗或者两明一暗；东西厢房各两间；南房（又叫倒座）三间。

中四合院一般都有三进院落，正房多是三间或七间，并配有耳房，正房建筑高大。东、西厢房三间或五间，房前有廊以避风雨。另以山墙隔为前院（外院）、后院（内院），山墙中央开有垂花门。垂花门是内外的分界线。民间常说的"大门不出，二门不迈"的"二门"指的就是这道垂花门。

大四合院又称为"大宅门"，房屋设置可为南北房各五间或七间，甚至还有九间或者十一间的正房，一般为复式四合院，即由多个四合院向纵深相连而成。院落极多，有前院、后院、东院、西院、正院、偏院、跨院、书房院、围房院、马号，可分为一进、二进、三进……院内均有抄手游廊连接各处，抄手游廊是开敞式附属建筑，既可供人行走，又可供人休憩小坐，观赏院内景致。

（2）窑洞。窑洞民居分布地域广，受其所在地区的自然环境、地貌特征和地方风俗的影响，形式多样。从建筑布局和结构形式上划分，可归纳为以下三种基本类型：靠崖式窑洞、下沉式窑洞、独立式窑洞。

①靠崖式窑洞，一般出现在山坡、冲沟两岸及土原边缘地区。窑洞靠山崖，前面有开阔的平地。因为是依山建设，必然沿等高线布置才更为合理，

所以窑洞常呈曲线或折线形排列，既减少了土方量，又与地形环境相协调。有时沿山势布置多层窑洞，层层退台布置，依山而上，底层窑洞的窑顶就是上层窑洞的前院，这种情况相当普遍。

②下沉式窑洞实际上是由地下穴居演变而来，也称地下窑洞。在黄土高原的干旱地带，没有山坡、沟壑可利用的条件下，当地居民巧妙地利用黄土稳定的特性，向地下挖一个方形地坑（竖穴），然后向四壁挖窑洞（横穴），中间形成封闭的地下四合院，俗称天井院、地坑院。在甘肃省庆阳地区的宁县旱胜乡，还发现有地下街式的大型下沉式天井院：10户共用一个天井院，共用一个坡道，各户的围墙之间留出一条胡同后再修自家的宅门。

③独立式窑洞实际是一种覆土的拱形建筑。依据所用材料不同，可分为两种：土基窑洞和砖石窑洞。在黄土丘陵地带，土崖高度不够，在切割崖壁时保留原状土体做窑腿，砌半砖厚砖拱后，四周夯筑土墙，窑顶再分层填土夯实，厚1~1.5米，待土干燥达到强度时将拱模掏空，形成土基砖拱窑洞。有些用土坯砌拱，形成土基土坯窑洞。

# 第三节　中国建筑文化和建筑美学

今天的美学已发展成为一个开放的体系，人们可以从不同层次、不同角度、不同途径去研究发现它。既可以是哲学的追问，也可以是历史的考量，更可以是科学的发现。本节将建筑美学摆在科学发现的位置上，从技术美学、艺术美学角度对其加以分析，研究建筑的材料、结构、装饰、法则等方面的美学要旨。

## 一、隐喻方式装饰

### （一）方位

1. 用颜色来象征方位

在中国古代传统文化中，黄色代表中央方位（被认为是最尊贵的方位），在其他东南西北四个方位中，青色代表东方，红色代表南方，白色代表西方，黑色代表北方。之所以有这种文化乃与"五行学说"有关。

**2. 用八卦来代表方位**

熟悉古代八卦的人，一看到是哪个卦位，就可直接判断这是什么方位。如当看到坎卦图石时，就知道它位于城之北。唐高宗李治与女皇武则天的合葬墓称为乾陵，乾为帝，有表西北之意，所以此陵肯定位于西安古城的西北方。

**3. 以阴阳来体现方位**

在古代的阴阳含义中，南为阳，北为阴；左为阳，右为阴；上为阳，下为阴。如：北京古城有四大祭坛，分别祭祀天、地、日、月，各坛的布局按其性质而定，天坛位城之南，地坛处城之北，日坛置城之东，月坛在城之西。又如山南为阳，山北为阴，水北为阳，水南为阴，华阴即在华山的北面，衡阳即在衡山的南面，沈阳在沈水（浑河）的北面，江阴在长江的南面。

**（二）物象**

**1. 华表**

华表常置于皇家建筑群的前端，有表示尊贵、显示隆重和强化威严的作用，是皇家建筑群的象征。在旅游景点中，只要一见华表，就知道前面一定是皇家建筑群。

在北京天安门前后各有一对雕刻精美的华表，每个华表柱顶上都雕有承露盘，盘中雄踞着一头名为"犼"的怪兽，传说犼忠于职守，用此意在警诫。但民间的神话传说可能更合民意，说天安门前的那对石犼称作"望君归"，意在告诫帝王天子不要在外沉迷于山水，应尽快回朝料理政务；天安门后的那对石犼谓之"望君出"，希望帝王不要沉溺宫内的享乐，应多走向民间了解民情。

**2. 太平有象**

"太平有象"是一种意愿性的象征物，常设于皇帝宝座两旁。其具体形象是：下为一只四足粗壮的大象，上驮一宝瓶，瓶中盛有五谷和吉祥物。古人认为，大象是吉祥之物，能逢凶化吉，遇难呈祥，是和平与幸福的象征；此外，大象四腿粗壮，直立如柱，稳如泰山，固如磐石，所以用于象征社会安定和皇权稳固。

大象寓意"景象"，而宝瓶寓意"太平"，这样大象、宝瓶与五谷组合而成的"太平有象"，就象征着天下太平、五谷丰登、吉庆有余、吉祥如意。

### 3. 鼎

鼎的出现可以上溯到远古的五帝时代。商周时作祭祀礼器的鼎大都用青铜铸成，常为圆腹、两耳、三足形状，并上铸有铭文。人们传说，黄帝曾铸三鼎，象征天、地、人；夏禹收九州之金铸成九鼎，象征九州；夏、商、周三代将一鼎奉为传国之宝，商取代夏、周取代商的王朝更替中，都是以夺得九鼎为目的，因为那时鼎已被用来象征政权、国家和江山社稷，所以"问鼎"成为图谋王位、夺取政权之意，"定鼎"则成为建朝或定都之意。

在北京故宫太和殿的台基上列置有 18 个"鼎"形焚香炉，露台上置有龟、鹤形状的焚香炉，三者共同象征着"江山永固"。

### 4. 嘉量和日晷

嘉量名称的来源乃因中国古时称谷为禾，称大禾为嘉禾，所以就把量禾的器具称为嘉量。日晷，由晷盘面与晷针组成，前者与赤道面平行，晷针指向南北极，那么指针投下的阴影就随太阳的运转而移动，古时就借此阴影的位置来确定时间。北京故宫太和殿前露台上的西南隅置有嘉量，东南隅置有日晷。

它们都是中国古代的量器。嘉量是标准量器，日晷是测日定时的仪器，在这里它们则是皇权的象征，两者共同的特点是无言地向世人显示：国家的一切时空标准都是由皇家制定的，裁决正确与否的唯一权威是皇帝。

### 5. 御路石

御路石是皇权的象征，意味着这条路仅供皇帝通行。北京故宫保和殿后面的御路石，就是故宫建筑群中最大最精美的一块。但雕刻着云龙山水、高低不平的御路石，皇帝怎样在上面行走呢？原来皇帝是乘着轿子，由脚踩御路石两旁石阶的太监抬着轿子进入保和殿。但这最大的御路石为什么不放在皇帝上朝的太和殿前，却置于皇帝赐宴和殿试的保和殿后面呢？这是因为皇帝升座上朝、行使权威时，并不是从午门进入，而是从所住的乾清宫向南入太和殿，因此保和殿后面是皇帝必经的御路。

御路石上的雕刻气势磅礴，壮丽宏伟，上有宝珠、九龙，下有山石、河海，玲珑剔透，精致至极。如此一幅精美雕刻，除了象征皇权以外，还蕴有哪些更深层的含义呢？笔者认为，皇宫中的宝珠应作"皇权"解，"九龙"

象征天与皇帝，即皇帝的权力是上天授予的，皇权是至高无上的；山石、河海是江山社稷的象征，石又有寿石之意，所以御路石的下方就寓有"江山永固"之意。这样，御路石上的雕刻含义就十分清楚了，即"皇权至上、江山永固"。

此外，古代帝王特别崇尚"视死如生"的思想，驾崩后入葬的陵寝建筑也要仿造生前的皇宫格局，再加上在世的皇帝也要去祭陵，因此，帝王陵寝也有御路石。

6. 亭与香亭

东汉的《释名》中说：亭即停止的意思。它是供游人休息、纳凉、避雨与观赏周围美景之地。在风景名胜区游览时，亭往往就是让游人从动观变为静观的暗示，那么游人可以以亭为引，遇亭必停，驻亭觅景。一般来说，建亭时都是精心选址、营造奇巧，十分讲究与自然美景的和谐，并利于观景。

除了停止的意思以外，"亭"还含有"安定"之意。如北京故宫太和殿、保和殿的皇帝宝座前都有一"香筒"，其顶为亭子形式，筒外浮雕盘龙，筒内燃烧檀香，因此"香筒"被称为"香亭"，为大朝时焚香之用。龙为皇权的代表，所以它又可以象征国家、江山，"亭"寓安定之意，那么"香亭"就含有"江山永固"之意。

北京故宫正北面的景山是明朝时依照"风水学说"人工堆砌而成的土山。景山所在位置，正是元世祖忽必烈所建都城（元大都）的中心地区，为元朝皇帝的起居之所延春阁所在，明朝用挖护城河的泥土埋掉了延春阁，堆积成"镇山"（清朝时改名为景山），后来在其上又建五个秀丽壮观的亭子，寓有"使元朝永世不得翻身"之意。

7. 无梁殿

无梁殿全部用砖石砌成，以砖券代替木梁，顶为穹窿形，这种用作殿堂的无梁殿，始见于明代中叶以后。佛教中的无梁殿一般用来供奉无量佛，如北京颐和园中的智慧海即为无梁殿，全用砖石砌筑而成，外边还镶嵌五色琉璃佛砖（皆为无量佛图像），成排的小佛像群形成"万佛楼"。无量佛即阿弥陀佛，有无量寿佛、无量光佛等称号，无梁殿中供奉无量佛的目的当然是求得无量福（"佛"与"福"为谐音），或无量寿，万佛即万福的意思，求无量寿、无量福乃是慈禧太后心中最强烈的愿望。

江苏南京灵谷寺内也有一无梁殿，从殿基到殿顶全部用大砖砌成，殿高

22米，五楹三进，内供无量寿佛。1928年，国民党政府将其改为阵亡将士的祭堂，祭堂内四壁镶嵌黑色大理石石碑，上刻有北伐、抗战阵亡的将士姓名33000多人。这样，供奉无量佛的无梁殿的含义进一步得到了深化和升华，成了功德无量的丰碑。

## 8. 石舫

石舫是中国古典园林中的一种建筑样式，以石作料，仿船形建造而成。石舫前后分作三段，前舱较高，中舱略低，后舱建二层楼房，供人登高远眺。石舫一般建在水边，其前端有平砌与岸相连，模仿登船之跳板。

石舫是园林中供人休息、游赏、饮宴的场所，置于水中，使人更接近于水，身临其中，有荡漾于水中之感。石舫这种建筑，在中国园林艺术的意境创造中具有特殊的意义。由于在古代有相当部分的士人仕途失意，对现实生活不满，常想遁世隐逸，而船是江南水乡的主要交通工具，文人墨客喜好坐船逍遥畅游，耽乐于山水之间，怡然自得，所以舫在园林中往往含有隐居之意。

但是舫在不同场合有不同的含义，如江苏苏州的狮子林，原本是佛教园林，所以其园中之舫含有普度众生之意；而北京颐和园的石舫，按古代思想家荀子之说："民如水，君如舟，水可载舟，亦可覆舟"，由于石舫永覆不了，因此寓有"江山永固"之意；上海豫园内园假山上的舫宜作"这里是人间仙境"之解。

## 9. 赑屃驮碑

龟形碑座，称为龟趺，其实是龙生九子之一的赑屃，它由龟衍生而来。在中国古代，人们坚信：龟不仅灵性大、神通大，且力大无比。在远古的神话传说中，当女娲用五色石补苍天时，东海神龟用四条腿撑住了天，使天不能再塌下来。《列子·汤问》中记载：过去有15只大龟在海底分三班轮流用头撑住海上的5座仙山，后来因6只大龟被龙伯国的人钓走烧死，导致2座仙山沉入海底，只剩下瀛洲、方丈、蓬莱3座。

刘兆元先生在《中国龟文化》中说：从古老的神话传说来看，龟有无穷神力，但从不倚力作恶、仗势欺人，而是把力气用于为民排忧解难、惩恶扬善。此外还可发现，远古传说中每一次有重大建树时几乎都得到了龟的神助而取得成功，如帮女娲补天、向伏羲献八卦、助大禹治水、为周公作礼、辅仓颉造字等神话传说。在封建帝王眼中，龟还被认为是镇国之宝，如汉代祖庙中设有龟屋，视龟如同自己的亲祖宗，敬神灵一样加以供奉，以保汉室江山千秋万代。

所以用龟作碑座深含丰富的内涵：含功德无量之意，因为赑屃所驮的碑，多是功德碑，无量的功德，只有这个顶天托地的龟才能把它驮起来；含永保江山不沉之意；含立德治国、盛世万代之意。

10. 莲花

又名荷花。莲花"出淤泥而不染，濯清涟而不妖"，被喻为"君子花"，是美丽、纯洁、坚贞的代表，千百年来已经成为君子高洁、自爱的品格象征。

莲花被认为是佛教的圣物，也是佛教中一个寓意深刻的象征物，具有极其重要的地位。佛经中讲到，释迦牟尼佛出生时就会自立行走，并一步一莲花，走了七步，所以莲花在佛门中是圣洁的象征，"步步生莲花"则寓有步步走向清净解脱之意，如某些佛寺大雄宝殿前地上和一些名山佛寺的香道中都雕刻有一朵朵莲花，就含有此意。在佛教中还把佛经称为"莲经"，佛座称为"莲台"或"莲座"，佛的最高境界称为"莲花藏界"。另外，莲花也被用来象征净土（即西方极乐世界）。在佛寺的大雄宝殿里，常常可见到阿弥陀佛手持莲台（又称金台），此乃是接引之意，据佛经说，阿弥陀佛是西方极乐世界的教主，他可以把虔诚念佛的信徒接引到西方极乐世界去，手中的莲台即是接引人前往西方的莲花座。

11. 民间八宝

在中国民间中，也有八宝之说，即灵芝、松、鹤、龙门、荷盒、玉鱼、鼓板、磬。这些民间八宝常被雕刻在门、窗、挂落、屏风及其他家用器物上，寄托着人们美好的祝愿。

灵芝又称"瑞芝""瑞草"，食之长寿，常被视为仙草，其意为延年益寿。松具有坚毅、长青、不朽等特性，中国文化中常作为长寿的象征。鹤代表高雅、纯洁、长寿和充当仙人乘骑的职能，历来被视为祥瑞之物。龙门士人发迹之门，鲤鱼跳过龙门即化鱼成龙，其意为仕途顺利、功名有望。荷盒即指"和合二仙"，二仙童一个手执荷花，一个手捧六角形的盒子，其意为天配良缘，百年好合。玉鱼即双鱼，象征夫妻恩爱、子孙兴旺和富足常乐。鼓板又名拍板，可使乐曲有节拍、有板眼，被用来比喻生活有节奏、有规律、平平安安、无灾无难。磬是一种古老的石制打击乐器，寓意为合家和睦、共享天伦之乐。

12. 花木

中国园林艺术对花木配置，不仅讲究入画，且十分注重花木的"品格"。花木的品格常被借以表现某种意境和情趣。梅兰竹菊合称"四君子"，用于象征人的高洁品格，为其注入了深邃的文化内涵。

梅——在严寒中，开于百花之先，独天下而春。它在冰凌中育蕾、雪霜里开花、寒风中留香，有坚贞不屈的气节、傲霜斗雪的精神、洁白无瑕的情操，能把浓郁的芳香留给人间。

兰——它是以香著称的花卉，幽香清远，一枝在室满屋飘香，有"国香"之别称。

在《孔子家语》中有"芝兰生于幽谷，不以无人而不芳……"的赞语，可见人们爱兰不仅因其幽香清远、风姿脱俗，更爱其"不以无人而不芳"、无意与百花争艳的高洁品性。自古以来，许多画家、诗人常以兰来寄托自己淡泊的心境与高雅的品格。

竹——具有挺拔、虚心、有节、常青四大特点。因为它有任凭强风千磨万击、百般摧残，依然坚劲挺立、不屈不挠的特性，所以被人们赋予了意志刚强、坚贞不屈、高风亮节、虚心向上的品格，是坚定顽强和傲岸风骨的象征。

菊——盛开于百花凋零、万花纷谢之后，在肃杀的深秋，独散幽香，表现出不畏风霜、抗击严寒的性格。作为傲霜之花的菊，尤其赢得了诗人的偏爱，古人尤喜以菊明志，并以此来比拟自己的高洁情操和坚贞不屈。

松——松柏四季常青，在一派萧条的寒冬季节仍郁郁葱葱充满生机，在凌霜飞雪中挺拔屹立。人们赋予它意志刚强、坚贞不屈的品格。民间还爱它的长青不老，是长寿的代表。

在冰天雪地的严冬里，自然界许多植物都已销声凋谢，唯有松、竹、梅傲霜迎雪，屹然挺立，因此中国古代文人把它们称为"岁寒三友"，以表其正气凛然之气节，也是历代文人君子所孜孜追求的人生境界。园林中布置松、竹、梅或梅、兰、竹、菊，可以让人借以自励，或自我标榜，或用含蓄的象征手法来表达内心深处的思想感情。

中国园林中，除栽种梅、兰、竹、菊、松之外，还常种有荷花、玉兰、银杏、牡丹等植物，借以表达不同的文化含义。

荷花——莲藕上下自为一体。具有"出淤泥而不染"、居下而有节、质柔而能穿坚之品格。这种品格正是历代文人所追求的——在混浊的世俗社会中，虽出污泥而洁身自好；身处低微仍能保持气节；虽困难重重仍坚韧不拔，遇难而进；所以许多文人墨客常以莲花为洁身自好的君子自比，用于励志。如江苏苏州的拙政园就重笔浓墨地突出荷花这个主题，正说明了园主仰慕莲花品格之心情难以自禁。

玉兰——为早春花木中的珍贵树种，其花纯净无瑕、冷香静远、不畏霜寒，集雅、香、韵三美于一身，被认为是花卉中之上品，所以玉兰往往被用来比喻才华出众的人。拙政园中的"玉兰堂"是明代画家文征明的画室，以玉兰命名，象征这位吴门画派领袖为人清廉、不慕名利的品格和技压群贤的出众才华。

银杏——寿命很长，树龄长达 2000~3000 年。据传说银杏树是公公栽树，孙子才能吃到白果，所以又被称为"公孙树"。银杏树所结的白果又是果实累累，无法计数，人们就用它来祝愿健康长寿、子孙满堂、千秋万代（如上海豫园万花楼前的银杏树就含此意），同时又象征着刚毅正直、坚韧不拔、不骄不谄、不畏强暴的精神。

梧桐——古时梧桐被看作圣树，《庄子·秋水》中讲到，凤凰有"非梧桐不栖，非练实不食，非醴泉不饮"之雅习，所以民间把梧桐看作凤凰的栖息树，并相信家种梧桐，引凤来栖，可给家带来吉祥好运。怡园内就有"碧梧栖凤"之景名。

牡丹——"国色天香"的牡丹，原产中国，其姿态万千，雍容华贵，富丽堂皇，被尊为"花中之王"，历来被视为富贵吉祥、繁荣幸福的象征。

## （三）数字

### 1. "九"

自然科学中，通常把数字分为奇数和偶数两大类，中国古代文化中又认为奇为阳、偶为阴，奇数（阳数）之极就是"九"，所以是与帝王有关的建筑和御用之物都含有"九"这个数字。

联合国教科文组织世界遗产委员会把天坛列入《世界遗产名录》时就概述道："天坛建筑处处展示中国古代特有的寓意、象征的艺术表现手法。"

另外，"九"这个数字还含有"多"之意。如豫园中的"九曲桥"就是有很多曲折的意思；北京颐和园观戏的德和园内，慈禧太后宝座两旁的九桃

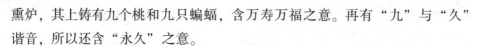

熏炉，其上铸有九个桃和九只蝙蝠，含万寿万福之意。再有"九"与"久"谐音，所以还含"永久"之意。

2. "八"

"八"为偶数之极，因偶数为阴，所以"八"与"九"相对应，用于象征地。在北京地坛中，建筑物内含的所有数字都是"八"或"八"的倍数，如坛面所砌的石环为八环，坛四面的石级为八级等。

在中国传统民俗中，"八"是八卦的系数，民间又有象征吉祥如意的"八仙""八宝""八吉祥"之类，所以"八"是一个大吉大利的数字。

3. "九五"

"九五"也是一个至尊的数字，象征"帝王之尊"。因为"九"是阳数之极（至尊之意），"五"为阳数之中位和《洛书》之中位（正中之位即皇位）。《周易》乾卦中说："九五，飞龙在天，利见大人。"意思指：九五，是有龙德的圣人跃居于帝王之位之天时，此时他正是大展宏图、恩惠万民的时候（飞龙即象征皇帝的兴起或即位）。所以，在古代凡与帝王有关的建筑，往往含有"九五"之数。如九龙壁，龙壁之顶为五脊的庑殿式，壁中嵌有九条巨龙，暗合"九五"之数。例如太和门面阔九间，金水桥五座等。

4. "一百零八"

"一百零八"为佛教常用的数字，此数字的来历一说取三十六天罡星、七十二地煞星之合数；另一说是一年中十二个月、二十四节气、七十二候的相加之数。

据佛教说，人生是一个苦海，形成苦海的原因有两个，即"业"和"烦恼""业"就是行为，而"烦恼"是形成苦海的重要原因之一。

佛教认为，人有一百零八种烦恼，谓之"百八烦恼"，可以通过念一百零八遍经、拨一百零八颗串珠、走一百零八级台阶等来消除烦恼。同样，佛经中还有"闻钟声，烦恼清，智慧长，菩提生"的说法，听一百零八响钟声就会破除烦恼，逢凶为吉。例如在江苏苏州的寒山寺，每年除夕夜要敲响大钟一百零八下。

5. "十八"

在北京故宫的众多重要陈设中，常可碰到"十八"这个数字，如太和殿台基上下共有十八个"鼎"形香炉，殿周围又有十八口鎏金大铜缸（门海）等。如此重用这一数字，必有含义。这是因为这些鼎形香炉、鎏金门海为清

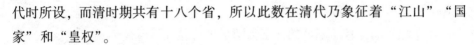

代时所设，而清时期共有十八个省，所以此数在清代乃象征着"江山""国家"和"皇权"。

6. "三"

在数量关系中，对于数量之"多"、体量之"大"、程度之"高"等描述，常用"三"来表示。如"不孝有三，无后为大"。这里的"三"就表示有很多"不孝"的意思。又如"唐三彩"中的"三"，也指"多彩"，实际上有的唐三彩制品的颜色达六种以上。再以"五行"中的金、木、水、火、土为例，三金为鑫，形容金多；三木为森，形容树木多；三水为淼，形容水大等。

三为数之最，与老子《道德经》中的"道生一，一生二，二生三，三生万物"之说有关。在中国古建筑中，建筑规格以左、中、右"三路"之制为最高，北京的故宫、山东曲阜的孔庙、辽宁沈阳的故宫皆如此。北京故宫三大殿的基座、天坛祈年殿和圜丘坛的基座皆为三层，还有祈年殿之屋顶为"三重檐"，这些都是古建筑中的最高规制。

7. "六"

上下四方谓六合，即世界，古代文化中常说的"六合同春"，就是"天下皆春、世界太平"之意。"六"除了说明上下四方这"六合"之外，还可用来表达吉祥、美好的意愿，主要取其谐音，如"禄"和"六六大顺"。如北京故宫太和殿皇帝宝座两旁为六根蟠龙金柱，含"六六大顺、四方归一"之意；还有故宫之东、西六宫，也含"六六"之数，寓位居东、西六宫的后妃都应顺承乾坤之德、顺从天子之意。

8. "四"

数字"四"在古代常被用来说明以四方、四时等时空取向的事物：如春秋战国时期的《周礼·考工记》中说："明堂四闼者，象四时四方也。"又如秦始皇设计其陵墓形式为"方上"，乃蕴含"永远独霸四方"之意。

（四）形象

1. 圆形

中国古代有"天圆地方"之说，圆形象征着"天"，如北京天坛的主体建筑祈年殿、皇穹宇、圜丘等皆为圆形。再如，北京北海公园的五龙亭，为显示帝王之尊和封建等级，中亭为双檐圆顶，其两侧为双檐方顶，最外两侧只是单檐方顶。这是因为封建帝王被认为是天子，就用圆形来象征帝王，用方圆之别来区分官阶等级的大小。

由于完整的日月是圆形的，所以圆形也可象征日月。但佛经里认为，日象征佛法，月象征智慧。上海玉佛寺大雄宝殿前的地上有一石刻，其左右上角刻着日、月，中间刻着莲花，下面还刻有山石和海浪，在这里，日象征佛法；月象征智慧；莲花象征净土和佛；山石与海浪象征江山和世界。

所以这幅石刻的内涵就揭示了"佛国世界的佛智慧无穷、佛法无边，是信徒们崇拜的对象"。

此外，由于太阳和阴历八月十五的月亮都是圆满无缺的，所以圆又象征团圆和幸福，代表了人们美好的祝愿。

2. 方形

把方形象征为"地"，已有数千年的历史，并得到广泛的运用，如北京地坛的坛形为方形。在人格文化中，方形又象征着正直、骨气，表现在戏曲中，则凡是刚正不阿的官，其冠冕两侧的帽翅一般都是长方形（同理，圆滑者帽翅为圆形，奸刁者帽翅为三角形）。

3. 长形

长形也被赋予了感情色彩，象征着长久、长远、永远。例如，中国古建筑或物品中，有时会在长方形物件中嵌入长长的寿字，就寓有"长寿"之意。又如长的连方边框，全以回纹、八吉纹、方胜纹组成，含有常（长）如意、常吉祥之意。

（五）吉祥寓意图案

吉祥寓意图案源于古代的商周，始于秦汉，发育于唐宋，成熟于明清。清代时，举凡宫殿建筑、雕花木器、园林门窗、民间砖雕、琉璃影壁等，处处都有丰富多彩的吉祥寓意图案。

吉祥寓意图案简言之，就是用一种图案形象，通过借喻、比拟、双关、象征及谐音等表现手法，构成四字一句的吉祥语图案，并赋予求吉呈祥、消灾免难之意，寄托着人们对幸福、长寿、喜庆、吉祥的祈盼。

吉祥寓意图案的组成可分为以下两大类：

一类是各种吉祥物，有如意、牡丹、桃、灵芝、松柏、石榴、喜鹊、龟、鹤、龙、凤、麟等。

另一类是各种吉祥语的谐音物，有鱼、蝙蝠、猴、羊、桔、枣、莲花、银锭、毛笔、花瓶等。

吉祥寓意图案的组合方法或寄寓意，或取谐音。一般为四字一句的吉祥语，如：牡丹、松柏——富贵长春；莲花、鲤鱼——年年有余；牡丹、水仙——富贵平安；蝙蝠、祥云——福从天降；牡丹、海棠——富贵满堂；金鱼、海棠——金玉满堂；五只蝙蝠环绕寿字——五福捧寿；蝙蝠、桃、双钱——福寿双全；仙鹤、竹子、寿桃——群仙祝寿；鹿、鹤、桐树——六合同春（天下太平之意）；日出时山鹤飞翔——指日高升；牡丹、猫——大富大贵（猫的双瞳正午时如一线，此时正是阳气最盛，牡丹盛开，所以又称正午牡丹）；花瓶、如意——平安如意；葡萄或葫芦、缠枝——子孙万代；百合、柿子、灵芝——百事如意；佛手、桃子、石榴——福寿三多；荔枝、桂圆、核桃——连中三元；玉兰、海棠、土——玉堂富贵；毛笔、银锭、灵芝——必定如意；桔、柿、柏——百事大吉；磬、鱼、蝙蝠——福庆有余；蝙蝠朝着古钱中心方眼——福在眼前；月季花、灵芝——四季如意；梅花、双鹿——眉开双乐；刘海戏金蟾——逢凶化吉、兴旺发达、福寿无量；蝙蝠、葫芦、桃子、喜鹊——福禄寿喜；大象、万年青——万象更新；太阳、三只羊——三阳开泰（大地回春、万象更新之意）；海浪、山石纹、宝瓶、犀角、笙——四海升平（寓意平安、太平、兴盛、绵延不断）；花瓶、三戟——平升三级；公鸡、鸡冠花——官上加官；丹凤、朝阳——飞黄腾达；蜂、猴、官印——封侯挂印；胖娃娃抱鲤鱼——望子成龙；荷花、海棠、燕子—— 河清海晏（寓意天下太平，吉祥安泰）；宝瓶、大象——太平有象（寓意天下太平、万物安宁）。

# 二、对立统一装饰

## （一）示尊卑

在森严的等级制度下，显示尊卑就成了中国古建筑中被突出强调的社会功能。所以，无论是在数字、色彩、高低、大小、方向、位次，或是材质、装饰、结构形式等方面，处处都显示以阳为尊、以阴为卑的尊卑关系，在北京故宫中，前朝用阳数，后寝用阴数就是其中一例。

## （二）明方位

古时，特别是宋太祖以后采取了抑制武将、推崇文臣之官制，故北京故宫的文华殿在东，武英殿在西；大朝之日，百官按文东武西的顺序入午门。

北京紫禁城东、南、西、北的四周城门的门洞（共 14 个）都为内园外方，其深层的文化内涵，就是以"天圆地方"的观念象征君臣、君民之间上尊下卑之礼制。

## （三）分上下

陵墓从其阴阳属性来说属阴，既然是阴宅，根据上为阳下为阴之说就应该在地下，所以中国历来都实行深葬制度。更引人注意的是，自古以来，我国古代建筑一直以木结构为主体，这是由于人居之地必须为阳，木属阳，但砖石属阴，故而阴宅（墓葬）则都为砖石结构。

进而认为，凡楼阁则以上为尊，下为卑，一般上供佛或收藏佛经、书画，下堆放杂物。如上海玉佛寺的藏经楼——上供奉玉佛和藏经，下为方丈室。

## （四）别正邪

阴阳观念中以正为阳，邪为阴，故在古建筑的装饰中，往往用百般威猛的阳物来作建筑的镇邪之物，如大门口的石狮、门铺上的椒图、殿脊上的螭吻，以及飞檐翘角上的仙人走兽等。在佛寺天王殿内，四大天王横眉怒目、姿态威严，而被其踏在脚下的鬼怪则呈现出惊惧之状，正邪之别一清二楚。又如浙江杭州岳飞墓墓阙后两侧有四个铁铸奸贼像（秦桧、王氏、张俊、万俟卨），反剪双手，面墓而跪，形成正邪鲜明的对比。

# 三、民俗意愿装饰

## （一）瓦与砖

### 1. 瓦

瓦是中国古代建筑主要的屋面材料。中国的陶瓦出现于西周，有板瓦、筒瓦、半圆瓦当和脊瓦等。那时的瓦是用泥条盘筑法烧制，先制成筒形的陶坯，然后剖开筒，入窑烧造。四剖或六剖为板瓦，对剖为筒瓦。中国历代瓦的各种装饰纹饰非常丰富，留下了许多精美的瓦当图案，成为建筑装饰的重要手段。

在宋《营造法式》中有"瓦作"，记录了铺瓦、瓦和瓦饰的规格和选用原则。清代的瓦作内容大增，在清工部《工程做法》中的"瓦作"一项中，除上述内容外，还包括宋代属于砖作的内容，如砌筑基墙、房屋外墙、内隔墙、廊墙、围墙、砖墁地、台基等。

板瓦是仰铺在屋顶上，筒瓦是覆在两行板瓦之间，瓦当是屋檐前面的筒瓦的瓦头。战国时，半瓦当都印有花纹，并有了圆瓦当。秦国的圆瓦当上出现了卷云纹图案，沿用了很长时间。汉代用"延年益寿""长乐未央"等作为瓦当的纹饰。唐代时屋檐前的板瓦上有了"滴水瓦"，板瓦有了滴水和瓦当组合在一起，可以防止雨雪侵蚀屋檐和墙壁。琉璃瓦最初只用于檐脊不用于整个殿顶，到了宋代，才出现了满铺琉璃瓦的殿顶，从而使建筑物增加了绚丽华贵的色彩，但一直到清代，民间都是不准用琉璃瓦的。

2. 砖

《营造法式》中的"砖作"部分，记述了砖的各种规格和用法，用砖砌筑台基、须弥座、台阶、墙、券洞、水道、锅台、井和铺墁地面、路面、坡道等工程。

砖的出现比瓦要晚得多，最早的砖有方形的、曲形的和空心的。砖成为中国建筑最主要的建筑材料，是砌墙的主要材料。方砖多用于铺地面或屋壁四周的下部。铺地砖没有纹饰，包镶屋壁的砖多带有几何图案，还有雕刻有收获、猎渔、煮盐、宴乐等图案的画像砖。

砖雕是中国古代建筑最重要的装饰手段，千奇百怪、多姿多彩的砖雕是中国建筑匠师聪明才智的体现。明清建筑中的如意门、影壁、透风、花墙以及清水脊上均有砖雕装饰。早期在制砖坯时塑造然后烧制成花砖，逐渐变成在砖料上进行雕刻。从事这种砖雕专业的，称为花匠。雕刻手法有平雕、浮雕、透雕等，南北手法不同，各有特色，是中国古代特有的建筑装饰。

（二）鸱吻与仙人走兽

1. 鸱吻

鸱吻（又叫"螭吻"）是指中国传统建筑屋顶上屋脊两端的装饰物，其形状为龙头鱼尾，头朝内张嘴咬吃屋脊，尾部上翘作卷曲状。鸱相传是龙的九子之一，能喷浪降雨。中国古代建筑多为木构，最怕火灾，于是将鸱置于房顶以镇火。《太平御览》中有记载："唐会要曰，汉相梁殿灾后，越巫言，'海中有鱼虬，尾似鸱，激浪即降雨'，遂作其像于尾，以厌火祥。"但是传说鸱有一个毛病，喜欢吃屋脊，所以又叫"吞脊兽"。既要靠它镇火，又怕它把屋脊吃了，于是用一把宝剑插在它的后脖子上，不让它把屋脊吃下去。于是鸱吻的脑后便有一把剑柄，只不过各地的做法不太一样。

古代传说，"螭"是头上没有角的龙，所以螭吻形象是没有龙角的。螭吻所在的部位是众脊汇集之处，在结构上是为了使众脊衔接牢固稳定，并防止雨水渗入，就得把这部分压紧、封死，所以螭吻（蚩尾）在这里既是一件装饰件，又是一件结构件。据载北京故宫太和殿的螭吻重达3650千克。

2. 仙人走兽

在中国古代建筑特别是宫殿建筑中，飞檐翘角上常塑有一个个排列有序的小动物和仙人，通常是仙人在前，走兽列后，这就是"仙人走兽"。

仙人走兽有着严格的排列次序：仙人、龙、凤、狮、天马、海马、狻猊、狎鱼、獬豸、斗牛、行什（即猴子），共为11个。

这种在飞檐翘角上呈列队排列的仙人走兽，在传统建筑中除了装饰之外，还具有三大作用：

（1）表示等级大小。建筑物等级越高，仙人走兽的个数就越多，一般为奇数，如11、9、7、5、3等。随等级递减时，从后往前，即由行什、斗牛、獬豸、狎鱼等，依次向前递减，减后不减前。游览古建筑时，游人们抬头一望数其个数，就能知道其等级高低。

（2）具有防锈、防漏的功能。飞檐翘角的戗脊上都盖有瓦，但因翘角高翘，瓦容易滑下，所以这些瓦中都有一孔，以此用木栓或铁钉把瓦固定在戗脊上，为了防锈、防漏，于是在钉子上再压一件装饰兽。

所以，屋顶上一系列生动有趣的吻兽、脊饰，是屋脊交接点或脊端节点的构造衍化。螭吻、垂兽、戗兽和仙人走兽等，实质上都是用来保护该部位的木栓或铁钉，是对构件的一种艺术加工。但这一艺术加工又往往与等级制度、防火压邪等思想观念紧密地结合在一起，可以说是一件具有多功能的结构件和内涵丰富的装饰件。如此多姿多彩的建筑艺术，不能不让人深感中华文化的博大精深。

（3）暗含逢凶化吉。从传统思想和古代文化上来说，仙人走兽还具有化凶为吉、灭火压邪的作用。具体指的是：仙人——逢凶化吉；龙、凤、天马、海马——吉祥之物；狮、狻猊——避邪之物；狎鱼——灭火之物；獬豸——执法兽；斗牛——消灾灭火；行什——降妖。

（三）石雕

中国石材资源丰富，石雕作品种繁多，源远流长。在中国古代的宗教建筑、宫殿园林、陵墓祀祠中留下了无数精美绝伦的建筑石雕。

石雕台基在高级建筑中多做成雕有花饰的须弥座，座上设石栏杆，栏杆下有吐水的螭首。石柱础的雕刻，宋元以前比较讲究，有莲瓣、蟠龙等，以后则多为素平"鼓镜"，但民间建筑花样很多。个别重要建筑用石柱雕龙，如山东曲阜孔庙的雕龙石柱，非常有名，也有的石柱雕刻力士、仙人、传统故事。闽南一带石雕工艺发达，各大庙宇石柱雕刻很多。石栏杆基本是仿木构造，宋、清官式建筑均有定型化的做法，只在望柱头上变化形式。但园林和民间建筑中石栏杆形式变化极多，不受木结构原型的限制。

高级建筑的踏步中间设御路石，上面雕刻龙、凤、云、水，与台基的雕刻合为一体。北京故宫保和殿台基上的一块陛石，雕刻着精美的龙凤花纹，重达200多吨，是目前留存最大的建筑石雕作品。故宫现存的石刻种类繁多，大至宫门前满雕蟠龙、上插云板、顶蹲坐龙的华表，小至雕成金钱状的渗水井盖，都有独到的艺术处理。

建筑石雕绚丽多彩的艺术风格和样式，成为中国石雕艺术宝贵的遗产，其中以河北曲阳和福建惠安的石雕工匠最为有名。

（四）石狮与翘角

1. 石狮

中国古代一般比较大一点的建筑的大门口都有一对石狮子，皇宫大殿前还有用铜做的狮子。无疑用狮子守门是因为它有威严的形象，但是如果我们要追根溯源就会发现，中国本是没有狮子的，为什么会用狮子来守门，而且如此普及？中国是何时开始用狮子守门的？这些问题目前已难以确证。狮子来自外国，早在秦汉时代，有史书记载外国使臣送给中国皇帝珍禽异兽作为礼物，皇帝将它们豢养在皇家苑囿之中。也许人们看到这种凶猛的野兽，便想到利用它的形象守卫家宅，于是相互模仿，代代相传。然而可以肯定地说，在那个时代，真正看到过狮子的人极少，做狮子的人绝大多数都没有见过狮子，于是就凭想象来做。因此中国传统建筑大门前的狮子形象与真正的狮子是有很大差别的。而西方雕塑中的狮子，包括我们今天一些现代建筑前做的狮子，都比较符合真实情况。但是反过来这种现代写实的狮子形象又不符合中国的传统风格了，所以在做中国古建筑设计的时候，如果要用狮子还得要用中国传统想象中的狮子。

狮子的造型风格也是有差异的，最主要的差异是地域风格。一般来说，北方的狮子比较粗犷，体量也较大；南方的狮子做得比较精细，体量也比较小。狮子的形象总的来说要么凶猛，要么威武，因为它们是用来守门镇宅的。但是也有少数特殊的情况，例如长沙岳麓书院文庙大成门前的一对狮子，没有一般狮子的凶猛威严，反而表现出一种可爱甚至妩媚的神态。无独有偶，上海豫园内的一对狮子，与岳麓书院文庙的那对狮子一样，不仅动态、神态一模一样，甚至连一些细部做法，例如口衔飘带垂落到地等特殊造型都完全一样。这说明中国古代建筑的一些具体做法和地方特色有时候是随着工匠个人的流动而流传的。

2. 翘角

飞檐翘角是中国古代建筑的一大特色，特别是到了明清，飞檐翘角更加优美高翘。虽然飞檐翘角的形成是建筑物实用功能发展的结果，但是不可否认某些古建筑飞檐高翘与精神功能大有关系，如上海豫园仰山堂的翘角不仅高高翘起，而且多达 28 个，使建筑物暗含迎吉纳福之意。明清时期，建筑物的翘角做成欲飞之状，给人以一种高飞入云的震撼之感，故在某些古建筑中，人们往往通过飞檐翘角寄予高升、大发、兴盛的吉祥期盼。

## （五）门海与悬鱼

### 1. 门海

水缸置于殿门前（旁），体积很大，装水很多，因此又把它称为"门海"，即门前之海，寓意门前有大海就不会有火灾了。据《易经》中的五行学说，金能生水，水能克火，所以吉祥缸一般都用金属铸造，意味着其水能永远用之不尽，可以与广阔无际的海水相比拟，从精神功能来说，它有水压火之意，有此就会永远不发生火灾。

门海以北京故宫为最多，有大小 308 口，在太和殿、保和殿及乾清门等两旁都有。大铜缸除了上述意愿以外，还有更深刻的含义。在北京故宫众多的大铜缸中，有 18 口为鎏金，这一方面是帝王尊严和威势的象征，另一方面还寓有"江山永固"之意。因为"18"这一数字代表着当时全国的 18 个省，所以"18"象征着国家、江山、社稷；门海又有"永安"寓意，两者合之，"江山永固"之意就此而成。

2. 悬鱼

古代建筑物的装饰往往与水有关，悬鱼就是其中之一，古建筑山墙"人"字形博风板正中处的鱼形木雕即为悬鱼，它是古时的避火装饰，鱼在这里象征水，含有以水压火之意。

此外，古人认为鱼还具驱鬼辟祟之功效，所以在明清建筑中可以看到鱼形雀替和鱼形月梁，其意为退祟消灾。在古代墓葬中，鱼还是导引墓主登天之神灵。民间风俗中，也因"鱼"与"余"（即"多余"之意）为谐音，所以有"年年有余"之意，其象征意义就更多了，它象征富裕、吉祥和美好等愿望。

中国大多数寺院中都有木鱼，其本意乃警觉，意在提醒僧众要刻苦修行，于心于身不得有丝毫松懈，佛教僧制《百丈清规》中曰："击之，所以惊昏惰也。"

（六）彩画与涂饰

中国木构建筑上绘制彩画，源远流长。在春秋时，建筑上已有彩画。对古代彩画的图形、用色、做法记载最详细的文献是《营造法式》彩画作和清工部《工程做法》画作。按照这些做法绘制的彩画分别称为宋式彩画和清式彩画。此外，历代还有不同于这些官式做法的民间做法，如苏式彩画。

彩画用的颜料以矿物颜料为主，植物颜料为辅，加胶和粉调制而成。矿物颜料覆盖力强，经久不变色，有的有毒，能起一定的防虫作用。历代彩画虽在图案、用色、做法上有所不同，但长期以来形成一些具有稳定性的手法，如叠晕、间色、沥粉、贴金等。

叠晕是用同一颜色调出两至四种色阶，依次排列绘制装饰色带的手法。

间色是在建筑相邻各间的同类构件上，或在同一构件的不同段落或分件上有规律地交替使用几种冷暖、深浅不同的底色的手法。如在青地上画红绿花，绿地上画青红花，红地上画青绿花，间隔排列，以较少的颜色造成较富丽的效果。在明清彩画中，以青绿相间为定法。

沥粉是用胶、油、粉调成膏，在彩画上画凸起的线，上覆明亮颜色，以加强彩画立体感、层次感的手法。这种手法最早的实例见于长沙马王堆一号西汉墓漆棺，在宋元壁画上大量出现，在明清建筑彩画中广泛应用。

贴金是用胶画线和图案，下贴金箔的手法，可以调和不甚协调的色彩间的关系；辉煌璀璨，多用于重点装饰。可以平贴片金，也可以沥粉贴金。

明代禁止一般住宅用红色彩画，现存大量明代建筑也确是用黑柱，上部用棕、黄绿等暖色调画彩画。在一些中小城市中，清代建筑的柱枋油饰仍沿明代旧制，以黑色为主调。清代江南的住宅和园林建筑的柱枋油饰则以栗色为主调，和粉墙配合，色调雅洁，与官式彩画风格迥然不同。

### （七）玉器与镜

#### 1. 玉器

玉，晶莹、透明且有光泽，从古至今，上至帝王将相，下至寻常百姓，都把玉视为神圣吉祥之物，并为人们所器重。由浙江余姚河姆渡遗址出土的大量玉器制品来推断，公元前新石器早期就已用玉器来装饰、美化生活。美玉玲珑剔透，古人不仅把它制作成各种器具，如玉圭、玉磬、玉刀、玉碟、玉玺、玉佛、玉香炉等，还常把玉作佩饰，如腰饰、头饰，用于象征品德、昭示等级、显示尊严；此外，也常把玉作为镇邪之物，其原因据说在于玉能发出一种特殊的光泽，该光泽白天不易被人见到，但在夜间可照亮方圆数尺之地，邪魔鬼妖最怕见到这种光，所以认为只要有玉器、玉饰、玉镇在场，邪魔就会避而远之。

#### 2. 镜

从物理特征上来讲，镜子最重要的作用就是"反射"或"反光"，还能"取火"。中国古代最早的镜是铜镜，正面磨光以照人，背面则多镌吉祥纹饰或吉祥祝福词语。

从民俗学视点看，古代一切镜子几乎都是照妖镜，晋代葛洪在《抱朴子·登涉篇》中论述"照妖镜"的"机制"说，它主要是"照"，老妖精或怪物都能"假托人形"用于迷惑人乃至考验人，"唯不能于镜中易其真形耳"，镜子的特长就是"照"出真形，这些鬼魅妖邪都不敢靠近镜子，所以古人认为镜子能够驱魔辟邪就是这个道理。在北京故宫，储秀宫中的慈禧太后

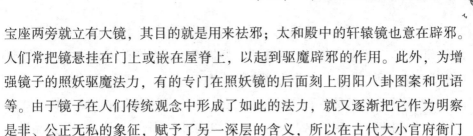

宝座两旁就立有大镜，其目的就是用来祛邪；太和殿中的轩辕镜也意在辟邪。人们常把镜悬挂在门上或嵌在屋脊上，以起到驱魔辟邪的作用。此外，为增强镜子的照妖驱魔法力，有的专门在照妖镜的后面刻上阴阳八卦图案和咒语等。由于镜子在人们传统观念中形成了如此的法力，就又逐渐把它作为明察是非、公正无私的象征，赋予了另一深层的含义，所以在古代大小官府衙门公堂上常有"明镜高悬"的横匾，以标榜自己"清正廉洁""公正严明"。

### （八）石经幢与石敢当

#### 1. 石经幢

经幢是佛教镌刻经文的石柱，由多段八棱形石柱和多层盘盖相间叠加而成，一般分幢顶、幢身、幢座三大部分。

经幢是在公元七世纪后半期，随佛教密宗传入中国的，唐代中叶之后，净土宗也建造经幢，并逐渐延续至宋代。国内现存的经幢，以河北赵县陀罗尼经幢最为雄奇。

经幢，主要用来刻《陀罗尼经》，它刻在八棱形幢身栏杆栏板以上。据《大藏经》记载，念《陀罗尼经》可解脱一切罪恶，接近陀罗尼经幢，触到幢身的影子或幢上尘土落在身上，都可以消灾免祸。所以建经幢的目的主要是超度死者，造福生者。

按佛教规定，佛寺中奉弥勒佛为主的，在殿前建经幢一个；奉阿弥陀佛或药师佛的，可建两个或四个经幢分立在殿的左右。

#### 2. 石敢当

在古代，假如家门正对桥梁、路口，一般要在迎门的二岔路口屋角处立"石敢当"石碑，以禁压不祥，防止凶煞长驱直入家门作祟。据考证，石敢当出自西汉黄门令史游的《急就章》："师猛虎，石敢当，所不侵，龙未央。"唐代颜师古注解释说："敢当，所向无敌也。"宋代王象之在《舆地纪胜》中指出，石敢当用来"镇百鬼，压灾殃"，可使"官吏福，百姓康，风教盛，礼乐强"。石敢当有时也立于沿海、山区作平浪、镇风之用。

由于山东泰山位于东方，东方是太阳出来的地方，是万物之始、生命之源，自古以来，人们就把泰山尊为"五岳独尊""五岳之首"，历代封建帝王把泰山当作神的化身，所以在"石敢当"前冠以"泰山"两字，而成"泰山石敢当"，这样石敢当的威力就更大，更加所向无敌。

可以这样说，石敢当的出现与远古时期对石的崇拜和信仰有关，因为石具有刚强不屈、无坚不摧、岿然不动、坚韧不拔、力挽狂澜的品格，又具有阳刚之气势，所以古人把石作为镇魔压邪之物，就成为理所当然的事了。

在园林中，常可见巨石临门而立，在这里巨石就有多种功能，既可以用来观赏、用来辟邪、用于祝人长寿，也可以表明不媚权势、刚正不阿的品格。

### （九）天一生水与藻井

#### 1. 天一生水

浙江宁波天一阁之名取自《易经》中"天一生水，地六成之"之说，因为一六合水。天一阁是藏书楼，最忌的是火，所以要用水去压火。天一阁藏书楼上下两层各六间，楼下六间一字排开，楼上通六为一，不做壁障，均以书柜分列，如此设计，暗合"天一地六"之意。天一阁为明代兵部右侍郎范钦设计，由于"忌火"，所以建造时书阁不和住宅毗邻，同时在阁前还凿有水池，池水经暗沟与月湖连通，终年不涸，便于就近汲水救火。

一六两数，前者是阳数、天数，后者是阴数、地数，天数又叫生数，地数又叫成数。天一阁采用天一地六之数乃与"河图"有关。

谢文伟先生在《<易经>与东方营养学》中说："河图"是古人观察天体星座运动的结果。金、木、水、火、土五星的出没，在时间上都有各自的规律，其中水星出没的规律是：每天一时（子时）和六时（巳时）见于北方；每逢一、六（包括一、六、十一、十六、廿一、廿六），日月会水星于北方；每年十一月、六月夕见于北方。

由此可知，水星每天一、六之时显于北方，或者每天一、六与日月相会于北方，而北方又属水，所以认为天一地六就是阴阳平和之数，该数的组合能生水克火，寓天地和谐相配之意。

#### 2. 藻井

在古建筑殿堂内顶部，为了遮蔽梁以上的各种木构件，常常用有图案装饰的、平铺的天花板，以达到美观和装饰的效果。假如该殿设有御座或佛座，则在其宝座上方必设有上凹如覆斗的藻井，内彩绘龙纹或水藻纹。据东汉应邵的《风俗通义》中说："今殿作天井。井者，东井之象也。藻，水中之物。皆取水以压火灾也。"应邵所说的天井就是藻井，"藻井"二字皆用于象征水，乃以水压火，故为镇火之物。由于上凹如覆斗的藻井形如华盖，在饰以龙纹

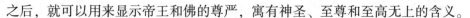

之后，就可以用来显示帝王和佛的尊严，寓有神圣、至尊和至高无上的含义。

北京故宫太和殿内的藻井造型总体呈上圆下方形状，含有"天圆地方"之意，巨龙位于藻井上部圆形部位，蕴含《周易·乾卦·九五》所说的"飞龙在天"之意，即位处"君位"，暗示藻井下面是皇帝的宝座。至于巨龙门中下垂的轩辕镜乃是辟邪之物。

### （十）坎卦图石与木雕

#### 1. 坎卦图石

在河南嵩山中岳庙大殿后门内立有一块巨大的石碑，刻着八卦中的坎卦符号（☵），这就是有名的坎卦图石。坎卦的方位为北，象征水，所以坎卦图石往往设在北方之位，寓以水压火之意。对中岳庙而言，因为其西北方有一座火焰山，为确保庙的安宁，所以道家在此立了一块坎卦图石。

中国吉林省吉林市，其城北的玄天岭上也立有一块坎卦图石。古代的吉林市，树木繁多，相传居民的房屋都为木屋，甚至道路都用木板铺设，且民居中又堆放了许多木柴，这样一来，只要有一家不小心失火，就会殃及众多民居，在城中发生了几次火灾以后，就有人求助道家，于是在吉林城北的玄天岭上立了这块坎卦图石。

#### 2. 木雕

"雕梁画栋、曲栏朱槛"，中国古代建筑精美的木雕，是一大看点。在山西、安徽、江南水乡和闽粤地区的建筑上现今留下的木雕都非常精美。中国古代建筑现存最早的木雕实物是宋代著名的太原晋祠圣母殿上的木雕缠龙柱。

中国的木雕归纳起来有四大流派：浙江东阳、乐清木雕，江苏木雕，福建木雕，广东木雕。这四大流派经过数百年的发展，形成各自独特的工艺风格，享誉全国。东阳木雕擅长雕刻，清代乾隆年间被称为"雕花之乡"，有十多名艺师被召进京城，修缮宫殿。乐清黄杨木雕从清代中期起就成为中国民间木雕工艺品之一，以雕小型黄杨木陈设品而闻名中外。明初福建长乐人孔氏，利用天然疤痕树根进行雕刻，是福建龙眼木雕特有的传统工艺，被世人所重视。广东金漆木雕起源于唐代，它用樟木雕刻，再上漆贴金，金碧辉煌，具有强烈的艺术效果。江苏木雕以其精湛的工艺、严谨的造型享誉海内外。

中国古代建筑以木结构为主，木雕成为建筑的主要装饰手段。如梁柱、门窗、雀替、梁托、梁枋、柁墩、垂花柱、花板等就成为建筑雕刻的主要地方。廊柱、内柱与柱之间一般安装格门或格扇代替墙面，多为六扇或八扇，既通风、采光、装饰，又与外界隔断。古代建筑物较高，所以格扇造型既窄又高，细长高挑，如苗条淑女，故人们形象地称格扇中间的条环板为腰板，束腰以下为裙板，颇为拟人化。上部的格心有直棂和菱花两种，纹饰有正方、斜方格眼、万字流水纹、品字回纹、蜂窝纹、球路纹等装饰图样，有的雕人物、花卉，玲珑剔透，繁而有序。腰板和裙板多以浮雕装饰，或雕刻人物故事或山水、花卉、动物，如八骏八鹿、博古图等，表现得淋漓尽致，自然生动。

### （十一）四方之神及瓦当

四方之神即东、西、南、北四个方位的护卫神，即东青龙、西白虎、北玄武、南朱雀，分别保护各方的安宁。四方之神的寓意与《易经》中的"五行"学说和古天文学有关，其出现的时间一般认为在秦汉之际。

四方之神的图像，在秦汉时多用于瓦当、棺椁；到了唐代，其名称常用于宫门名、陵门名。往往具有严格的方向定位，如看到白虎瓦当，就可认定这是西檐之瓦当。

瓦当是屋檐筒瓦顶端下垂部分，实用功能是庇护屋檐免遭雨水侵蚀。瓦当的装饰性图案始于西周，大都有象征意义，瓦当上的纹饰除了四方之神外，还有吉祥文字瓦当和图案瓦当。文字瓦当通常是吉祥的颂词，如"千秋万岁""延年益寿""富贵长乐"等。图案瓦当是吉祥的图案，如凤凰纹瓦当表示祈求神灵保护之意；鹿纹瓦当中的鹿是善灵之兽，既可镇邪，又象征长寿和富贵；菊花纹和蟾蜍纹瓦当则象征驱邪和长寿。

四方之神中最受人崇拜的是玄武，因为玄武是护卫北方之神，是水神，镇火之神，许多常遭火灾的地方，往往在城之北建真武庙来护祐安宁（宋时因避赵始祖赵玄朗讳，把玄武大帝改称为真武大帝）。在清代，北京故宫中不立神像，唯独御花园的钦安殿内立有镇火之神——真武大帝塑像，钦安殿前石砌的旗杆座台面上精细地雕刻着鱼鳖虾蟹等图案，以象征大海，寓以水压火之意。另外，真武大帝受人崇拜还与明成祖朱棣的"靖难之役"有关。据说当年朱棣起兵夺位时对其"谋反"之言伤透了脑筋，后来其军师姚广孝出了个主意，说朱棣出兵乃是秉承天意，北方真武大帝曾显圣，要求朱棣奉天行道。当朱棣大军誓师出发时，忽然满天乌云密布，雷声滚滚，朱棣故意问道："这是何方神灵？"军师姚广孝顺口答道："这是我的师父北方真武大帝前来助阵。"朱棣于是连忙披发仗剑，立即起兵开战。此后，大大小小七十多次胜仗，朱棣把胜利都归功于真武大帝。朱棣登基之后，为了表示对真武大帝的崇拜和感谢，下诏加封真武为"北极镇天真武玄天上帝"，又下令将传说中的真武修炼之地——湖北的太和山改称"武当山"，取"非真武不足以当之"之意。后来更动用民夫30万人，历时7年，沿武当山坡为真武大帝修建了一系列庞大的宫殿建筑群，并在天柱峰绝顶处修建了一座精美的金殿，还有铜铸鎏金、酷似朱棣的真武神像，重约5吨。

### （十二）太极八卦图

太极八卦图是道教最为敬奉的图像，它是道教的标记，具有极其丰富的内涵。它首见于宋代，据说为五代时华山道士陈抟所创。

太极八卦图由八卦图及太极符号组合而成，一般为八角形。现在常见的太极符号为一对黑白的阴阳鱼，两条鱼相互环抱，鱼眼表示阴中有阳，阳中有阴，阴阳是可以相互转化的；黑白阴阳鱼，分别代表了正反相对的阴阳二气，两鱼首尾相接，表示阴阳互相依存，相互消长，同时又可相互转化。

八卦中的每一卦都是一个阴阳组合系统，长划代表阳，两个短划代表阴，每个阴阳组合都共同揭示了天地万物对立统一、和谐依存的变化规律。八卦是锁定宇宙天地万物生克、阴阳消长和事物发展的变化规律，是自然界和人类社会变化规律的概括和总结。

道教认为太极八卦既是天地万物的本原和宇宙发展的原动力，又是沟通万物的宇宙本体和社会人生的最高真理（即基本规律）。

### （十三）门字不钩脚

在古代建筑中，"防火"是首要任务和头等大事，因为古建筑皆为木结构。为了防火，除了有必要的设施之外，还常常采用多种多样的装饰形式，内含有以水压火之寓意，如螭吻、仙人走兽、黑色的瓦、藻井、坎卦图石、悬鱼、门海等，除此之外，"门"字的写法在明清建筑中常采取不带钩脚的笔画，也是其中之一。

游览中可发现，只要是明清两朝的建筑，建筑物上所有的"门"字均不带钩，甚至"山海关"的"关"字，其"门"字部首也不带钩。这是因为南宋时，宫殿发生了一场大火，有人认为这是"门"字带钩所引来的火灾。因为一般房屋都面南，南在五行里属火，"门"字钩脚就会把火钩进门内而起火，因此在民俗中是一个大忌。

（十四）熏炉与博山炉

在出土文物中，可以见到很多精美的汉代博山炉和熏炉，汉代的熏炉和博山炉体形较小，应是专门用来熏香的，而到了清代，熏炉体形较大，应具有熏香和取暖的两重性。在北京颐和园慈禧太后宝座前可以见到清代的熏炉。

古代熏香炉所用的香料除了安息香之外，还用苏合、没药、沉香等。在北京故宫太和殿前的一系列陈设中也有熏香的器具，如龟、鹤、鼎形香炉，它们在大典时焚烧檀香和松柏枝。

由上述可知，在古代无论是日常生活或是国事大典中都十分喜欢熏香、焚香。熏香、焚香主要是用于消毒、辟邪、祛恶，或是佛事敬神。

# 第四章　中国传统审美文化与
建筑的心理和谐

## 第一节　中国传统审美文化的核心
观念与审美理想

　　提起中国传统审美文化，我们可以说出不同于西方传统文化的一些明显特点，如生活方式上的"食文化"相异于西方文化的性文化；政治制度上的伦理宗法政治不同于西方文化的市民政治；宗教信仰上的实用理性不同于西方文化的纯粹理性；思维方式的直观感悟不同于西方的科学认知；审美理想上的心理和谐不同于西方的物理和谐等。当然原因很复杂，不是简单地用一个词或一句话就能概括清楚的，但是文化特色的不同还是有根可查的，一种文化相异于另一种文化，总有一种共同的东西贯穿于这种文化的方方面面，形成、发展和塑造着这种文化的独特之处，使其生命不断得以延续，生机勃勃。那么对一种文化共同东西的探寻就是文化核心研究，文化核心研究是根源性研究，研究一种文化不同于另一种文化的最根本的源泉所在，也是一种文化相异于另一种文化的特色所在。那么，中国传统审美文化的核心是什么？我们认为一种文化的精神彰显，不仅体现于人类认识行为的至真之上，体现于人类伦理行为的至善之上，还要体现于人类审美活动的至美之上。所以，最能体现中华审美文化人文精神，即文化的核心观念和审美理想的，就是和谐。

# 一、中和主义与中和原则

中国美学家周来祥先生曾经指出:"中国传统文化所讲的'中和',不只是贯彻始终,同时也是一个几乎无所不包的大概念、大范畴。它无所不在,无处不在,无时不在,渗透于中华民族的大脑、灵魂和发肢,甚至于从每一个文化细胞中都能看到它的踪迹和影子。从大的方面说,它体现为宇宙的本体,就是'中和'之道;体现为人类的行为、实践,就是'中和'之行;体现为待人接物、处理问题、解决问题的方式、方法,就是'中和'之用。从哲学认识论看,'中和'就是至真。从伦理道德看,'中和'就是至善。从美学上看,'中和'就是至美。"

## (一)"中和"精神的内涵发展演变

"中和"精神的内涵有一个发展演变的过程:在孔子先秦之前,中和这个词并没有出现,而只是出现了"和"这个词,但"和"所表达的含义却与"中和"这个词是一致的,那就是调和、协调、和解、和谐,不走极端之意。这在中国较早的古籍《尚书·舜典》中有明确的记载:"帝曰:'夔!命女典乐,教胄子。直而温,宽而栗,刚而无虐,简而无傲。诗言志,歌永言,声依永,律和声。八音克谐,无相夺伦,神人以和。'夔曰:'於!予击石拊石,百兽率舞。'"从这段文字上可以看出中国五帝的时候就开始用"乐"(当时诗、乐、舞不分)来教化那些贵族子弟,目的在于培养这些贵族子弟中和的理性人格,从而沟通人与神、天与人的关系,以达到"神人以和""天人以和"的目标。

西周末至春秋时期曾出现了"和同之辨",史伯认为"和"是"以他平他谓之和",是不同事物的协调、平衡,"同"则是"以同裨同",是相同事物或因素的相加和重复。金、木、水、火、土相杂,才能成百物,五味相调才能有美味,强四肢才能有健康的身体,六律和谐才能有美声。"同"只能造成事物的单一,窒息事物的生存,导致万物的枯竭和衰亡。那就是"声一无听,物一无文,味一无果,物一不讲"。晏子则把"以他平他"的"和"进一步发展为不同事物之间相辅相成,和相反事物之间相反相补、相反相济的两种关系,"一气,二体"对"和"提出了一个"济其不及,以泄其过",也就是"恰到好处"的标准。三是"和"的目的，无论是美味，还是音乐，都是为了使人达到"心平德和"。

单穆公的主要贡献是从主客体的关系入手来阐述"和"的事物对人的心理、生理结构的影响，已具有朴素辩证法的眼光。他认为"和"不仅决定于对象的"和"，还决定于主体的"和"。如果音乐、视觉形象过于强烈，过于宏大，过于刺激，或者是过低、过细、过小，超过了人和谐的身心结构所能承受的限度，那么音乐、视觉形象就不能成为人的审美对象，反过来也一样，如果只有和谐的生理、心理结构，而没有和谐的对象，也不能构成"和"的审美感受。和是和谐的对象与和谐的主体相互对应、相互谐和的结果。在两千多年前，古人已具有这样辩证的眼光，是很值得重视的。

"中和"作为一个整体概念最早出现在《礼记·中庸》里面："喜怒哀乐之未发谓之中；发而皆中节谓之和。中也者，天下之大本也；和也者，天下之达道也。致中和，天地位焉，万物育焉。"在这里我们一方面看到儒家对"和"的一种改造，那就是用"礼"对人的心理情感加以约束和控制，使得人的感性具有理性的内容，理性具有感性的积淀，感性与理性和谐统一。另一方面将"中和"这个概念上升到天下万事万物的本体地位，认为只有遵循了"中和"原则才能天地各安其位，运行有序，孕育万物，共生共荣。在这里，儒家是以人道之和推出天道之和（人道即天道），然后，又以天道论证人道，天人合一，是和之于人，而非和之于天。这样就使得"中和"这个概念成为儒家的核心概念，也成为整个中华传统审美文化的核心概念，从而使得中华传统审美文化从先秦儒家之后审美的视域侧重于脚踏在人间的现实人生，而不仰望并不存在的彼岸神秘世界。

汉代的董仲舒强化了中和精神的人生现实倾向，用天人感应说（即天与人的相通）降低了天的神秘性，提高了人的主动性和能动性，并把天与人的和谐关系运用于君与臣的和谐关系，为现实政治提供了理论基础。

宋明理学时期，儒学融合了老庄的道家和佛禅的思想，使儒学有了大的改变。朱熹更是把中和精神拉回到现实的世俗生活，使得中和、中庸转向实用化、生活化、世俗化方面发展。他说："中庸是一个道理，以其不偏不倚故谓之中，以其不差异可常行故谓之庸，未有中而不庸者，亦未有庸而不中者。故平常尧授舜，舜授禹，都是当其时中也合如此做，做得来恰好所谓中也。中即平常也，不如此便非中，便不是平常……又如当盛夏极暑时，须用饮冷就凉处，衣葛挥扇便是中……若极暑时重裘拥火，盛寒时衣葛挥扇，便是差异，便是失其中矣。"

在这里"中"一方面兼含有"和"的意思，以礼酌时"合如此做"，并"做得来恰好"，做得恰如其分，便是"中"。同时，"中"更倾向于平常，更倾向于世俗，更倾向于实用，不但尧舜禅让谓之"中"，连酷夏衣葛挥扇，寒冬重裘拥火，也是"中"。这也是说不管大道理、小道理，不管哲学、伦理，不管政治、经济、文化、日常生活、风土人情，不管治国、治家、待人、处世，只要当时情况下，按"礼"应当如此做，又做得适当，恰如其分，都是"中"，都是"中和"。这样"中和""中庸"不但是"天人合一"的最高理想，还是人们处理日常现实生活中具体问题的最佳方法，增强了中和精神的现实操作性。

中和精神不仅是儒家的，也是道家和禅宗的。道家发挥了儒家追求心理和谐的一面，而抛弃了儒家对人的礼法约束和限制。道家的心理和谐是从物和心的关系入手来解决治心的问题，也就是说道家的和谐是以人心的和谐来解决人与自然的和谐问题。在道家看来，人的精神自由必须一方面抛弃客观的、现实的、具体的外物的限制和约束，还要涤除各种各样的非现实的、抽象的看不见的人的欲望、愿望和情感，另一方面还要抛弃人的肉身，这样才能实现"以天和天"的精神的逍遥游。因此，道家更偏重于追求天与人、人与自然的和谐，追求一种"圣人处物不伤物"，人不伤物，"物亦不能伤也"，天人互不相伤，相互和谐相处的境界。

道家很重视天生自然，认为人为的任何对自然的改变和约束都是对天的破坏，都是以人害天、以人灭命。他认为"牛马四足"，人两足，天生如此，这就是"天"；而"落马首，穿牛鼻"就是人为地改变牛马的天生本性，就是人为的结果，这就是"人"。因而老庄反对以人灭天，反对以人为毁灭生命，主张"无以人灭天，无以故灭命"。天人不相害，则山林、皋壤与人相近相亲，"使我欣欣然而乐"，天人的和谐就会给人以快乐。"四海之内共利之之谓为悦，共给之之为安。"天下万物"共利""共给"，互利共赢，共生共荣，是我国古老的生态和谐思想。

庄子进一步把这种天人和谐关系分为"天乐"与"人乐"两种。"天乐"来自"天和""人乐"来自"人和"。所谓"天和"，就是深明天地之常德，是万物之大根本大宗师，从而尊天顺天，尊重自然，顺应自然；同时，也就是以"圣人之心，以畜天下"，以真挚的爱心养育天下，抚养万物。所谓"与人和"就是以"与天和"的普泛精神来处理人与人的关系，以此"均调天下"，可见道家的天人和谐，既包括人与自然的和谐，也包括人与人的和谐，而这种人与人的和谐，在庄子那里尤以人与自然的和谐为根基，"人和"是由"天和"而来的，这与儒家恰好相反。儒家以"人和"为本，"天和"由"人和"而来的，儒道两家相异又互补。

佛教以及佛教中国化的禅宗也是注重心理的和谐和平衡修炼，但是佛教以心为本体，而心的修行必须脱离尘世、清苦严苛，这就影响了佛教在中国的传播和普及，佛教真正融入中国普通人的现实生活，是在佛教中国化的禅宗诞生之后。禅宗也是主张以心为本，不过它要求治心的手段不是要人们脱离尘世和进行严酷的修炼，而是主张我心即佛，佛即我心，心佛一体，强调顿悟和生命的体验，认为人们在日常现实生活之中就能成佛。

到了中唐之后，随着封建社会由强到衰的转变，社会矛盾的进一步尖锐化，和谐精神逐步面临挑战，但"中和"精神的主导地位仍然没有变。

（二）和谐文化的基本特征

通过以上的论述，我们已经知道中国传统文化的精神是中和主义，中国传统文化的原则是和谐原则。那么和谐文化的基本特征是什么呢？我们可以通过以上的论述大体总结一下。

1. 和谐文化强调是在差别、杂多、矛盾、对立的基础上的和谐统一

和谐文化不是只强调同一的文化，而是强调这种同一是建立在差别、杂多、矛盾、对立的基础之上。它在各种事物中都能见出差别，见出"一分为二"，所以中国古代哲学范畴、美学范畴、伦理学范畴常常是成双成对的，如文与道、礼与乐、形与神、意与境、言与意、有法与无法等。在这些差别、对立中，强调的是矛盾双方的相互渗透、相互作用方面，而不强调它们之间相互否定、相互斗争的方面。强调矛盾双方的相辅相成是中国古代文化的优点和特点，而缺乏深刻的本质对立和尖锐的不可调和的斗争精神，又是中国古代文化的局限和弱点。当然中国传统文化也强调斗争，但这种斗争都不是彻底的、不可调和的，而最终都要归于合一。例如，阴和阳，在中国古代哲学中两者并不是彻底的对立斗争，而是相互转化、相辅相成，阴中有阳，阳中有阴，"一阴一阳之谓道"（《周易·系辞上》）。这种哲学观念影响到文化

的各个层面：政治层面上的君贤臣忠，家庭层面的父慈子孝、兄友弟恭、夫唱妇随等，文学层面上的"乐而不淫、哀而不伤""温柔敦厚"等，都是这种相辅相成的表现。

2. 和谐文化强调用平衡、和解的方式解决矛盾，不强调矛盾的激荡和转化

和谐文化既用矛盾思维来解决矛盾的事物，也用和谐思维来解决矛盾事物。在处理事情的方式上，矛盾思维主张以斗争的方式来处理矛盾，而和谐思维则是以相互协调、相互融合、共同发展的方式来处理。中国传统文化是以儒家文化为主流、骨干的文化，同时吸收了道家和禅宗的思想加以发展演变。在和外来文化的交流中，中国传统文化不是完全否定外来文化，也不是完全肯定外来文化，而是积极地以我为主，保持自己的独立地位，吸取有益的成分而不被其他文化同化。各朝代都在发展中国传统汉文化的基础之上保持自己的独立稳定地位。这是它的优点，也是它的弱点。优点是它具有强大的同化力，弱点是安于现状、因循守旧、反对变革、不思进取。

3. 和谐文化强调发展，但这种发展只是一种平面的循环的圆圈发展，而不是否定之否定的立体的螺旋

《周易》是古代讲辩证思维的主要典籍，"易"的基本含义就是运动，"生生之谓易"，而"易"又具有本质和规律，老子讲："致虚极，守静笃，万物并作，吾以观复。夫物芸芸，各复归其根。归根曰静，静曰复命，复命曰常，知常曰明。不知常，妄作凶。"（《道德经·十六章》）如果说"易"是事物存在的基本形式，那么"复"就是运动变化的具体形态，事物的变化都是"各复归其根"，这个"根"就是"静"，从这个意义上来讲，"静"也就是运动变化中的动态平衡，传统的自然观认为，事物的运动变化只有保持"静"，也就是动态平衡，才能使生命得以生生不息。所以，中国传统文化强调发展，主张万事万物都是发展的、变化的，只是这种发展、变化都是一个封闭的圆圈式发展。

《周易》说："无往不复。"《老子》说："大曰逝，逝曰远，远曰返。"龚自珍说："初异中，中异终，终不异始。"《三国演义》说："分久必合，合久必分。"永久的发展是循着一个循环的轨迹在运行，老子讲："人法地，地法天，天法道，道法自然"（《道德经》），而自然展现给我们的是夜以继日、日月交替、春华秋实、四季周而复始，就像"太极图"的圆，此消彼长，无

往不复，于是中国古人就形成了自然的、封闭的循环观，封闭的圆形成了古人最喜欢的图形之一，比如戏曲表演中的跑圆场、武术中的太极拳。这是中国古代封闭的小农自然经济和社会的产物。这种循环封闭性，在一定程度上限制了中国古人的创造精神。

## 二、和谐文化理想在儒释道中的表现："内圣外王"

所谓"内圣外王"，人们多局限于从儒家修身治国统一于仁来谈，即内修德性以成圣人，外施仁政以成王者。实际上，内圣外王不只是儒家的，还是道家和禅宗的，是整个中国传统审美文化积淀的结果。它是把以人为本作为核心，以人性的自我修养、完善为出发点，以实现伦理政治为目标，以实现天人合一为最高境界。人性的自我修养和完善被儒家从内外两个方面所规定，但"以仁释礼"又使"治心"成了儒家人性修养和完善的出发点。儒家的治心被道家和禅宗所继承和发展，从儒家的道德之心，到道家的无欲之心，禅宗的平常之心，就成了中国传统审美文化的身心修养和完善的"内圣"，内圣注重精神性，注重山水之乐，我们可以用江湖之远来概括。儒家治心是为了国家和天下，而不是单纯为治心而治心，因此儒家把"仁心"发展为"仁政"，以德治政，建立和谐的社会是其最终目标。这方面注重社会的秩序性、集体性和世间性的"外王"，我们用"庙堂之高"来说明。"内圣"是基础和核心，"外王"是目标和理想，两者都以"士人"的修养和执行作为根本，即以人为本。"人"体现了中国传统审美文化的集体性和抽象性，而缺乏人的个性和具体性。

### （一）"内圣"——江湖之远

人格的自我完善是中华传统审美文化的出发点，重视伦理道德的教化是人格完善的手段，培养感性理性和谐一体的人性是人格完善的目标。孔孟的儒家特重视把人伦理化，即在感性与理性的和谐中侧重于人的社会性、理性，把人从神秘的原始巫术和夏商周时期的祀神拉回到人的现实中来，把视野聚焦于人性的塑造上，而人性塑造的理想形象是"文质彬彬的君子"。君子形象的出现是从原始之巫的神秘性和夏商周的王的政治性转变而来的，它是具有独立精神性的中国知识分子"士人"形象，是适应中国家国天下一体的需要而产生的。他们首先具有掌握和传授知识的能力，具有教师的职能，这往往和"家"相连，国人所说的"诗书传家，书香门第"就是此意；另一方面还具有管理社会的才能，具有吏的职能，这和治国有关；其次具有一种超越家国的天下胸怀，这和宇宙统一。因此，君子的形象就和个人、家、国、天下、宇宙等各个方面相联系，这是中国传统文化独有的一个智能阶层。

儒家的文质彬彬的君子形象具有三个基本特点：

（1）孔子认为君子必须要满足"文"和"质"两个条件，且文和质要和谐统一。"文"是以礼（政治规定）为内容的美感形式，像人的言谈举止，"质"是伦理道德的内容，像尊卑贵贱、兄友弟恭和夫唱妇随等。孔子认为君子要有质有文，缺一不可，并且文质要和谐，否则质胜文则易于野俗，文胜质则流于虚饰。

（2）孔子的君子形象具有刚柔相济的特点。"刚"的一面彰显了君子的主动性和坚定性，一种敢为天下先的自强不息的精神，是一种文化意义上的人格操守。像"人能弘道，非道弘人"（《论语·卫灵公》）、"志士仁人，无求生以害仁，有杀身以成仁"（《论语·卫灵公》）、"三军可夺帅也，匹夫不可夺志也"（《论语·子罕》）、"当仁，不让于师"（《论语·卫灵公》）、"知其不可为而为之"（《论语·宪问》）等。"刚"的一面主要成为中国士人积极入世的世俗精神，面对民族危难的责任精神和人格刚强的个性精神，后为孟子发展为"富贵不能淫，威武不能屈"的大丈夫形象。

"柔"的一面彰显了君子的安贫乐道，是一种面对乱世的求生方式，是文化意义上的道德纯洁。如："危邦不入，乱邦不居；天下有道则见，无道则隐。"（《论语·泰伯》）子谓颜渊曰"用之则行，舍之则藏，唯我与尔有是夫！"（《论语·述而》）子曰："宁武子，邦有道则知，邦无道则愚，其知可及也，其愚不可及也。"（《论语·公冶长》）"柔"的一面主要成为中国士人消极避世的生存方式，

这种"隐""藏""愚"的方法现在看来确实有点消极避世的意思，但面对乱世不可谓不是一种好的求生方式。孔子的伟大就在于把这种消极避世升华为被后来的宋儒所大力提倡的"孔颜乐处"：

（颜回）一箪食，一瓢饮，在陋巷，人不堪其忧，回也不改其乐。（《论语·雍也》）

子曰：饭疏食饮水，曲肱而枕之，乐亦在其中矣。不义而富且贵，于我

如浮云。（《论语·述而》）

这种安贫乐道的精神成为中国传统文化中"士"的精神，就是孟子所说的"富贵不能淫，贫贱不能移"的人格的道德操守。安贫是一种态度，而乐道则是一种精神，一种具有宇宙胸怀的最高境界。只有"乐"才能让人生升华。这种刚柔相济的"士"的形象，就是孟子所说的"达则兼济天下，穷则独善其身"。

（3）成为刚柔相济的君子，孔孟儒家非常重视礼乐教化。在礼乐教化中儒家一方面采用"以仁释礼"的手段，为外在行为的约束找到一个心理学的基础。儒家对人的塑造是采用"仁"和"礼"一内一外的方式进行的，礼法的外部约束可以说细致和广泛，包括人的衣食住行、生老病死都有严密的、明确的规定，这是人的理性化彰显的标志，是儒家的一大贡献。但礼法约束的严密和繁琐又使人的理性显得面目可憎，少了很多的人情味，孔子创造性地采取"以仁释礼"的方式，把外在礼法的约束变为人内心主动追求的行为方式，这又是孔子的聪明之处。"仁者爱人"（《孟子·离娄下》）就是说"仁"的出发点是处理人与人之间的关系，而不是人与神之间的关系，这种关系的中介点是人的爱心，于是人与人之间的关系就变成了爱的情感关系。"以仁释礼"就使外在的礼法有了心理学的基础，用人的爱心冲淡了外在礼法的严密和繁琐，给人的理性增加了感性的因素，蒙上了一层温情脉脉的面纱，也可以说孔子用感性融合了理性，"以仁释礼"就是中和精神的一种表现方式。这种"和"是把"礼"建立在"仁"的基础之上，以仁为核心和根本，先有仁后有礼，仁是内在的，礼是外在的；仁是内容，礼是形式；内在与外在、内容与形式、仁与礼紧密结合，不可分割。"人而不仁，如礼何？人而不仁，如乐何？"（《论语·八佾》）即仁与礼一也，仁就是礼，礼就是仁，所以"一日克己复礼为仁"（《论语·颜渊》）。正如钱穆先生所言："故仁与礼，一内一外，若相反而相成。"（《论语新解》）

另一方面，儒家很重视文学艺术对人的仁心的滋润和塑造，而文学艺术又以诗教或乐教为主。儒家的文艺观是一种和谐的文艺观，"和"是它的艺术美的最高追求。因此，儒家在文艺上强调"温柔敦厚""乐而不淫，哀而不伤"，强调以理节情，影响到文学审美上，就要求诗歌的感情不是如潮水般的汹涌澎湃，而应如款款的春风轻拂人面，如细细的春雨润物无声，造成诗歌含蓄、蕴藉、内敛的风格。孔子认为整个《诗经》都是和谐的"《诗三百》，一言以蔽之，曰'思无邪'"。所以《诗》本身就具有温柔敦厚的道德境界，如果拿来作为道德教化的工具，就能有助于人的道德修养和精神境界的提高，而如果社会生活中的成员都具有了这种温柔敦厚的气质，那整个社会生活自然就会变得和谐有序了。再加上孔子"以仁释礼"，使外在行为具有心理学的内容，成为人的内心主动要求的行为。这样儒家的礼乐教化就成为以"治心"为核心的人的修养的主要手段，开创了中国审美文化心学的滥觞。儒家的"治心"是一种道德之心，无论是孔子的仁心，还是孟子的养气说，都是用道德的善来培养、完善人的心灵。

总体来说就是以"中和"或"中庸"的精神培养人的温柔敦厚、文质彬彬的和谐人性。具体来说内心就是"仁心""爱心"，但要"乐而不淫，哀而不伤"，要以礼节情，对外在行为来说就是"执两用中""过犹不及"，即无论做任何事都要把握事物的两个方面，全面观察、允执其中，以找到相互结合的平衡点，融合为一个和谐的整体。这个平衡点在于适度，过犹不及，就是违背了"和"的精神。孔子把这种"和""中庸"的精神和人的道德修养联系起来，认为"君子和而不同，小人同而不和"，即君子讲团结、谦上、包容，但绝不苟同，决不拉帮结派、结党营私、搞小集团的利益，而小人恰恰相反。"和""中庸"是一种至高至上、至广至大的道德理想和道德行为。从这个意义上讲，"和"就是一种至善，和的社会就是一种善的社会。

儒家重视人格的道德完善，以内心的情感让外在礼法的约束变为内心主动的追求，可以说儒家在人格修养方面着眼点还是在于"治心"，而文学艺术又成为"治心"的主要手段和主要工具，读书治心也就成了中国知识分子的重要生活方式。另外，孔子的"吾与点也"的自由境界，彰显了他对身心放纵于山水之乐，以便获得一种"游"的快乐的向往和追求。这种"会心山水"之乐的"治心"方式对道家和禅宗影响巨大，以至于道家和禅宗，特别是道家干脆就把士人引向山水，在山水之中陶冶性情，把握宇宙，放飞梦想，实现生命的价值。

具体来说，老子提出"虚其心"就是剔除心中的各种欲念和杂念（如害人之心），使心处于一种虚静状态。庄子的"游心"也是人的主观精神世界的遨游，是一种内视自省、心驰神往的精神自由活动，要涤除肢体、欲望，以生命的律动和情感的体验感悟着宇宙的精神，无概念却暗含着规律，无目的却符合着目的，必然的活动却能达到自由的审美境界。庄子的"庖丁解牛"

"梓庆造鐻"等，在物质的实践活动中悟道，这种得道的境界，已是掌握了规律而又超越了规律的审美自由境界。道家在大自然中放飞自己的心灵，使得天下万物与我唯一，心灵得以完全的逍遥游。禅宗的"平常心是道"强调一种经过艰苦修行之后的顿悟和直观体验，主张主客本无二，身与物化。

## （二）"外王"——庙堂之高

中国传统文化和谐人性的塑造的目的是为了齐家、治国、平天下。中国的士人在修身养性的过程中一刻也没停留地把羡慕的目光投向那炙手可热的名利场，那浓云密树、幽涧清泉、鲜花异鸟的山水园林也不能把内心深处的、暗流涌动的功名利禄之心压下去，众多的士人们耐不住隐居的寂寞，迎着安贵尊荣的诱惑，义无反顾地踏上已成为中国读书人生命主旋律的科举之路，渴望建功立业，青史留名。进入中国传统的官僚体制里面，有的人春风得意，意气风发；有的人失意苦闷，贫困凄凉；有的人在多次碰壁之后，不得不重新走入山水，在山水中抚慰伤痕累累的心灵，山水又能让他们恣肆地谈，放声开怀地大笑，又能让他们"精骛八极，心游万仞"地自由幻想，生命的率真已把那个斯文的臭架子赶得无影无踪。

从夏商周时代起，中国就形成了家国一体的社会秩序，只是这个社会秩序要靠神圣的"天"和政治的"王"来保证，"王"成了沟通天人之际的核心。到了西周末年，天子的权威性丧失之后，家国一体的社会秩序也成了乱象，出现了许多弑君、僭礼等违背周礼的现象，像"季氏的八佾舞于庭"、服饰上的"紫之夺朱"、管子在府第前设反坫等。到了孔子，他想重建周代的礼仪制度，以便恢复周代家国一体的社会秩序，于是他就创造了君子的形象，用"士人"游走在家与国之间，在家治家，同时有人仕之志，人国治国，同时有天下胸怀。这样，齐家治国，沟通天人之际的就不是"王"了，而是具有社会和政治承担意义的士人。士人的出现，就把夏商周的神圣性从天上拉回到了现实的人间，把外在的威吓变为心灵的自觉。这就是孔子的以"仁"为核心的一整套思想。

要想了解中国的士人为何热衷于齐家、治国、平天下。

第一，要了解士人在家、国中的位置。而要判断士人在家、国的位置就要了解中国的"血缘优先"原则，这种血缘优先的原则建立了一种人人相爱，但又爱有差等的社会关系，即先爱自己的亲人，然后再推己及人，从而形成一个人与人之间有温情的，但又有等级差别的爱的情感关系。而孔子的"仁"就是建立在这种血缘优先的基础之上。何谓仁？"仁者，爱人。"爱是家庭中的亲子之爱，仁的根本和出发点是"孝"。仁心能让人亲切地交往，和睦地成为一家人，又能让外在的礼法约束变成内心主动追求的行为，成为一个和谐的人。人和，家才能和，家的和谐又是以血缘关系的亲情和亲疏来主导，亲情形成了父慈子孝、兄友弟恭，亲疏形成了尊卑有等、内外有别。因此，家的和谐也是人人之和、爱有差等的和睦统一体。家是中国社会的基本单位，家的和谐是社会和谐的基础，家和谐了社会才能和谐，家和国是一致的。那么，在家孝顺父母，治国就忠君。在家，血缘亲疏决定尊卑有等，内外有别，在国就由血缘关系的亲疏决定人在社会中的权力地位的高低贵贱、财产占有的多寡。越是血缘关系网络中的嫡系近支，越占有权力关系的重要地位；越是血缘关系的庶出旁支，越远离权力结构核心，只能处于次要地位。像周代已形成了根据血缘和亲疏关系来分封诸侯的制度。天子居于天下正中，天子也具有天下最高的权威，而天子的位置都是世世代代以嫡长子来继承，嫡长子也继承了天下之中的土地和最尊贵的权威，视为大宗。天子其他的众子按照亲疏远近分封为诸侯，居于离天下之中远近不同的土地中，享有远离和亲近天子的不同权利，视为诸侯。同样诸侯也按血缘和亲疏关系分封自己的领地，也由大宗和小宗组成，凡大宗必是始祖的嫡裔，而小宗则或宗其高祖，或宗其曾祖，或宗其祖，或宗其父，而对大宗则都称为庶。诸侯对天子为小宗，但在本国则为大宗；卿大夫对诸侯为小宗，但在本族则为大宗……在宗法制度之下，从天子起到士为止，可以合成一个大家族，大家族中的成员各以其对宗主的亲疏关系而定其地位的高低。这样一来，整个社会就形成了一个以天子居于顶端，以诸侯处于中端，以庶民处于底端的远近分明、等级森严的金字塔形的权力结构，这种结构历经两千多年，虽说各个时期随着士人的兴起和参与政权方式的不同略有改变，但建立在血缘亲疏关系上的家国一体原则没有改变。

儒家的这种人人之和、爱有差等的学说，就是要通过"礼"的行为规范去分出高低贵贱，认为每个人按照礼的规定，作出符合自己身份地位的行为，而不能僭礼，乱了纲常。在家要遵守父慈子孝、兄友弟恭、夫唱妇随之类的孝悌之道，而不能把这种关系反过来，否则就乱了纲常秩序。儒家把家族的这种"父父子子"放大到国的层面的"君君臣臣"，在家父慈子孝，在国就是君贤臣忠，他们认识到孝悌之道就是宗法政治的基础，"有子曰：其为人也孝弟，而好犯上者，鲜矣；不好犯上，而好作乱者，未之有也。君子务本，本立而道生。孝弟也者，其为仁之本与？"（《论语·学而》）在国家的层面上，儒家不能容忍犯上作乱者，也不能容忍弑君、僭礼者，比如，季氏仗着自己的经济实力，竟敢在自家的院子里演奏只有天子才能享用的八佾舞，孔子对此发出了辱骂般的叫喊，"八佾舞于庭，是可忍也，孰不可忍也！"（《论语·八佾》）实际上，儒家的理想状态就是人人各安其位，各司其职，就能达到社会的和谐稳定。因此，儒家要求士人在其位，谋其政，不在其位，不谋其政。

在儒家看来，具有仁心者，才能施行仁政，不具有仁心，就不能施行仁政。另外，孟子把人性善作为实行仁政、王道的思想基础，体现在把孔子的"仁心"引导到"仁政"，把"仁者，爱人"引导到"仁者，爱民"，提出"民为贵，社稷次之，君为轻"（《孟子·尽心下》）的思想。孟子认为仁政、王道不是外在的，是人的一种内在要求，有仁心就能实行仁政，不是不能，而是不为。实行仁政，就能"王天下"，要想"王天下"就必须"与民同乐"，就是争取民心。

第二，要了解士人参与社会管理的方式。春秋时代的孔子塑造了"文质彬彬"的君子，君子要么在朝，追求庙堂之高，积极游走于诸侯之间，以自己的学说和才能实现参与社会的管理和政治抱负；要么在野，不为诸侯王所承认，退而归隐的"退而能乐"。前一方面为孟子的以师位自居，"持道以论政"的士人（大人），屈原的矢志不渝的忠臣以及韩非的执政为王、依法办事的循吏所继承并发展了君子的"刚"的一方面，成为中国士人的"勇儒"。后一方面为庄子塑造的拒绝社会与自然合一的隐士形象，在一定程度上强化了君子"柔"的一面。这些士人无论是在朝、在野，都是以游走的方式穿梭于诸侯国之间，要么凭着三寸不烂之舌的游说本领，合纵连横，实现自己治国、平天下的政治抱负，像张仪、苏秦等；要么以军事上的卓越才能大显身手，像孙膑、吴起、乐毅、白起等；要么以自己的一腔热血，舍生效命刺杀君王，像聂政、荆轲等；要么像孔子、孟子周游列国，游说诸侯，想实现自己的政治抱负，结果四处碰壁，最后不得不退而讲学等。这是一个百家争鸣的时代，人可以任意发表自己的意见，创立自己的学说，出现了可以心忧天下，知其不可为而为之的儒家风貌；恐惧于杀人盈野、杀人盈城的乱世而退出社会，独善其身，一心退隐于山林的道家风范；以公义自居，行侠仗义，挑战公共司法的墨家；以追求行政效率为第一原则、严刑峻法的法家等。这也是一个人才自由发展流动的时代，可以有为了理想的实现而痴心不改的刚强坚毅的君子，也可以有为了荣华富贵而朝秦暮楚、三心二意的小人；还可以有为了自保性命而一心退隐山林的隐士，还有为了公平正义而行侠仗义的侠客等。这个时代士人参与社会政治的方式主要是游走于诸侯之间，以自己的才能和学说影响君王，以实现治理天下之目的。

先秦两汉时代，随着国家大一统局面的形成，思想文化的统一也成了时代的要求和需要，其表现就是董仲舒的"罢黜百家，独尊儒术"，儒家思想成为居于统治地位的主流意识形态。士人们要想参与社会政治的管理，实现齐家、治国、平天下的理想，就必须接受这个大一统的体制和儒家的思想，否则是不能实现自己的理想的。那么，士人们也不像春秋战国时代的人那样游走于各个诸侯国之间，而是国家层面的"举孝廉"制度为士人们参与社会政治管理提供了途径和机会。"举孝廉"首先要求士人们要遵守儒家的这一套，因为在统治者看来，只有家族中的孝子才能成为国家中的忠臣。这样，"家"与"国""孝"与"忠"就完全是一种同形同构的社会关系和行为模式，也是周代以来家国一体模式的延续和发展。其次要求士人们用治家的礼法来治国，用德治国而不是用法治国就成为士人们治理社会的主要手段。最后"举孝廉"是一种推荐制度，主要靠地方官为朝廷和自己推荐本辖区的人才，很容易出现假孝廉的疏漏。

魏晋南北朝时期的"九品中正制"是对"举孝廉"制度的矫正与完善，它是以中央政府在各郡县设立"中正"官职主管人物的评议，以家世（被评者的族望和父祖官爵）、道德、才能三项作为评定等级的主要标准，把评议的人物分为九品，即上上、上中、上下、中上、中中、中下、下上、下中、下下。九品中正制开始的时候因为曹操的"唯才是举"确实选出了一大批德才兼备的人才，但因为中正推举之官为门阀士族所把持，于是在中正品第过程中，才德标准逐渐被忽视，家世则越来越重要，甚至成为唯一的标准，到西晋时终于形成了"上品无寒门，下品无士族"的局面。九品中正制不仅成为维护和巩固门阀统治的重要工具，而且本身就是构成门阀制度的重要组成部分。它在一定程度上矫正和完善了"举孝廉"制度，但整体上却起到了矫枉过正的作用。

隋唐以来，科举考试制度逐渐代替了察举、品评制度，也给出身寒门的庶族地主阶级的人才提供了入仕的机会，一直到清代为止，科举考试的内容始终以儒经为主。

由此看来，中国两千多年的封建社会，儒学长期成为官方的主流意识形态，并不是偶然的。如果说宗法制度是宗法社会的基本结构，那么儒学则是将宗族关系放大到国家准则的黏合剂。信奉和接受这个宗法社会结构和儒学意识形态的士人们则是连接君王和民众的中介人和社会管理的实际操作者，也是维护和巩固封建政体的主导力量。

## 三、中华文化的特性与价值体系构成

李泽厚先生曾把中国传统文化界定为"乐感文化"，并认为"乐感文化"的核心是"一个世界（人生）"观念，是整个中国文化（儒家、道家、法家、阴阳等）所积淀而成的情理深层结构的主要特征，即不管意识到或没意识到，自觉或非自觉，这种"一个世界"观始终是作为基础的心理结构性的存在。也就是说中国传统文化始终把眼光停留于人生的现实世界，建构人与人之间的准则，处理人与人之间的关系，以实现和谐的大同世界为目标，从不把过多的眼光移向并不存在的鬼神虚幻世界，始终把双脚牢牢地踏在人间的世俗世界中。

自从孔子提出"未知生，焉知死"；"未能事人，焉能事鬼"；"子不语怪力乱神"开始，以儒学为主流（道家也如此）的中国传统文化逐渐形成一种对待人生、生活的积极进取精神，服从理性的清醒态度，重实用，轻思辨；重人事，轻鬼神，善于协调群体，在人事日用中保持情欲的满足与平衡，避开反理性的炽热迷狂和盲目服从……它终于成为汉民族的一种无意识的集体原型现象，构成了一种民族性的文化——心理结构。中国传统文化既然着力于建构一个人生的现实世界，那么制定人与人之间行为、关系准则就成了最重要的首选目标，这方面以孔子、孟子为代表的儒学起了奠基性和开拓性的作用，因此认识和研究孔子、孟子，探索他们两千年来已融化为中国人的思想、行为、意识、风俗、习惯的学说，看看他们给中国人留下了什么样的痕迹，给我们中国传统文化心理结构带来了什么样的长处和弱点，也是一件很有意思的事。

（一）中国传统文化的伦理性和审美性

中国传统文化是一种伦理性很强的文化，它偏于反映人与人、人与社会的关系，常常以善为美，以"美善相乐"为其根本内涵。而在偏重于表现人与自然关系的变化中，则往往把自然与人的关系看作人性的、情感的、道德人格的。莲花"出淤泥而不染"，象征着人品的高洁；苍松"岁寒，然后知松柏之后凋也"，象征着人的坚贞不屈的精神；梅、兰、竹、菊称为"四君子"，都寓示着人品的高洁，所以"比德说"就成为中华传统文化的一个典型的概念。

中国传统文化是一个偏于反映人与人、人与社会关系的文化，重视人的内心道德修养的完善以及人与人、人与社会之间的伦理关系是其根本内涵。孔子在建构一个人的现实世界中起到了继承性和开拓性的作用，其继承性是继承了周礼的社会秩序和规范以及血缘关系优先原则，开拓性是其以仁释礼，为外在的礼法约束找到了一个心理情感的基础。周礼是在原始巫术礼仪基础上的晚期氏族统治体系的规范化和系统化。它一方面具有上下等级、尊卑长幼等明确而严格的秩序规定，另一方面它建立在血缘关系之上而具有原始人道主义和人情味。

孔子就是周礼的维护者，他一再强调自己"述而不作""吾从周""梦见周公"等就反映了他对周礼的态度。孔子的开拓性贡献就是"以仁释礼"，为这种上下有等、尊卑长幼的等级秩序找到一种心理情感基础，因为"仁者，爱人""亲亲，仁也"，就是说"仁"的基础含义应该是一种人与人之间的血缘纽带，而"孝悌"是"仁"的根本，"孝"是父母和子女之间的血缘关系，所谓的"父慈子孝"就是如此，"悌"是兄弟之间的血缘关系，就是"兄友弟恭"。那么"孝悌"就从纵横两个方面把这种等级关系建立起来，"孝"必须是"父慈子孝"而不能反过来，父母在子女面前保持了一种绝对的权威，也就是父为子纲，两者是不平等的；同样"兄友弟恭"也不能反过来，兄也保持着对弟的绝对权威，同样夫为妻纲，丈夫保持着对妻子的绝对权威，同样这就建立了严格的等级秩序。

这些关系之间又以血缘关系为纽带，由血缘而产生的亲情又使得这种绝对权威蒙上一层温情脉脉的面纱，降低了威严性、恐怖性，增加了亲和感。这就建立了一种爱有差等的和睦的家庭关系，这种关系就是儒家所谓的"修身治国平天下"，也就是整个社会的和谐秩序首先必须从人的自身道德修养完善开始，只有"文质彬彬的君子"才能治国平天下，这也是孟子所说的"天下之本在国，国之本在家，家之本在身"（《孟子·离娄上》）。所以孔子强调"其身正，不令而行；其身不正，虽令不行"（《论语·子路》）。儒家强调"修身"作为"齐家治国平天下"的根本，当然儒家强调修身是一种道德的完善，强调爱人之心，强调己所不欲，勿施于人，只有这样人本身才能成为"文质彬彬的君子"，这是齐家治国平天下的根本。儒家把这种家的爱有差等的和谐关系推及治国，把父子、夫妻、兄弟之间的关系推到国家层面的君臣关系，君臣之间就是一种父子关系，两者既保持一种严格的等级关系，君为臣纲，但又要以君贤臣忠来中和这种等级关系，这样整个社会就建立一个上下左右、尊卑长幼之间的秩序、团结、互助、协调的和谐关系。在这种关系中，个人没有独立性，个人的存在必须以遵守集体的秩序为标准，否则个人就会被集体所抛弃。可以看出，无论是个人的道德修养，还是以德治家，以德治国，以德平天下，都必须是一种伦理道德的善，而这种善就是一种美。中国传统文化就是一种美善相乐的文化，是一种伦理性与审美性相结合的文化。

中国古代以儒家思想（包括道家、禅宗）为主流、主干的传统审美文化塑造了人格的道德完善，建构了人与人、人与社会、人与自然之间的伦理关系准则，从而从正面担当了中国历史的伦理、政治责任。但如果只着眼于儒家文化的伦理性，而不能注意到儒家文化的精神性，即审美性（当然这种审美性主要被道家所发挥），就不能全面了解儒家文化，从而也不能全面了解中国传统审美文化。以孔子为代表的儒家很注重仁心、政治、美学的统一，也就是说儒家很重视伦理性、政治性与审美性的统一，伦理的也就是政治的、审美的，审美的也是伦理的、政治的，三者是统一的。

儒家很重视"乐"，认为只有乐才能达到"神人以和"而产生最高的快乐，反过来，做任何事情，只有达到了最高的快乐，才算达到了最高的境界。孔子说"知之者不如好之者，好之者不如乐之者"（《论语·雍也》），"兴于诗，立于礼，成于乐"（《论语·秦伯》），讲的都是这个道理。乐在孔子的思想里就与最高的境界相连而具有审美的意义，所谓："一箪食，一瓢饮，在陋巷，人不堪其忧，回也不改其乐。"（《论语·雍也》）

子曰："饭疏食饮水，曲肱而枕之，乐亦在其中也。不义而富且贵，于我如浮云。"（《论语·述而》）这被宋明理学所大力提倡的"孔颜乐处"的"乐"才具有审美的意义，这一点在《论述·述而》"子路、曾皙、冉有、公西华侍坐"中有较充分的发挥。孔子让他的四个学生随便谈谈自己的理想抱负，但孔子所赞同的不是子路的治理千乘之国的政治功业，不是冉有的让人民都知文明礼貌的教化伟业，也不是公西华的把宗庙仪式搞得尽善尽美的专业之功，而是曾皙的暮春之游的自由境界。这种自由境界不表现为具体地做事，也不固执于要做什么事，还是一种"游玩"的境界。有意思的是孔子的着眼点应该是士人的修身、齐家、治国、平天下的伦理政治风范，而不是这种"游玩"的自由境界，但事实上孔子却认同"游玩"的审美境界，却并不赞同功名富贵的伦理政治的世俗功业。究其原因，大概孔子在周游列国、四处碰壁之后理解了建立和谐的伦理政治秩序的不易，只有融入自然，涤除各种诱惑和功名利禄之心，放飞自己的梦想，才能实现真正的人的快乐。这是以孔子为代表的儒家人格理想的最高境界，也是体现仁者的宇宙胸怀，实现天人合一的最高理想。孔子的"游玩"的自由境界是一种审美的境界，这种境界不是靠崇拜鬼神在彼岸世界中获得，而是在现实的世俗世界中，超越一切的世俗羁绊，放松自己的身心，与大自然融为一体，实现生活的审美化而获得。

老庄道家文化也是一种现实人生的文化，只不过这种人生不是儒家的伦理人生、政治人生，而是一种道的人生、虚静的人生、艺术的人生。老庄对"道"进行了虚无缥缈的、形而上的非科学的描述，认为"道"是人生的最高境界，道的人生也就是最高境界的人生，这种人生从大的方面而言就是宇宙的各安其位、各遵其序的和谐宇宙；从政治层面来讲就是"无为而无不为"的和谐政治；从社会层面而言就是"鸡犬之声相闻，老死不相往来的小国寡民"状态；从自然层面而言就是"处物而不伤于物"的和谐自然等。

但是这种道的人生不能如孔子那样建构了让现实中的人民能够可以遵守和施行的一整套伦理政治制度，而只能是通过体道的方式从生活中加以体认感悟来把握道，以便在精神上与"道"一致，形成"道的人生观"，抱着道的生活态度，来安顿现实的生活。这方面被老庄所发展，老子对道的人生的把握，是通过思辨的方式展开，以建立由宇宙落向人生，而具有理论的、形而上的意义，庄子却紧紧抓住"技"的锻炼，在现实人生中去体认道，发现道的精神则是一种最高的艺术精神。

当然我们现在说以老庄为代表的道家的人生是一种艺术的人生、审美的人生，只是后人对其理论的概括和情感的体认。但是他们首次提出了"道"的概念以及体认道的方式，那么对"道"的概念，道家既有形而上的思辨，还有形而下的陈述。他们认为道是创造宇宙的基本动力，人是道所创造，所以道便成为人的根源性的本质；就人自身而言，他们先称为"德"，后称为"性"。从这方面来说，"道"和"艺术"没有任何的关联。但是如果不随着他们形而上的思辨，而是从他们由修养的功夫所到达的人生境界来看，则他们所用的功夫，则是一个伟大艺术家的修养功夫；他们由功夫所达到的人生境界，本无心于艺术，却不期而然地回归于今日之所谓艺术精神之上。也可以这样说，当庄子从观念上去描述他之所谓道，而我们也只从观念上去加以把握时，这道便是思辨的形而上的性格。但当庄子把它当作人生的体验而加以陈述，我们应对于这种人生体验而得到悟时，这便是彻头彻尾的艺术精神。并且对中国艺术的发展，于不识不知之中，曾经发生了某种程度的影响。也就是说，庄子的道并不一定专门指向艺术，但从修养功夫所达到的人生境界却契合了道的精神，而修养功夫本身的活动也契合了艺术活动。

庄子在《庄子》一书中举了很多这方面的例子：例如庖丁解牛、梓庆造鐻、佝偻承蜩等，在这些例子中有一个共同的特点，那就是由"技"的锻炼到"道"的升华转变。如庖丁经过三年的解牛（技的锻炼）终于在三年之后游刃有余地解牛并获得艺术的享受。那么如何在技的锻炼过程中升华为道，从庖丁解牛来看，经过三年艰苦的解牛锻炼，庖丁再解牛的时候"未尝见全牛"，说明此时的他与牛的对立消失了，即是心与物对立的消解。不仅如此，此时的庖丁"以身遇而不以目视，官知止而神欲行"，说明他的手与心的距离也消失了，技术对心的制约也消解了。于是庖丁的解牛就成了他的无所羁绊的纯粹的精神性游戏，他的精神由此得到了由技术的解放而来的自由感与充实感。可见，庖丁解牛的例子是庄子把道的精神落实到现实人生，在人生中实现的一个情境，也正是艺术精神在人生中具体呈现的情境。

如何把握庄子的艺术人生呢？庄子认为只能靠"心斋"与"坐忘"的精神自由活动。所谓"心斋"就是"无听之以耳，而听之以心。无听之以心，而听之以气。听止于耳，心止于符。气也者，虚而待物者也。唯道集虚，虚也者，心斋也。"《庄子·人间世》。所谓"坐忘"就是"堕肢体，黜聪明，离形去知，同于大通，此谓坐忘"（《庄子·大宗师》），也就是说"心斋"

与"坐忘"就是"无己"和"丧我",就是要排除一切生理所带来的欲望,使心不受欲望的奴役,使心从欲望的要挟中解放出来,达到一种精神的逍遥游。因此,体认道的精神自由活动,实际上就是一种美的历程的观照,这种道的人生也就是一种审美的人生、艺术的人生。

(二)中国传统文化的世间性与超越性

中国传统文化不光具有伦理性和审美性,还具有世间性和超越性。我们上面论述的中国传统文化始终把眼光停留在人间,建构人与人、人与社会、人与自然之间的关系准则,就具有极强的世间性。它更重视人际关系,人世情感,极力以此际人生为目标,不力求来世的幸福,不希求神灵的拯救。而所谓"此际人生"不是指一个人的人生,而是一个群体——自家庭、国家、天下的人类,对于相信神灵世界的平民百姓来说,那个鬼神世界、虚幻空间也是属于人生世界的一部分。它是为了人类的生存而存在的,人们为了自己的生活安宁、消灾祛病、求子祈福而求神拜佛,请神占卜。

由于人们关注与人间现实,人们便重视人际关系,人世情感,感伤于生死无常,把生的意义寄托和归宿在人间,"于有限中见无限""既人世而求超脱",所以人们就更加强调自强不息,韧性奋斗,"知其不可为而为之""岁寒,然后知松柏之后凋也",也赋予自然以更强的情感肯定色彩:"天地之大德曰生""生生之谓易""天行健""厚德载物"。用这种积极的情感肯定色彩来支持人生生存。由于强调世间性,所以中国文化很注重实际效用而轻遐思、幻想;重兼容并包(有用、有理便接受)轻情感狂热(不执着于某一情绪、信仰或理念)。因此中国人很重视现实的实际效用,一切兼容并包都以满足自己的实际效用为目的。例如,中国人也信仰鬼神,但只是在自己大难临头、灾祸频频出现时才不得已求神拜佛,等到灾祸过去,大难消失,神、佛又被弃置一边,不闻不问。

中国人也有宗教信仰,但是中国人的宗教信仰必须始终和现实人生紧密联系,一方面佛教、道教、基督教、伊斯兰教都能在中国存在,但这些宗教必须以不危及传统的王权为目标,否则会遭到王权的禁锢和压迫,历史上就曾出现过"三武灭佛"事件,就是一个明显的例证。另外,这些宗教要在中国的现实土壤中生根、发芽、开花、结果,除了遵守王权,受王权约束之外,还要适应中国传统文化的现实精神,以满足中国人的现实需要。

中国传统文化不仅固守于现实的伦理政治，注重世间性的现实功用，还具有超越性，具有宗教的功能。李泽厚先生认为，"儒学不重奇迹、神秘，却并不排斥宗教信仰……它本身不是'处世格言''普通常识'，而具有'终极关怀'的宗教品格。它执着追求人生意义，有对超道德、伦理的'天地境界'的体认、追求和启悟。从而在现实生活中，儒学的这种品德和功能，可以成为人们（个体）安身立命、精神皈依的归宿。它是没有人格神、没有魔法、奇迹的半宗教"。李泽厚先生对中国传统文化的超越性把握得很到位，他认为以儒学为主流的中国传统文化的超越性不在虚幻的彼岸世界，而在现实的世间性。儒学的这种宗教性不是以人格性的上帝来管辖人的心灵，而主要通过以伦理—自然秩序为根本支柱构成意识形态和政教体制，来管辖人的身心活动。其特征之一便是将宗教性道德与社会性道德融成一体，形成中国式的"政教合一"，并提高到宇宙论（阴阳五行）或本体论（心性）的哲理高度来作为信仰。

儒学的这种信仰不是让现实世界的人们信奉彼岸世界的人格性的上帝，而是以伦理道德作为个人内心的信仰、修养和情感，与作为社会外在行为、准则和制度融合为一体的人作为人们的崇拜对象和榜样来影响整个社会人们的信仰和关系、行为准则，因此"自天子以至庶人，一是修身为本"和"其身正，不令而行，其身不正，虽令不从"一直成为中国人信仰和遵从的标准。因此儒家崇拜的不是彼岸世界的人格性的上帝，而是现实世界的祖先，祖先的品德、功业等为后辈子孙所崇拜、所敬仰，而这些品德、功业是在现实的世间性中获得的，不是在彼岸的世界靠人们的幻想的人格神来获得。因此，中国人没有人格神，没有魔法，而只有现实中过世的祖先，或者是圣人先王的神秘化，就是有些靠人们幻想的神秘化的奇迹发生，那也是为了现实的实用目的。

儒学的个人内心的修养（内圣）可以在山水优游之中、林中漫步之时成为个体对生活意义和人生境界的追求，从而成为宗教、哲学、艺术的创造，在此之中实现天人合一的境界，实现对现实的超越。儒学的社会性的外在行为（外王）重视人际关系、群体和谐、社会理想以及情理统一，用教育感化、协商解决等方法来开辟某种未来性的途径，以实现和谐大同的未来社会愿景，从而给人一种前进的动力和对现实的不满的超越。

（三）中国传统文化的社会价值体系构成

社会价值体系是一个社会的内在精神和生命之魂，所谓价值体系就是主体以其需求为基础，对主客体之间的价值关系进行整合而形成的观念形态，集中体现主体的愿望、要求、理想、需要、利益等。每个社会出于自己的需要，都在建构自己的核心价值体系。中国传统封建社会的核心价值体系就是以儒家为主流的文化价值观念，具体地说就是礼、义、廉、耻的儒家礼教思想，实际上就是中国传统中和文化与和谐原则。它是古代中国的世界观和方法论，也是整个中国古代人传统的心理模式和思维模式。表现在道德观念上，"和"就是善，中和、中庸主要表现为伦理学的原则，不偏不倚，执两用中，就是善；表现在哲学认识论上"和"就是真，认识事物要看到两个方面，要全面观察和认识，这样才能把握到真，否则就是"偏伤之患"；从思维形式上看，强调理性又不脱离感性，一方面表现为经验的直观，另一方面表现为顿悟的理性，是一种混沌的总体的直观把握，而缺乏分解和分析；表现在生物学和医学上，"和"就是生命和健康，《国语》中说："和实生物，同则不继。"古代医学把阴阳、虚实的失调看作疾病的起因，用药治病就是调节人体的阴阳、虚实，使之恢复平衡；表现在社会上"和"是君子，是完人。"文质彬彬，然后君子"，人的生理与心理、心理与伦理、内在与外在、个体与群体都达到了和谐的高度统一，是古代人追求的理想。儒家所赞同的"大同"世界，就是一个高度理想化的和谐社会，不过不是小人的单一的同，而是包含着对立的大同。

进入新时期，自党中央提出建立社会主义和谐社会以来，构建社会主义和谐社会的核心价值体系就成为社会主义和谐社会的内在生命和生命之魂。当然社会主义和谐社会的价值体系要以马克思主义为指导，是社会主义和谐社会的意识形态的灵魂，要以建设有中国特色的社会主义和谐社会为共同理想，要以爱国主义为社会主义和谐社会的民族精神和改革创新为时代精神，以"八荣八耻"为主要内容的社会主义荣誉观。当然这四个方面缺一不可，而和谐文化是和谐社会的一个有机组成部分，它要建构社会主义和谐社会中人的思想、观念、理想、目标等，因此我们要在继承中国传统和谐文化的基础上，吸取传统文化的有意义的成分，来培养我们当代人的现代和谐观念，为建设社会主义和谐社会贡献力量。

# 第二节　中国传统建筑的总法则——心理和谐

## 一、儒家的礼乐文化在中国传统建筑中的凸显

中国传统文化是以占人口绝大多数的汉族文化为代表的。从春秋战国的百家争鸣开始，中华民族的文化无论九流百家，礼乐刑政，都是在摆脱原始巫术宗教观念的基础上，建立了一种承认人的认识能力、调动人的心理功能、规范人的道德情操和维系人的相互关系的人本主义文化。这主要表现在以孔子为代表的儒家学说和以庄子为代表的道家学派。正如李泽厚指出的"儒家把传统礼制归结和建立在亲子之爱这种普遍而又日常的心理基础和原则之上，把一种本来没有多少道理可讲的礼仪制度予以实践理性的心理学解释，从而也就把原来是外在的强制性的规范，改变而为主动性的内在欲求，把礼乐服务和服从于神，变为服务和服从于人"，而道家，避弃现世，但却不否定生命，追求个体的绝对自由，在对待人生的审美态度上充满了感情的色彩，因而，它以补充、加深儒家文化而与儒家文化共存，形成了历史上"儒道互补"的文化现象。正是这一文化现象，才使一切艺术——美，都是以探讨现实的伦理价值而不是以追求痴狂的宗教情绪或虚幻的心灵净化为主题。

"这种清醒的、实践的理性主义，不是排斥人的情感，而是要求情理相依；不是否定美的形式，而是顺理成章。因此，善与美，艺术与典章，心理学与伦理学，都是密不可分的。"在中国古代《六经》之一的《礼记·乐记》中就有明确的阐明："乐也者，情之不可变者也；礼也者，理之不可易者也。乐统同，礼辨异，礼乐之说，管乎人情矣！……乐者，天地之和也；礼者，天地之序也。和，故百物皆化；序，故群物有别。"

可见，"礼乐文化"已成为两千年来中国文化的一个主要形式。"礼"成为规范整个社会的纲，它贯穿了整个社会的政治、经济、道德、宗教、文艺、习俗等各方面的内容，规范了一切的人和事。即"礼乐之说，管乎人情矣"

（《礼记·乐记》）。那么，何谓"礼"，礼起源于祭祀山川大地、列祖列宗的仪式，是一种巫觋活动。《说文·示部》："礼，履也，所以事神致福也。从示从豐。"又《说文·豐部》："豐，行礼之器也。从豆，象形。"豐是"豆之丰满也"，它下面的"豆"是"古食肉器也"，U是盛器，"祀"是牺牲，行礼是一种"事神致福"即原始宗教的祭典活动。远在原始氏族公社中，人们已习惯于把重要的行动加之以特殊的礼仪。原始人常以具有象征意义的物品，连同一系列象征性动作，构成种种仪式，用来表达自己的感情和愿望。后来人们把这种礼仪活动引申为道德伦理秩序。礼也就成了区分等级社会中各阶级阶层的地位，建立起统治阶级的政治秩序一种制度。"贵贱有等，长幼有序，贫富轻重皆有称者也。"这也是"礼"的职能所在，即所谓的"礼辨异"。那么"礼"要实现自己的职能，还必须有"乐"的配合。

何谓"乐"？"乐"字甲骨文为"𝑌"，据修海林先生考证，原意是谷物成熟结穗而带给人收获的快乐，引申为欢悦感奋的心理情感，后推衍为引发人们情感愉悦的特定形式——艺术。郭沫若说："中国旧时的所谓'乐'，它的内容包含的很广。音乐、诗歌、舞蹈，本是三位一体可不用说，绘画、雕镂、建筑等造型美术也被包含着，甚至于连仪仗、田猎、肴馔等都可以涵盖。所谓乐者，乐也，凡是使人快乐，使人的感官得到享受的东西，都可以广泛地称之为乐，但它以音乐为其代表，是毫无问题的。"可见，"乐"是包括音乐在内的集诗、歌、舞于一体的综合艺术形式。乐在中国古代社会是与宗教祭祀联系在一起的。夏商两代，氏族社会后期乐的职能分化：一是衍化成各种祭祀典礼中的仪式，一是成为节日活动中的群众性的习俗舞乐。

在中国，传说中的三皇五帝之乐，据聂振斌先生考证，其性能和实质就是礼。乐的感性形式就是礼的仪式、规范，乐的内容则是尊卑贵贱的等级观念和仁孝亲敬的伦理观念。礼乐是同源的，后来才一分为二。先王作乐亦不是为了审美享乐，而是为了治国平天下。

到了西周，礼乐文化发展到成熟阶段。周公制礼作乐旨在将原只是祀祖祭神的宗教仪式转化为王朝的政治性的礼仪制度。其基本精神是别尊卑、序贵贱，在区分等级差别的前提下纳天下于一统，以使建立在宗法政治基础上的王朝长治久安。历代统治者制定的礼乐制度以此为基本，只不过稍有损益罢了。而且，礼乐制度如孔子言是"礼乐征伐自天子出"（《论语·季氏》），不能和礼乐文化混同。礼乐制度维护封建宗法等级制度，随封建社会的崩溃而灭亡。礼乐文化是群体在社会实践活动中创造的，"礼"是指诉诸理智的行为规范，"乐"是艺术在行为规范基础上的感情调适。与"仁"关系密切，是加强文化修养的主要途径。

西周时代，礼乐的性能仍然保持了原初的综合形态。作为社会制度，礼乐是西周奴隶社会的一项根本制度，承担着维护等级制度和社会统一秩序的政治重任。作为道德规范，礼乐仪式贯穿于西周社会生活的各个方面，政治、外交、祭祀、征战、庆典等活动都少不了礼乐，成为人际关系的根本规范，承担着培养社会成员的道德素质和文明行为的教育任务。礼乐教化与行政刑罚相辅相成，共同承担着治国安民的神圣任务。《礼记·乐记》云："礼节民心，乐和民声，政以行之，刑以防之。礼乐刑政，四达而不悖，则王道备矣。"可以看出礼乐在中国古代社会中所占的重要地位。

春秋后期至战国时代，礼乐制度进一步瓦解，"礼崩乐坏"已成定局。面对这一局面，孔子提出"克己复礼"的主张，把礼乐教化的思想贯彻在自己的教育实践中，培养了一代又一代的人才。以孔子为代表的儒家礼乐思想，是对西周末期至春秋初期所萌生的礼乐思想的继承、发展和系统化。儒家企图维护和恢复礼乐制度及其政治功能，但因礼乐制度赖以存在的社会政治根基已毁掉，这已不可能。然而，礼乐因为儒家的解释、论述并进一步贯彻于教育实践中，从而脱去了其政治制度的外壳而变成纯文化并流传千古，这不能不说是儒家对中华文化的最大贡献。可以说此时的礼与乐已失去政治功能，礼乐作为社会制度层面崩坏了。但"礼"作为道德规范，作为区分老幼尊卑的伦理等级观念，依然存在于现实中起作用。乐作为艺术，作为审美娱乐品，依然存在现实中起作用。礼乐作为教育思想，作为文化精神，因为脱离了政治束缚而获得新生，得到了新发展。

总之，礼与乐是中国古代社会中极其重要的两件事，是华夏民族古代文明的根本标志。礼乐既是社会政治制度，又是道德规范，还是教育的重要科目。但无论政治实践、道德行为、教育方式都包含艺术——审美因素，都要充分利用美感形式。礼乐相济，虽已别为二物，却仍然密不可分地结为一体：礼是审美化了的乐，乐是仪式化了的礼。礼是根本的，起支配作用。"乐"要服务于礼，附丽于礼，纯粹供个体情感宣泄和官能享受的"乐"并不为正人君子所承认。乐借助于礼，变得神圣、庄严，礼借助于乐而产生守礼的快乐，养成守礼的习惯。

　　儒家提出这一套礼乐说，影响到社会生活的方方面面，其中有关建筑艺术的，主要保存在《礼记》等书中。"昔者先王未有宫室，冬则居营窟，夏则槽巢……后圣人有作，然后修火之利，范金，合土，以为台榭、宫室、牖户……以降上神与其先祖，以正君臣，以笃父子，以睦兄弟。以齐上下，夫妇有所。"《礼记·礼运》显而易见，把建筑的出现归结成为懂得礼乐法度的"圣人"的建制，并且把其提高到了伦理纲常的高度，强调了建筑艺术的礼乐功用。

　　"礼乐文化"影响到作为造型艺术的建筑，使建筑的艺术形式更是与礼—理性密切结合起来。也许正是由于这一礼乐文化，才促成了秦从某种严格的礼的秩序出发来进行建筑布局，那就是"中国建筑最大限度地利用了木结构的可能和特点，一开始就不是以单一的独立个别建筑物为目标，而是以空间规模巨大、平面铺开、相互联结和配合的群体建筑为特征。他重视的是各个建筑物之间的平面整体的有机安排""百代皆沿秦制度"，一切都遵循着秦的建筑规范。显然，礼—理性贯穿了中华民族建筑的始终，决定并影响着中华民族建筑的发展。

## （一）中国传统建筑的"量"表达"礼制"思想

### 1. 建筑的"体量"凸显建筑的尊卑有序、贵贱有别的"礼"

　　的确，由于这礼乐精神的影响，才使得历代统治者都十分注重建筑礼的功用，那么建筑怎样去实现这一功用呢？那就是要有"贵贱有等"的规定："礼有以多为贵者。天子七庙，诸侯五，大夫三，士一……有以大为贵者。宫室之量，器皿之度，棺椁之厚，丘封之大……有以高为贵者。天子之堂九尺，诸侯七尺，大夫五尺，士三尺；天子，诸侯台门。"（《礼记·礼器》）文中的"大""高"以及"量"均指的是体量。体量从来就是建筑艺术中重要的建筑语言，建筑艺术与其他艺术在感染方式上的一个重大不同，就是建筑有其无可比拟的巨大体量。上古的人们，对于天高地厚、昼明夜晦、星辰转移、旱荒洪水、风雨雷电等自然现象表现出敬畏与崇拜，他们从自然界的这些客观现象中感受到了超人的巨大体量，并施之于建筑行为中，化体量为尊崇高，所以，体量便成为建筑艺术中一个至关重要的感情传递形式。因此，建筑中尊卑有序、贵贱有别的"礼"首先就反映在建筑的有等级的量上，即所谓的"非壮丽无以重威"（《史记·高祖本纪》）。儒家从凸显建筑体现社会伦理等

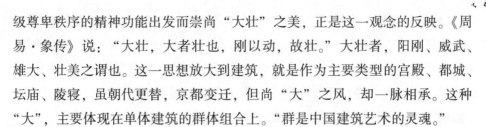

级尊卑秩序的精神功能出发而崇尚"大壮"之美，正是这一观念的反映。《周易·象传》说："大壮，大者壮也，刚以动，故壮。"大壮者，阳刚、威武、雄大、壮美之谓也。这一思想放大到建筑，就是作为主要类型的宫殿、都城、坛庙、陵寝，虽朝代更替，京都变迁，但尚"大"之风，却一脉相承。这种"大"，主要体现在单体建筑的群体组合上。"群是中国建筑艺术的灵魂。"

从古代都城、宫殿、坛庙、寺观、陵寝，到皇家园林以至民居的组群建筑，中国建筑对群体组合可谓情有独钟。在设计布局上特别重视群体组合的有机构成和端方正直，着意于构筑群体组织有序的建筑之美。从群体到单体，从整体到局部，都十分注重尺度、体量的合理搭配，讲究空间程度的巧妙组合，营构出一种和谐圆融之美，使组群既能在远观时给人以整体性的恢宏气势和魄力，又能在近观时予人以局部的审美情趣与亲和感。

我们都知道，我国古代建筑的主流是宫殿与寺庙，而又以宫殿居于更为重要的地位。宫，就是房屋的通称。《易·系辞》曰："上古穴居而野处，后世圣人易之以宫室"。古时不论贵贱，住房都可称宫。秦汉以后，宫专指帝王所居的房屋，也有称宗庙、佛寺、道观为宫的。殿，古时称高大的房屋为殿。《汉书·黄霸传》颜师古注："古者屋之高严，通乎为殿……"后特指帝王所居及朝会之所或供神佛之处为殿。

中国古代社会历代皇宫总是以规模宏大富丽堂皇的建筑形体，来加强和象征帝王权力。它的总体规划和建筑形式体现了礼制性建筑的要求，表现了帝王权威的精神感染作用。我国古代宫殿建筑群，可分为"前朝后寝"的格局。"前朝"，是皇帝举行登基大典，朔望朝会，召见群臣与外国使节，接受百官朝贺的地方，是皇权的象征。所以，这一部分尤其要显示出帝王至高无上的尊严和威势。历代宫殿建筑都是依据这种设计思想，把经营的重点放在这一部分。

"前朝"的布局在周代就有所谓"三朝五门"制度。"三朝者，一曰外朝，用于决国之大政；二曰治朝，王及群工治事之地；三曰内朝，亦称路寝，图宗人嘉事之所也。五门之制，外曰皋门；二曰雉门；三曰库门；四曰应门；五曰路门，又云毕门。""三朝五门制"，所形成的纵向排列的朝见序列，是古代宫殿建筑中最高级别的建筑制度，体现了封建等级制。它使宫殿建筑成为最受尊崇、最宏大和成就最高的类型，形成了严格的等级秩序和程式化特点，表现出雄伟壮丽、神圣威严的气势。

"后寝"是帝王生活区，其规模远小于前朝。"前朝后寝"制也是应礼制而设。再者，中国建筑一向以木结构为本位，受材料的尺度和力学性能的限制，与西方从很早就得以广泛采用并获得充分发展的石结构相比，单体建筑的体量不能太大，体型不能很复杂。为了表达宫殿的尊崇壮丽，很早以来，中国就发展了群体构图的概念：建筑群横向生长，占据很大一片面积，通过多样化的院落方式，把建筑群中的各构图因素有机组织起来，以各单体的烘托对比，院庭的流通变化，庭院空间和建筑实体之间虚实互映，室内外空间的交融过渡，来达到量的壮丽和形的丰富，从而渲染出很强的气氛，给人以深刻感受。在此，以我国历史上几个重要时期为例，做进一步的说明。

秦汉时期，宫殿建筑前朝部分的最主要大殿称为前殿。据《史记·秦始皇本纪》载："先作前殿阿房，东西五百步，南北五十丈，上可以坐万人，下可以建五丈旗，周驰为阁道，自殿下直抵南山，表南山之巅以为阙。"一座大殿，不唯体量高大，空间宏阔，竟可以叱咤河山，足可以见其气势的宏放。唐代诗人杜牧在《阿房宫赋》中写道："覆压三百余里，隔离天日。骊山北构而西折，直走咸阳。二川溶溶，流入宫墙。五步一楼，十步一阁；廊腰缦回，檐牙高啄；各抱地势，钩心斗角。"可见阿房宫确为当时非常宏大的建筑群。汉之未央宫"周回二十八里，前殿东西五十丈，深十五丈，高二十五"，其"非令壮丽，无以重威"（《史记·高祖本记》）的大汉风范，又何其壮阔！

隋唐都城长安，东西 9721 米，南北 8652 米，其面积 83.1 平方千米，乃古代世界帝都之冠，不可谓不大，一幅天下太平的大唐气象被勾画得淋漓尽致。而隋唐以来的宫殿，都是仿照《周礼》的三朝制度，将前朝分为大朝、日朝、常朝三部分，以数进门殿院落沿着宫城的中轴线，层层推进，成为整个宫殿建筑群的核心。例如，唐代的大明宫的建筑构造是以丹凤门—含元殿（外朝）—宣政殿（中朝）—紫宸殿（内朝）为中轴线，构成两个空间（即外朝、中朝及内朝）。大明宫中轴线，对应太极宫、承天门（外朝）—太极殿（中朝）—两仪殿（内朝）的中轴线，其来源于《周礼》外朝—中朝—内朝三朝制的理念。

明清时期，宫城的紫禁城规模已远远不能与汉唐鼎盛时期的巨大宫殿同日而语了，但也基本上附会了"三朝五门"的礼制来布置。紫禁城的太和殿、中和殿、保和殿附会三朝，紫禁城中轴线上的一系列纵深排列用以划分系列空间的门则附会"五门"制。那么中国古代的建筑设计家是如何来凸显紫禁城前朝的尊贵地位呢？实际上我们知道，作为皇帝居住的紫禁城在明清北京城的规划中是处于整个城市中轴线的核心位置，而由三大殿所构成的前朝部分更是整个中轴线核心的核心，虽然旧日的三大朝已演化为三大殿，坐落在同一高大的台基上，即使是这样，我们也同样可以感受到帝王宫殿所特有的那种威严、壮丽的艺术气氛。像大殿的巨大体量，它和层台形成的金字塔式的立体构图，以及金黄色琉璃瓦、红墙和白台，使它显得异常庄重和稳定，这是"礼"的体现。"礼辨异"，强调区别君臣尊卑的等级秩序。同时，又在庄重严肃之中蕴含着平和、宁静和壮阔，寓含着"乐"的精神。"乐统同"，强调社会的统一协同，也规范着天子应该躬行"爱人"之"仁"。在这里既要显现天子的尊严，又要体现天子的宽仁厚泽，还要通过壮阔和隆重来张扬被皇帝统治的这个伟大帝国的气概。艺术家通过这些本来毫无感情色彩的砖瓦木石和在本质上并不具有指事状物功能的建筑及其组合，把如此复杂精微的思想意识，抽象但却十分明确地宣扬出来了。

当然这种艺术成就的取得，也和由大清门经千步廊、天安门、端门到午门的长达 1300 米的变化丰富的前导空间序列的烘托有极大的关系。这种手法，正是借助了古代宫殿建筑特有的艺术效果，使其更加雄伟、壮观。宫殿、宅邸、坛庙、陵寝等建筑组群，历来都有明确的礼仪的要求，至明清多已形成定制，衍为程式化的布局格式。传统建筑意匠顺理成章，将一让让的院落沿着纵深中轴排列成严整的序列，通过对建筑造型和庭院空间的型制规格、尺度大小、主从关系、前后次序、抑扬对比等方面的精心组织，将严密的礼制规矩，演绎为严谨的空间序列。《礼记》中设想的天子五门，在明清北京城的规划中，表现为从大明（清）门到太和门，由主次分明的六个闭合空间构成的脉络清晰、高潮迭起、气势磅礴的时空交响曲。

进入大明（清）门，两侧的千步廊夹峙出一个狭长逼仄的空间，到天安门前扩展为宽阔的横向广场，空间对比相当强烈；晶莹的汉白玉勾栏，与暗红的门楼基座、金碧辉煌的门楼，色彩对比十分鲜明，形成第一个高潮。天安门与端门之间是一个方形的小庭院，空间感觉顿为收敛；过端门之后呈现一个纵深而封闭的空间，尽端是森严肃杀的午门，"其效果是一种压倒性的壮丽和令人呼吸为之屏息的美"，形成第二个高潮。午门和太和门之间是一个横向的大庭院，空间感觉舒展开阔。进入太和门，尺度巨大、规格严整的殿前广场与巍峨壮丽、形制至尊的太和殿，交相辉映，营造出至高无上的恢宏气

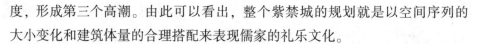

度，形成第三个高潮。由此可以看出，整个紫禁城的规划就是以空间序列的大小变化和建筑体量的合理搭配来表现儒家的礼乐文化。

2. 中国古建筑中的"数量"表达"礼制"思想

中国传统建筑和西方古建筑一样都是理性的表达。这种理性表达不是西方的比例，而是表现为"律"，即"数"的等差变化所构成的和谐与秩序，如房屋的进深、台基以至门窗的格式花样、装饰图案的用量等都有数的等差规则可循，而这些规则又直接表示出各类不同等级所使用的建筑等级差别，建筑的数的和谐被赋予了"礼"的规范内容。在居室建筑中，早在先秦就制定了等级制度："天子之堂高九尺，诸侯七尺，大夫五尺，士二尺。"住宅的条文也更具体：一品二品厅堂五间九架；二品至五品厅堂五间七架；庶民庐舍不过二间五架且不许用斗拱、饰彩色。明代尊卑有序的原理更加细致入微："王宫门阿之制五雉，宫隅之制七雉，城之制九雉，门阿之制，以为都城之制；宫隅之制，以为诸侯之城制""天子七庙，三昭三穆与大祖之庙而七。诸侯五庙，二昭二穆与大祖之庙而五。大夫三庙，一昭一穆与大祖之庙而三。士一庙。庶人祭于寝"。从建筑等级制度的具体规定方式看来，有尊卑差别的建筑体系是靠对帝王以下各阶层的人等所占有的建筑规模和样式加以限定来保证的。人们在这种严格的等级秩序中可以感觉到一种有序的秩序美，这是"乐"的表现。

当然，这种礼乐实用观念不仅仅表现在我国古代宫殿建筑的"量"上，也反映在我国传统民居的等级秩序中，现以北京明清时期的四合院为例来分析。

北京明清时期的四合院是我国民居的典型代表。它分为前、后两院，两院之间由中门相通。前院用作门房、客房、客厅，后院非请勿入。其中，位于住宅中轴线上的堂屋，规模形式之华美，为全宅醒目之处。堂的左右耳房为长辈居室，厢房为晚辈居室。生活在其中的人们，都遵循着"男治外事，女治内事，男子昼无故不处私室。妇人无故不窥中门，有故出中门必拥蔽其面"（《事林广记》）的原则。如此严格的封建等级制度，使得北京四合院以其强烈的封建宗法制度和空间安排，成为我国最具特色的传统民居。而最为重要的是，这"尊卑有分，上下有等"的严格礼制规范，使得我国古代建筑从群体到单体，由造型到色彩，从室外铺陈设置到室内装饰摆设，都被赋予了秩序感，既所说的"礼者，天地之序也"（《礼记·乐论篇》）。这种强烈的儒家礼制思想既规定了封建社君臣、父子的社会秩序，又构成了封建社会建筑的等级秩序。而这种包含着社会的、伦理的、宗教的以及技术内容的秩序美，又大大加深了建筑美的深度和广度，使建筑更富壮丽。四合院体现了传统伦理观念中严肃冰冷的一面，但它又反映了温馨和乐的人情关系。所谓"天伦之乐"，四合院中追求的"四世同堂"是传统家庭大团圆的理想。四合院有效地培育了尊长爱幼、孝悌亲情的伦理美德。除此，中国建筑还通过院落空间尺度对比变化产生不同的气势或通过精雕细琢的彩画产生富丽堂皇的气氛，给人以享受和愉悦，它们所营造出的场面气氛，已超出了建筑本身对实用和技术的要求，目的也在于追求某种礼乐秩序。

## （二）群体布局中强调建筑的方位在于烘托尊贵地位的重要

《礼记》还第一次提出："中正无邪，礼之质也"的看法，礼制规定"中正"之位为至尊，以"中正"来显示尊卑的差别、等级的秩序。表现在建筑上就是主要殿堂应该建在中轴线上接近中心的最重要的位置。这一观念，又叫作"择中论"。在中国古代建筑中，为强调"尊者居中"、等级严格的儒家之礼，其平面便常作对称均齐布置，正如梁思成先生所说："……宫殿、官署、庙宇乃至于住宅，通常均取左右均齐之绝对整齐对称之布局。庭院四周绕以建筑，庭院数目无定。其所最注重者，乃主要轴线之成立。"在中国古代社会，王权是至高无上的，于是国都要设在国之中，而王宫设在都城之中，即"择中立宫"。王行使最高权力的场所——"三朝"（外朝、治朝、燕朝），则布置在宫的中轴线上，以中央方位中心轴线来显示王权的威严。礼制思想定"中央"这个方位最尊，其崇高的地位被看成是统治权威的象征。荀子说得更具体，认为君王应该住在天下的中心，才符合礼仪。《吕氏春秋·慎势》载："古之王者，择天下之中而立国，择国之中而立宫，择宫之中而立庙。天下之地，方千里以为国，所以极治任也。"这个择中统治的思想一直为统治者重视和继承，它的规整方正，中轴对称，以君权为中心，以族权、神权为拱卫等规划思想，完全符合儒学的理念，成为中国古代城市规划的指导思想和设计理论。

中国历代都城的建造都基本采取这种布局，典型的有隋唐时期的西京长安、东都洛阳、元大都、明清北京城。北京城在南北长约 7.5 千米的中轴线上，排列着五门五殿及钟鼓楼，皇宫位于轴线的中段，太庙、社稷坛分居宫

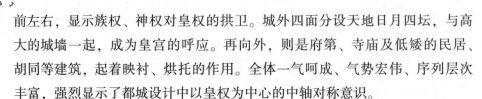

前左右，显示族权、神权对皇权的拱卫。城外四面分设天地日月四坛，与高大的城墙一起，成为皇宫的呼应。再向外，则是府第、寺庙及低矮的民居、胡同等建筑，起着映衬、烘托的作用。全体一气呵成、气势宏伟、序列层次丰富，强烈显示了都城设计中以皇权为中心的中轴对称意识。

宫殿建筑也以南北为轴线，取中轴对称格局，沿中轴线作纵深对称构图，主要的殿堂都放在中轴线上，次要的建筑以对称方式映衬在中轴线的两侧。而在中轴线上的殿堂又以"前殿后寝"的方式，营造出庄重、宏伟、严肃的氛围。这种对称之美，不仅彰显建筑物的阳刚壮大之美，更渲染了帝王权威的至高无上以及都城的雄伟和华美。更为有趣的是，受印度佛教影响下的寺院建筑，无论是平面布局还是整体建筑都以中轴为对称。寺院建筑大多以山门、天王殿、大雄宝殿、藏经楼为中轴，表现出强烈的尚中意识。

寺庙建筑也接受了这种中轴线的空间意识。梁思成说："我国寺庙建筑，无论在平面上，布置上或殿屋之结构上，与宫殿住宅等素无显异之区别。盖均以一正两厢，前朝后寝，缀以廊屋为其基本之配置方式也。其设计以前后中轴线为主干，而对左右交轴线，则往往忽略。交轴线之于中轴线，无自身之观点立场，完全处于附属地位，为中国建筑特征之一。故宫殿、寺庙、规模之大者，须在中轴线上增加庭院进数，其平面成为前后极长而东西狭小之状。其左右若有所增进，则往往另加中轴线一道与原中轴线平行，而两者之间，并无图案上联系，可各不相关焉。"所谓"庭院深深深几许""侯门深似海""深宅大院"等文学描写也生动地反映了这一点。

这种关于中轴线的建筑空间意识，也体现在北京明清时代的四合院民居形制上。其平面布局特征一般为：矩形平面，四周以围墙封闭，群体组合大致对称。大门方位一般南向，往往位于整座住宅东南一隅。进大门，迎面为影壁，入门折西，进入前院，前院尺度一般不大，视感较浅，就此建筑空间形象审美角度而言，采用的是"先抑后扬"法。继而穿过前院，跨入院墙中门（常为垂花门）到内院。内院以抄手游廊左右包绕庭院之正房。正房为整座四合院的主体建筑，尺度最大，用材最精，品位最高，其以耳房相伴，左右配以厢房。大型四合院可多种进深，庭院接踵，先是纵深增加院落，再求横向发展为跨院。但不管怎样，四合院的基本美学设计思想是，其正房（主体建筑）、厅、垂花门（中门）必在统一中轴线上。

中国传统建筑这种空间处理上的平面布局和群体组合，在于讲究建筑个体与群体组合的和谐统一，在地面上热衷于建筑群体的四面铺排，象征严肃而有序的人间伦理，鲜明地体现了中华人民的空间观念和审美意识，是中国建筑有异于西方建筑的重要特色，历经千年而持久不衰。从建筑文化的角度加以审视，既是高度重视现实人生、具有实用理性取向的文化精神的表现，也融渗了中国人的宇宙观、人生观和审美理想，充满了既理性又浪漫的艺术精神，展现了中华先民的无比智慧和独特风采，也展现了中华传统建筑的强烈个性和艺术魅力。

其实，"择中"的观念起源很早。远在仰韶文化时期的西安半坡村遗址中，其居住区的46座房屋就是围绕着一所氏族成员公共活动用的大房子而布局的。无独有偶，在陕西临潼姜寨仰韶文化村落遗址中，居住区的房子共分五组，每一组都以一栋大房子为核心，其他较小的房屋环绕中间的空地与大房子做环形布局。可见，村落中的大房子和中间的空地有着特殊的功用，具有崇高的地位。这说明，早在石器时代人们就有了"择中"的思想意识，并且存在着一种"向心型"的建筑布局。

到了商代，"中央"的概念已很强烈。甲骨文中有"中商"名词出现，据考证，"中商"即择中而建的商王城或位于中央的大邑。

周人也沿袭了商人在"中央"位置建王城的传统思想，《逸周书·作雒》有："坐大邑成周于土中"的记载。其实，"中国"的称谓就是源于地理方位中央的概念，《诗·大雅·民劳》说："惠此中国，以绥四方。"《集解》中刘熙曰："帝王所都为中，古曰中国。"在观念上，"中央"这个方位最尊，是一种最高权威的象征，故"天子中而处"（《管子·度地》）。在城市规划布局上，以中央这个最显赫的方位来表达"王者至尊"再合适不过了。因此，自商周之际始，"择中"思想一直为后世所传承，并广泛地指导着城市的规划布局，以至形成了中国古代城市颇具特色的格局。这在中国最早一部关于工艺的文献《考工记·匠人》中有明确的规定："匠人营国，方九里，旁三门，国中九经九纬，经涂九轨，左祖右社，前朝后市，市朝一夫。"可见这是一座规整方正的王城，它的主体结构是以宫为中心，贯穿三朝的南北中轴线为全城规划的主轴线，连接左祖右社而组成。这便是周人所崇奉的按"择中论"来选择国都位置的规划思想，即"择中立宫"。考察我国历代王城规划布局，从明清的北京向前历数，元大都、金中都、北宋东京、隋唐长安……以至距今二千七百年前的周王城，基本上都遵循着这一王城规划布局。

古人"尚中"的意识,在儒学中被发挥为"中庸""中和"思想。儒家认为:"中也者,天下之大本也;和也者,天下之达道也。致中和,天地位焉,万物育焉。"(《礼记》)故无论"天文""地理""人道",都不能离"中"而"立""天""地""人"三者只有"合"于"中",才能真正做到"天人合一"。这样,"中"的概念已不仅是一个地理方位的词,而且发展成了整个中华民族的一种凝固的民族意识、历史意识与空间意识。可以说,在中国古代建筑中,几乎无处不渗透着这种中和的美学思想,就连清故宫三大殿的取名也都有"和"字:太和、中和、保和。"中庸之道"强调社会的一种"内聚"性,即团结和睦。国家、民族、家庭的全体都应"向心内聚"。在建筑中就表现为"中心"的强调,均衡对称的布局,明确的中轴线,突出了王城的中心——皇宫,使国家、臣民团结,向心于帝王,服从于王的统治。在传统的四合院民居中则以居中的天庭、内堂作为全家人活动的中心。

这种建筑的规划结构体现了古代中国对"中"的崇拜,将"中"定为最高地位,严格的礼制规定了它的等级秩序,违者就是僭礼。没有"中"就难以体现礼制秩序,因此,中国古代建筑的"尚中"的风格才如此明确,这正是儒家礼制思想最集中的表现。同时,"中"即对称,是稳定,是充实,是和谐,因而也就成了永恒的象征。因此,"择中立宫"体现着君权的永恒;祭祀、宗教活动场所的依中轴对称布局体现着人道的永恒,建筑群体在中轴线上达到统一和谐,在和谐中达到永恒。

如北京故宫,从各个局部看,处处是对比,庭院的尺度,房屋的形制,空间的节奏,变化的幅度都很大,但最终抓住了总体气度这一关键,使一切对比统一在以中轴线为主体的总体艺术效果中,达到了高度的和谐,使人深感其气度风格之美,因而人们对封建社会秩序的永恒产生了皈依的情感。这种建筑艺术的永恒观念带有对封建制度的痴迷性,同时也深入到中国古代的审美心理中。于是,关于对称均齐的历史嗜好,不仅具有礼的特性,而且具有乐的意蕴,可以说,是中国式的以礼为基调的礼乐中和、礼乐和谐。

西方著名美学家乔治·桑塔耶纳从人的视觉角度说明"对称"对人的心理机制所造成的影响:"对称所以投合我们的心意,是由于认识和节奏的吸引力。当眼睛浏览一个建筑物的正面,每隔相等的距离就发现引人注目的东西之时,一种期望像预料一个难免的音符或者一个必需的字眼那样,便油然涌上心头。""在对称的美中可以找到这些生理原理的一个重要例证。为了某种原因，眼睛在习惯上是要朝向一个焦点的。例如，朝向门口或窗洞，朝向一座神坛，或一个宝座、一个舞台或一面壁炉，如果对象不是安排得使眼睛的张力彼此平衡，而视觉的重心落在我们不得不注视的焦点上，那么，眼睛时而要向旁边看，时而必须回转过来向前看，这种趋势就使我们感到压迫和分心，所以对所有这些对象，我们要求两边对称。"

## 二、道家的美学观念在中国古典园林建筑中的彰显

在中国传统文化的历史长河中，儒家、道家还有佛教作为中国传统文化的三大组成部分，各以其不同的文化特征影响着中国文化。同时，三者相互融合，共同作用于中国文化的发展，其直接结果是导致了中国文化多元互补特色的形成。中国的建筑艺术，堪称儒、道互补的产物。一方面，中国建筑中的理性秩序、严格的规则，特别是中轴对称、等级规则，是典型的儒家气质。这种以儒家为代表的"以人为本"的思想，侧重于人与社会、人与人的关系以及人自身的修养问题，强调以家庭为本位，以伦理为中心，是一种有着严密等级制度并且以家庭为核心的社会文化。所以，中国的建筑从庶民的庭院到帝王的宫殿，从院落的经营到城市的布局，处处以严整的格局、强烈的秩序来反映社会生活中人与人之间的关系以及人应当遵守的政治伦理规范。另一方面，道的意境的渗入建筑，缓和冲淡了儒家的刻板和严肃。这主要体现在对中国古典园林意境的营造上。

中国园林区别于世界上其他园林体系的最大特点在于它不以创造呈现在人们面前的具体园林形象为目的，而追求一种象外之象，言外之意，即意境。园林景物，取自然之山、水、石组织成景，寥寥几物便使游人大有"所至得其妙，心知口难言"之感。这正是人对物的感受，心与物的交融的道家风范。正是这两种美学思想的互补互渗，使中国建筑很早就出现一种既亲切理智，又空静淡远，既恢宏大度，又意蕴深长的艺术风格。

道家以"道"为万物生成的本质与变化的原则，但是老子和庄子对"道"的理解却不同。老子侧重于对"道"的本体论和宇宙论的探讨，它的"道法自然，自然无为"恰恰是为指向应合人生和政治的需要而说的，是在处处顺应自然的规律之中，也使自己的目的得到实现。而庄子则把"道"落实到精神上，追求精神完全解放的逍遥游，是一种心灵的境界。同时更提出

"心斋""坐忘"作为体验"道"的手段。这种功夫必须以"无欲、无知、无己"的修养而得虚静之心,并对事物作纯直觉的直感活动,同时以通天地之情的共感而求达到物我两忘的境地。这种思想表现在造园上,就是不能照搬照抄自然山水,而是对大自然进行深入的观察和了解,并从中提炼出最富感染力的艺术形象,用写意的方法创造出寄情于景、情景交融的意境,而所谓"外师造化,中得心源"正是最好的概括。中国古典园林之所以崇尚自然,追求自然,实际上并不在于对自然形式美的模仿,而在自然之中融入个体的意识却又不留痕迹,这种意识的体现更多的是人对自然的亲和、平等,并融为一体。

中国园林不求轴线对称,没有任何规则可循,山怀水抱,曲折蜿蜒,不仅花草树林任自然之原貌,即使人工建筑也尽量顺应自然而参差和谐地融合,"虽由人作,宛自天开"。中国园林把建筑、山水、植物有机地融合为一体,在有限的空间范围内用有限的景物,经过加工提炼,创造出与自然环境协调的共生之境。当然追求这样的境界,得从审美感受的角度即以"无为而无不为"的逍遥虚静的自然之境界来获得。这种逍遥虚静的自然之境界的形成,不是由简单的建筑山水植物融合而成,而是在深切领悟自然美的基础上,加以萃取、概括、典型化,这种创造投注了老庄自然观中美在自然、无为的观念。从庄子"乘物以游心"可以窥见,中国园林艺术审美的构建是建立在顺应自然之后的自然拟人化,以致达到物我两忘"逍遥虚静"的境界。

(一)老庄的"游心"思想对中国古典园林建筑的影响

老庄的"游心"思想对中国古典园林的意境创造影响极大。老庄认为要"以天地之心为心",方可"默契造化,与道同机"(韩拙《山水纯画集》),才能不受现实的拘束,在切实认识客观事物后,经过主观的美的感情,构成美的意象,从而"由无得一,由一得多,由多归于一"。中国传统审美文化很重视"养心",儒家把人的身心修养安放于文学艺术之中,以尽善尽美的文艺滋润人心,以形成内心情感的和谐和均衡,进而由人心之和扩大到人人之和、人与社会之和、人与自然之和,开创了中华审美文化的心学滥觞。而道家则把人的身心放到山水自然之中,反对儒家严密而又繁琐的礼仪约束,强化人的身心的释放,追求一种精神的逍遥游,这就是庄子的"游心"思想。庄子在《庄子》一书中多次提出"游心"这个概念,如《人间世》的"且夫乘物以游心，托不得已以养中，至矣"、《德充符》的"夫若然者，且不知耳目之所宜，而游心乎德之和"、《应帝王》的"汝游心于淡，合气于漠，顺物自然而无私焉，而天下治矣"、《田子方》的"游心于物之初"、《则阳》的"游心于无穷"等。从所举例子可以看出，庄子的"游心"都是通过"于"同"某某对象"结合在一起，是从物与心的关系来阐释的。在庄子看来"物"一方面指客观的、有形的外在之物；另一方面还包括一些人为制定的规章制度以及人的肉身，庄子一方面反对这些有形之物和无形之物对人心的羁绊和约束，另一方面还反对人心各种各样的欲望和愿望的滋长，认为只有完全摆脱客观万物和人自身心智的自私和狭隘对人的限制和束缚，才能达到一种精神的完全超脱和解放，实现天人合一的境界，这就是游的境界。

正如庄子所说："吾师乎！吾师乎！𫘝万物而不为戾，泽及万世而不为仁，长于上古而不为老，覆载天地刻雕众形而不为朽。此所游已。"从这里可以看出，庄子所谓的"游"的境界不是空间性的山水之游，也不是"对象化"的"物"或"事"之游，甚至不是"游世"之游，而是一种精神性的"神游"和"心游"。它追求的是一种与天地万物和其一的"道"的境界，正如陈鼓应先生所说："庄子所谓游心，乃是对宇宙事物做一种根源性的把握，从而达致一种和谐、恬淡、无限及自然的境界。在庄子看来，'游心'就是心灵的自由活动，而心灵的自由其实就是过体'道'的生活，即体'道'之自由性、无限性及整体性。总而言之，庄子的'游心'就是无限地扩展生命的内涵，提升'小我'而为'宇宙我'。"

中国古典园林艺术最终目的在于人与自然的天人合一，是人在大自然中为自身划出一块人为的空间，以便安放自己的身心，放飞自己的梦想，实现自己生命的价值。它处理的是"景"与"隋"，即"物"与"心"的关系，而实现庄子"游心"的关键是"顺物自然而无私"，顺物自然就是顺物之性，只有万物各安其性，人心才会无私，才能自由，这也是"物"和"心"之间的一种和谐关系；中国古典园林艺术的审美境界是"意境"，这也和"游心"境界是一种"道"的境界，美的境界是一致的；达到"游心"境界的手段是人的"心斋"和"坐忘"，而中国古典园林艺术的营构则采取"虽由人作，宛自天开"等。因此，庄子的"游心"思想和中国古典园林艺术的营构在很多方面是一致的，也可以说，庄子的"游心"对中国古典园林艺术的营构具有直接的指导作用。

### 1. 心与物

老庄的"游心"表面上反对"物"对"心"的约束和羁绊，实际上是渴望物和心的契合无间，物不是心的所累，心不是对物的所求，而是物和心的统一，这时的心是一种自由自在之心，没有任何的束缚和羁绊；这时的物也不是完全的自然之物，而是具有自然之道之物。中国的古典园林艺术把人的身心安顿于人为划出的自然空间，即把心安顿于物中，心从物中感悟到生命的律动，物的生命律动与心契合。因此，物的自然的本性最为真实，真实的也是最为素朴的、简洁的，也最为符合道的境界。鉴于此，中国古典园林追求一种"虽有人作，宛自天开"的自然美，反对人工造作，当然反对人工造作不是不要人工造作，只是要求人工的痕迹不要显露出来，不要过多地显露人工的匠气。道法自然，追求自然美，反对人工造作，是老庄对美的追求、自由的追求，是一种审美理想。

在老庄看来，自然就是道，因为"人法地，地法天，天法道，道法自然"，自然是有生命的，因此如果像西方古典园林把自然界的具体花草树木修剪成各种各样的几何图形，再用此组合成整体的几何图案，就违背了自然物的天性，就违背了自然之道，这样心的呈现也不是真心，不是自由之心，而是一种匠心。正如《红楼梦》第十七回中，贾宝玉评稻香村时说："此处置一田庄，分明见得人力穿凿扭捏而成。远无邻村，近不负郭；背山山无脉，临水水无源……峭然孤出，似非大观。……虽种竹引泉，亦不伤于穿凿。"可见园林营构时人力穿凿扭捏就要损害自然物的天性，进入这样的环境，使人感觉进入了一个人造的世界，人心也会感到突兀，不自由。

因此为避免人工之气，中国古典园林建筑艺术在营构时力求简洁，避免烦琐，所谓"宜简不宜繁，宜自然不宜雕斫"，就是这个道理。

造园家认为，简洁是自然的一种表现，而繁琐则是人工斧雕的痕迹，这就是老子所说的"见素抱朴"，庄子所说的"天地有大美而不言"，也像中国绘画和诗歌艺术所讲究的"清水出芙蓉，天然去雕饰"。

首先，这种简单自然表现在园林的设计布局上就是很注意和自然环境的协调一致，尽量依据自然地理之势造园，是什么样的地势就造什么样的园，正如计成在《园冶》相地时强调"相地适宜"，就是要求园林营构时要依据地势而建，地势有高有低、有深有浅、有平有坦、有险有峻，均要以势而建，只有这样才能遵守自然地理之天性，感悟自然之生命，才能有趣，才不失去自然之天真。

其次，设计布局上的以少胜多。园林布局设计上的简淡，不是简单，而是形简却又充满意味。如北宋司马光"独乐园"的几座建筑，都设计得小巧自然，而又充满象征意味。池岛上的钓鱼庵，就是用竹子扎成的一个上栋下宇的简陋的小屋，但它却是慕严子陵而设，钓鱼避世。还有"读书堂者数十椽屋，浇花亭者益小，弄水种竹轩者尤小，见山台者，高不寻丈"（司马光《独乐亭记》），读书堂是羡慕董仲舒而建，意在勤学；浇花亭取意于白乐天；种竹轩则取意于东晋王徽之；而见山台则取意于陶渊明"采菊东篱下，悠然见南山"的诗句。可以说，不光独乐园景点设置有典故，中国园林景点设置基本上都有一个典故，以彰显文化的意蕴，体现士人们的精神人格。

很显然，中国古典园林建筑很注重简单自然之物，这种自然之物不是天然之物，而是人在掌握自然之美、体味自然之趣的基础上，以微缩的形式圈点自然。自然美的独立呈现是在晋宋时期，以后经历唐、宋、元、明、清的发展逐步成为一种独具中国特色的古典园林艺术，其特色就在于追求一种人与自然的和谐相处，心与物的和谐统一。当然，这种和谐统一在不同的时期具有不同的特色。

晋宋时期，随着人的主体性的高扬和人的审美能力的提高，人心体会到了山水的自然之美。所谓的"会心处不必在远，翳然林水，便自有濠濮间想也。觉鸟兽禽鱼，自来亲人"（《世说新语·言语》），就是晋宋时期自然美的一种独立彰显。它一改魏晋之前自然的神秘、恐怖和威严，自然成为人类亲和的对象，成为人安放身心的处所，成为与人没有区别的天然知己。这里消失了任何的自然掌握、图腾崇拜，也不见了人对于自然的主宰性、优越感，天与人、物与我是契合无间的，同构同源的，心与物是同一的。之所以晋宋出现自然美的凸显和生成，是因为般若佛学的以心为本体的主客两忘、物我同一的认知模式，消失了客观对象和主体人的差别对立，物的世界不再是人的对立物、异己物，不再作为人的仆役、衬托、喻体、背景而存在，而是与人（精神我）泯然无别、淡然两忘、和谐如一了，这很契合老庄的"游心"思想。

晋宋时期的"会心山水"是心与物的和谐如一。晋宋时期的士人把自然看成最亲近的，最同情的、最能理解人的人。自然在动乱频繁、生命朝不保夕的险恶处境中安顿了人的孤独、寂寞、担惊受怕之心，在花草树木、山水虫鱼之中找到了沟通和寄托，获得了抚爱与安慰。所以，亲近自然，与自然相处为乐就成为当时士大夫的一种普遍心态和共同情趣。据《世说新语·任诞》记载："王子猷尝暂寄人空宅住，便令种竹。或问：'暂住何烦尔?'王啸咏良久，直指竹曰：'何可一日无此君?'"这"何可一日无此君?"说出了晋宋士人们须臾之间离不开山水林木，把自己的身心优游在山水林木之间，相互交融，以达到内在心灵的无限自由和山水林木之间的相契相通。这是人的自由心灵与自然界结构形式的同构相应，互契交融。

晋宋以后，有很多的士人把优游山水看成自己内在精神生活的需要。像刘宋时代的高士宗炳一生优游在自然山水之中，后因老之将至，身体不好返回江陵，竟感叹曰："噫! 老病将至，名山恐难遍游，唯当澄怀观道，卧以游之。"于是，他将自己一生所游历的名山大川，"皆图之于壁，坐卧向之"（张彦远《历代名画记》），其对山水的狂热痴迷由此可见一斑。更有甚者，谢灵运担任永嘉太守时，贪婪此地山水之美，竟"肆意游邀，遍历诸县，动逾旬朔，民间听讼，不复关怀"。这可不是一般的山水迷。后谢灵运回到会稽老家"修营别业，傍山带江，尽幽居之美"，又依靠父祖留下的雄厚资财，"凿山浚湖，功役无已。寻山陟岭，必造幽峻，岩障千重，莫不备尽""尝自始宁南山伐木开径，直至临海"（《宋书·谢灵运传》）。可见，谢灵运把身心安顿于自然山水之中，他追求的自由心灵和自然所具有的无尽意味与空灵境界是互契同构、息息相通的。这也是我们理解他做官时不理民间听讼，醉心于山水之间的原因。

再次，与谢灵运优游大山水之间不同，到了中唐之后，园林更多地向城市和人工艺术性的小园林转移，出现了"壶中天地"和"芥子纳须弥"的小园林。园林的审美倾向已从自己身边的小空间去体味大宇宙的情韵，出现了"一池水可为汪洋千顷，一堆石乃表崇山九仞"（计成《园冶》）。这种小园林通过以小见大，于有限中体味无限的艺术手法，追求一种虽居于闹市却仍然能够体味出如在山林中体悟的大宇宙的人生境界。这是士人们在城市中的宅院中置石、叠山、理水、莳花等精心雕刻的园林中以悟道，是超脱的、出世的，而这种悟道又含着平常的生活情趣，又不是出世的。

显然，中唐的士人们既想在城市的宅院山水中实现悠然意远，而又怡然自得的禅道境界，又不想脱离现实生活与享受，想过一种亦官亦民、亦朝亦隐、亦仕亦闲的生活。这种心态，正如白居易在《中隐》诗中所说："大隐住朝市，小隐入丘樊。丘樊太冷落，朝市太嚣喧。不如作中隐，隐在留司官。似出复似处，非忙亦非闲。不劳心与力，又免饥与寒。终岁无公事，随月有俸钱。君若好登临，城南有秋山。君若爱游荡，城东有春园。君若欲一醉，时出赴宾筵。洛中多君子，可以恣欢言。……人生处一世，其道难两全。贱即苦冻馁，贵则多忧患。唯此中隐士，致身吉且安。穷通与丰约，正在四者间。"

最后，宋人庭院在园意观念和园境实践方面都沿着白居易的"中隐园林"继续发展。正如苏轼所说："古之君子，不必仕，不必不仕，必仕则忘其身，必不仕则忘其君……今张氏之先君……筑室艺园于汴、泗之间……开门而出仕，则跬步市朝之上，闭门而归隐，则俯仰山林之下，于以养生治性，行义求志，无适而不可。"（苏轼《灵璧张氏园亭记》）宋人园林相较于唐代的中隐园林，一个显著的特点就是更加注重和强调心灵的作用，强调人能否体悟万物的理趣。像苏轼在《记承天寺夜游》所说"何夜无月？何处无竹柏，但少闲人如吾两人耳！"把人与物统一起来，分不清是月、竹，还是人，万物理趣自在其中。外在园境上的创造与完善体现在置石、叠山、理水、莳花得更加精致，如色彩上的白墙青瓦、淡雅趣味的栗色门窗、象征意味的梅、兰、竹、莲，具体实景营造上的以少胜多等。

内在心灵方面的提升则表现为士人们把园境的山水草木变为心灵的有机组成部分，如周敦颐的莲，"出淤泥而不染"，如林圃的梅，"暗香浮动月黄昏"；另一方面宋人把绘画、书法、诗词、音乐、文玩、品茗、棋局等具有很高文化修养的种类化为园林不可分割的一部分。这些种类里面尤其强调品茗和文玩，这是宋人园林的一大特色。

士人们在园林中品茗茶的性淡与味长，获得"城居可似湖居好，诗味颇随茶味长"（周紫芝《居湖无事，日课小诗》）的园林雅趣。另外，士人们在园林中对不惜重金、多方收集的古器文物的赏玩雅多好之，并精致于几案屋壁间，日夜把玩，乐此不疲，以便从中引发历史的幽思，彰显玩赏者的学识，凝结玩赏者的高雅情趣。它呈现的是一种胸怀、一样情性、一片趣味、一颗心灵。正如："（袁文）有园数亩，稍植花竹，日涉成趣。性不喜奢靡，居处服用率简朴，然颇喜古图画器玩，环列左右，前辈诸公笔墨，尤所珍爱，时时展玩。"（袁燮《行状》）明清园林基本上是沿着宋人的园林发展，只不过更加精致化，没有什么独创性的特点，这个就不再多说。

## 2. 庭院深深与游目骋怀

老子的"反者道之动"、《易传》的"易者，逆数也"，表明了中国哲学的一个重要原则就是欲擒故纵，欲露还藏，将动还止。影响到艺术上，要求艺术在创造时要讲究张力，也就是说要寓静于动，动静结合，没有冲突的艺术不算成功的艺术。像王维诗中的"行到水穷处，坐看云起时"；绘画中的山欲断不断，水欲流不流；书法的逆势运笔等。那么中国古典园林艺术也把这种冲突带入园林的营构之中，讲究相对相成的造园原则，像动与静、实与虚、开与合、聚与散。山是静的，水是动的，山水花木是实的，烟霞光影是虚的，这些无非是让园林的营造显得以小见大、曲折有致、含蓄内敛，进而达到一种象外之象、味外之味、境外之境的天人合一的意境美。这种意境美可用庭院深深来表达，庭院深深是中国古典园林艺术的结构和形式，也是意蕴和境界。"深"的结构和形式的营构需要采用构园的具体方法，那就是"通""隔""曲"。而要欣赏到"深"的意境美，还必须走入园林，游在其中，移步换景，园景是参差错落、欲遮还露的，人的心情也是起伏荡漾、兴趣盎然的。

首先，气韵流荡是庭院深深的灵魂。中国古典园林的小空间和宇宙大空间是相互交融、融合为一的，这是因为古代中国人认为宇宙之间充满着"气""气"为万物的根本，万物都来源于"气"的运行，气聚则物生，气散则物亡。老子认为："道生一，一生二，二生三，三生万物。万物负阴而抱阳，冲气以为和。"一就是未分阴阳的混沌之气，它由道化生，却又化生万物。庄子继承了老子的观点提出了"通天下一气耳"的观点。这就是中国的"元气"论。用这个"一气"来看待世界，认为世界是一个气的整体，各个层次的物处于阴阳之气的包围之中，进而有节奏有层次地相互感应，形成一个和谐的整体。另外这个和谐整体的万物都是气韵流荡之物，是充满生命活力的万物，是不断循环往复、生生不息的万物。

中国的造园家也把自己所造的园林空间世界看成一个气韵流荡的生命的世界，它和整个宇宙大空间是相互贯通的。因此，强调空间的贯通就成为园林创造的成功命脉之一。朱良志在《中国艺术的生命精神》中说："《周易·泰·渚案》云'天地交而万物通'，通是生命有机体之间的相互推挽，彼伏此起，脉络贯通，由此形成生命的联系性。通就是中国艺术的极则之一。"那么中国的造园家如何贯通园林的小空间和宇宙自然的大空间呢？这就要用"借景"的手法，计成在《园冶》中曾指出："园林巧于因借，精在体宜。因者，随基势高下，体形之端正，碍木删桠，泉流石注，互相借资，宜亭斯亭，宜榭斯榭，不妨偏径，顿置婉转，斯谓精而合宜者也。借者，园虽别内外，得景则无拘远近，晴峦耸秀，绀宇凌空，极目所至，俗则屏之，嘉则收之，不分町疃，尽为烟景，斯所谓巧而得体者也。"也就是说，借景就是把园林外面、远近的景都拿来成为自己的一部分，这样就能扩大园林的空间，实现园林小空间与宇宙自然大空间的融合贯通。但是因外面的自然空间或他人的空间难免有缺陷，这就要运用艺术手段进行弥补，所谓"俗则屏之"；也会有美物美景，就"嘉则收之"以弥补园内想有因其局限而不可能有的。

所以，"借"更多地涉及园林空间贯通的艺术手法和艺术境界。"借"又分为远借、邻借、仰借、俯借、应时而借，如北京颐和园远借玉泉山的塔，苏州留园冠云楼远借虎丘之景，拙政园靠墙的假山上建"两宜亭"，邻借隔墙的景色等。

不仅"借"能贯通园林小空间和宇宙自然大空间，而且园林建筑要讲究"透"。园林建筑的围墙是透的，亭、台、楼、阁是透的，这些"透"主要靠窗户在贯通空间。宗白华先生说："窗子在园林建筑艺术中起着很重要的作用，有了窗子，内外就发生交流。窗外的竹子或青山，经过窗子的框框望去，就是一幅画。颐和园乐寿堂差不多四边都是窗子，周围粉墙列着许多小窗，面向湖景，每个窗子都等于一幅小画（李渔所谓'尺幅画''无心画'）。而且同一个窗子，从不同的角度看出去，景色都不相同。这样，画的境界就无限地增多了。"宗先生还指出"不仅走廊、窗子，而且一切楼、台、亭、阁，都是为了'望'，都是为了得到和丰富对于空间的美的感受"，还举例说，颐和园有一个"山色湖光共一楼"是说这个楼把一个大空间的景致都吸收进来了。还有杜甫的诗"窗含西岭千秋雪，门泊东吴万里船"，诗人从一个小房间通到千秋之雪、万里之船，也就是从一门一窗体会到无限的空间、时间，都是从小空间进到大空间，以小见大，浑然一体等。明代的计成《园冶》所谓"轩楹高爽，窗户邻虚，纳千顷之汪洋，收四时之烂漫"，就是说的窗户的内外疏通作用。

中国园林空间既讲"通"还讲"隔"，没有隔也就没有通，这是中国古典哲学朴素辩证法的基本观念，这也符合生命的真实。隔就是所说的"隔景""分景"，以花墙、山石将连片的景致隔开。而"隔"又隔不断，墙上有窗，山上有洞，透过窗能看不尽的景色，转过山也别有洞天，生命仍是生生不息的。隔也就是"抑"的艺术处理方式，先抑后扬是符合艺术审美心理的。"通"是生命的准则，"隔"也是生命的律动。"通"能让小空间和大空间融合为一，气韵生动，"隔"也能让空间欲遮还露。因此，中国的园林不仅讲究一种绵绵不绝的通感，还要注重一种欲断不断的阻感。

其次，曲折有致是庭院深深的表征。空间的疏通让我们感受到气韵流荡的运动，那么园林的曲线、流水更能让我们感受到"活"的生命。"曲"是中国园林的特色之一。曲折造园是山水式园林修建的一个规则，水是曲的、蜿蜒流淌；路是曲的，曲径通幽；廊是曲的，廊腰缦回；墙是曲的，起伏无尽，连属徘徊；桥是曲的，九曲卧波。这些曲线，不仅给人一种婀娜多姿的逗人姿态，而且还让人感到一种似尽不尽、无限遐想的诱惑。曲线是一种优美的形式，相较于直线的力量和稳重，曲线则多了柔和与活泼，所以曲线给人一种运动感、优美感和节奏感，山曲水曲，廊曲桥曲，于是人的情感也被曲折了，一波三折，兴趣盎然。

"水"是园林的命脉。园林缺了水就少了灵气，水的流动表现出生命的生生不息，水流在蜿蜒曲折的渠道里、垒石间，时而平缓，时而跌落，显得活泼灵动，富有生机。"水流山转，山因水活""溪水因山成曲折，山蹊随地作低平"。正如宋朝的郭熙在《林泉高致》中写道"水，活物也""山以水为血脉，以草木为毛发，以烟云为神采，故山得水而活"，园林就像一个生命体一样，有骨肉，有血脉，有了节奏也就有了生命感。

最后，游目骋怀是对庭院深深的欣赏，是心与物交融的结果。造园的"通""隔""曲"造成了中国古典园林的庭院深深，那么欣赏中国园林，要走进去，游在其中，要"步步移，面面看"，移步换景，情随境迁，所以，老庄的游心在园林的欣赏中最能体现。中国的观察方式是"散点透视"，就是不要在一个固定的地点来看，一个点只能看到有限的景，而不能一览全貌，要想一览全貌，必须游在其中。不像西方的观察方式是"焦点透视"，居于园林中的一点，就能一览无余。

因此，游目就成了中国人欣赏园林的独特的观察方式。游目有两层含义：一是人在园林中来回走动进行欣赏，像中国古典园林中有很多可供观察的景点，特别是园林中的亭、台、楼、阁，四面皆空，人可以来回走动，慢慢欣赏面对的景物，景色不同，依心情各异，或平静或惊叹，或高呼或低吟等。

苏轼的"赖有高楼能聚远，一时收拾与闲人"（《单同年求德兴俞氏聚远楼诗》），张宣的"江山无限景，都聚一亭中"（《题冷起敬山亭》），都带有四面游目的意味。还有王维的《终南山》"白云回望合，青霭入看无。分野中峰变，阴晴众壑殊"，也是人的游动之观；宋人郭熙所说的三远：平远、高远、深远，让人"仰山巅，窥山后，望远山"，也是人在移动中观赏。二是人不动而视觉移动。古代西方人的空间是由几何、三角测算所构成的透视学的空间，这种透视法要求艺术家由固定的角度来营构他们的审美空间，固守着心物对立的观照立场。正因为人固定了，审美对象应有的尺度范围也就固定了，因而图画的意蕴也就有了固定性，不再是流动的、变幻的。而中国人的观赏，就是人不动，人的眼睛也一定会"仰则观象于天，俯则观法于地，观鸟兽之文与地之宜，近取诸身，远取诸物"（《周易·系辞下》）、"仰观宇宙之大，俯察品类之盛"（王羲之《兰亭集序》），俯仰往环、远近取与是中国人独特的观察方式。

正如宗白华先生所说"画家的眼睛不是从固定角度集中了一个透视的焦点，而是流动着飘瞥上下四方，一目千里，把握全境的阴阳开阖，高下起伏的节奏"。这种节奏化的律动所构成的空间便不再是几何学的静的透视空间，而是一个流动的诗意的创造性的艺术空间。"俯仰往环，远近取与"的流动观照并非只是简单的观上看下，而是服从于艺术原理上的"以大观小"。由这种观照法所形成的艺术空间是一个"三远"（高远、深远、平远）境界的艺术空间，集合了数层与多方视点，是虚灵的、流动的、物我浑融的，是既有空间，亦有时间，时间融合着空间，空间融合着时间，时间渗透着空间，空间渗透着时间。对于中国人"空间和时间是不能分割的。

春夏秋冬配合着东西南北。这个意识表现在秦汉的哲学思想里。时间的节奏（一岁十二月二十四节）率领着空间方位（东西南北等）以构成我们的宇宙。所以我们的空间感觉随着我们的时间感觉而节奏化了、音乐化了。"画家在画面所欲表现的不只是一个建筑意味的空间'宇'而须同时具有音乐意味的时间节奏'宙'。一个充满音乐情趣的宇宙（时空合一体）是中国画家和诗人的艺术境界"。

（二）"唯道集虚"：老庄的空间建筑美学思想

中国古典园林艺术是一种空间艺术，它必然要受到围墙、亭、台、楼、走廊等所隔的静态空间的束缚和限制，而在园林中增加流动感，正是要在静中显动，在空间中体现出时间，在流动中展露生机。园林中的水能让静态的园林活起来，水流其间，花草树木，亭台楼阁都活起来。游走在园中，游人渴望探寻水流的源头，曲径通幽，别有洞天。中国园林空间很重视时空关系的设计，即按照线的运动，将空间的变化融合到时间的推移中去，又从时间的推移中呈现出空间的节奏。因此中国古典园林建筑特别重视群组规划，重视序列设计，重视游赏路线。中国很多园林从一进门就不畅通，往往是障碍层出不穷，给人以"山重水复疑无路，柳暗花明又一村"的节奏感。这种节奏就是让游览者心意或开或合，或抑或扬，给人无限的遐想。乾隆时在避暑山庄松林峪沟底建一小园林，由峪口几经曲折，才到园林门前。这园取名"食蔗居"，就是将"玩景"比作吃甘蔗，由头至尾，越来越甜，渐入佳境。人们步移景随，在行进中心的变化富有节奏性，给人以极为美妙的审美感受。

在中国古典园林里，游人进行仰观俯察、远近游目无非追求一个"乐"字，因为中国园林不仅在安顿性灵，还在愉悦情性，园林能给人带来快乐。但是这种快乐是分层次的，像祈彪佳就说："旷览者，神情开涤，栖姹者，意况幽娴。"这里就有一般的登临游览之乐和身与之游、心与之会，进而陶然物化、自臻其乐两个层次。

白居易《草堂记》中说："乐天既来为主，仰观山，俯听泉，旁睨竹树云石，自辰及酉，应接不暇，俄而物诱气随，外适内和。一宿体宁，再宿心恬，三宿后颓然嗒然，不知其然而然。"很明显，白居易把愉悦分为三个层次：一是"体宁"阶段，就是园林欣赏中的一般愉悦；二是"心恬"阶段，也就是所谓的"内和"，是人心和园林妙然相契，是"会心山水"之乐；三是物化之乐，亦即庄子所说的"忘适之适"，是"不知其然而然"，是"游心"之乐。这三个层次之间存在着一个由"体宁"之外到"心恬"之内，由一般的"悦耳悦目"快乐到较高的"悦心悦意"的渐进过程。而由"心恬"上升到物化，则是会心山水之间的心灵体验最终泯然物化，达到一种"悦志悦神"的终极快乐。

实际上，真正能够在园林中获得宇宙的真谛，实现物化的终极快乐只是极少数人。游目园林之乐多数人处于体宁阶段的"悦耳悦目"之乐，而士人在园林品赏中所追求的快乐，主要是第二阶段的"悦心悦意"之乐，这就让很多士人居庙堂之高或失意时仍然把羡慕的目光投向山林之远，投向精心营构的园林而乐此不疲，只是为了消除胸中块垒，解臆释怀，抚慰现实人生，让不平衡的人得以平衡，让匆忙的人生变得旷达、悠闲些。

正如宋代冯多福在《研山园记》中说："酣酒适意，抚今怀古，即物寓景，山川草木，皆人题咏……夫举世所宝，不必私为己有，寓意于物，故以适意为悦。"这里一草一木，都含有诗人之意，而诗人之意以适意为悦，正点出了园林欣赏的会心山水之乐。又如白居易所说："静得亭上境，远谐尘外踪。凭轩东南望，鸟灭山重重。竹露冷烦襟，杉风清病容。旷然宜真趣，道与心相逢。即此可遗世，何必蓬壶峰。"诗人与亭台景物悠然心会，在旷然中发现了"真趣"——自我与大自然的真实生命，获得了极大的快乐。在造园家看来，外在景物只不过是生情的媒介，而特别注意到景物的象征性和处理的含蓄性。因唯有象征性，物体以有限的形象而求无穷无尽的意义；唯其含蓄性，人的想象才能得以自由驰骋而获不尽的气韵。这时景物已不再是纯粹的线条、色彩、质感等的组合，而是在传统体验下给予人们以心理的暗示，造园时多以象征的手法，不论景物的名称、形状或布置均别有深意，以扩大人们的艺术联想力。于是中国古典园林中有"一池水可为汪洋千顷。一堆石乃表崇山九仞"（计成《园冶》）之说，从而以少胜多，产生无穷无尽的意境。

意境，是由情景、虚实、有限无限、动静与和谐诸因素有机构成的。中国古典园林意境是造园主所向往的，从中寄托着情感观念和哲理的一种理想审美境界。通过造园主对自然景物的典型概括和高度凝练，赋予景象以某种精神情意的寄托，然后加以引导和深化，使审美主体在游览欣赏这些具体景象时．触景生情，产生共鸣，激发联想，上升到"得意忘象"的纯粹的精神境界。园林意境是园林审美的最高境界，是造园立意的本质所在，亦是欣赏过程的终点。它起于情景交融，情由外景相激而启于内，景因情起而人格化，物我同一主客相契，这是自然之"道"与人心之"道"的往复交流，是心与物的统一，是心理的和谐。

意境都要讲到虚实问题，中国古典园林意境的虚实问题，可以理解为园林之平面布置与空间序列问题。虚虚实实，虚实结合。无"虚"则不成意境，这种"虚"即意境之"意"，便是审美主体超脱于功利、伦理与政治羁绊的自由自在的内心。因而宗白华先生在《艺境》中深刻指出："化景物为情思，这是对艺术中虚实结合的正确定义""唯有以实为虚，化实为虚，就有无穷的意味，幽远的意境"。

清人笪重光在《画筌》亦指出："实景清而空景现""真境逼而神境生""虚实相生，无画处皆成妙境"。其实，园林之意境亦然。中国古典园林要在有限的地域内创造无穷的意境，显然不能照搬自然山水，而必须通过造园家对自然的理解，并加上主观创造才能达到目的。在造园活动时主要靠园林空间的创造来得以实现。而虚实空间的变化与小中见大又是中国古典园林空间的两大特色。

中国古典园林的各个构成要素本身颇富虚实的变化：山为实，水为虚，敞轩、凉亭、迥廊则亦虚亦实，再加上园林中花木的配置，都造成了虚以接实，实以亲虚的效果。在平面布局上，不像西方园林那样规则、几何、对称，而是参差、曲折、错落有致，空间布局上相互流通，前呼后应，花草树木穿插其间，使景物或隐或现，或藏或露，从而产生了更多的虚实变化。

建筑艺术是一种空间艺术，没有空间，即没有虚空，建筑就不是真正意义上的建筑，所以，空间就成为建筑的本质，是建筑有用的标志。关于这一点，老子论述得十分精到："三十辐共一毂，当其无，有车之用；埏埴以为器，当其无，有器之用；凿户牖以为室，当其无，有室之用。故有之以为利，无之以为用。"车毂、器皿和室（建筑）都是因为"无"，即虚空，才能满足人们的实用要求，没有"无"，车毂、器皿和建筑不能成为真正的车毂、器皿和建筑。当然老子重视"无"并没有否定"有"，在他看来，只有"有"，即实体，才能带给人们便利。

在老子看来，有无是相生的、有无是相对的，两者缺一不可。车、器、室是有形的东西，它能给人们带来好处和利益，但"无"——无形的东西、无形的部分才是最大的作用，正是有了"无""有"才能发挥作用，这就是老子"有无相生"和"贵无"的思想。这种思想是符合于建筑的空间原理的，因为一个建筑物如果没有"无"即虚空，是不堪设想的，最起码不是一个真正的建筑物。这种重视虚空的"贵无"意识使得中国的艺术作品突破了实体的具体局限，具有了空间的无限表现力和空间蕴含量。

到了庄子，他继承和发展了老子的"有无相生"的"贵无"思想，提出了"唯道集虚"的思想，他说："气也者，虚而待物者也。唯道集虚，虚者，心斋也。"（《庄子·人间世》）这里庄子把"道""虚""气"和"人心"四者相互融合为一体，指出只有"道"才能把"虚"全部集纳起来，而只有

"虚"才能很好地对待和集纳万物，所谓"虚"就是"空"，也就是所谓的"气"，而把握"虚"，只有靠人的内心的虚静，也就是"心斋"才能获得。这样庄子就在老子的虚空之中用"气"充溢其中，这就增加了空间的灵动性和生命感，在体验与感悟这种灵动性与生命感的同时又能获得一种超越感，即"道"的获得。这样庄子的"唯道集虚"的空间观就打破了现实空间的有限性，拓展了无限性和宇宙意识，增加了空间的流动性与生命感，使得庄子的"唯道集虚"的空间观对后来的美学、艺术特别是园林建筑影响甚大。

"唯道集虚"的空间观表现在中国园林艺术的营构上就是"意境"。"意境"是中国美学的核心范畴，是评价中国艺术水平高低的标尺，中国园林艺术当然也不例外。但是中国园林艺术和音乐、舞蹈、绘画、书法、文学等其他艺术门类相比，无论是在构成的材料上，还是审美欣赏的观照方式上都差距甚大，中国园林是用真实的山水、花草树木在天地间作画，要想欣赏，你必须进入其中，和山水、花草树木融为一体，是身之所历、心之所悟的真实的体验与感悟，而音乐、舞蹈、绘画、书法、文学等其他艺术类型要么被人把玩于掌上反复评鉴，要么放置于耳边细细倾听，总之是一种外在于人的感悟与体验，是人们想象出来的产物，这只能满足少数人的精神需求。也就是说，中国园林艺术的意境相对于音乐、舞蹈、绘画、书法等是具有真实空间的艺术境界，这种真实的空间在园林艺术的营构中呈现出一种"既是'实'的空间，又是'虚'的或'灵'的空间，二者互渗互补，契合而成以不测为量的、令人品味不尽的空间美的组合"。这种空间美的灵魂就是富有气韵生动的生命感，它需要"隐秀"的艺术手法创造出来。

刘勰在《文心雕龙·隐秀》篇中对"隐秀"作出了解释，他说："情在词外曰隐，状溢目前为秀"，很明显，"隐"与"秀"实际上就是隐蔽与显现的关系。接着刘勰进一步分别解释了何谓"隐"？何谓"秀"？

"隐也者，文外之重旨者也""隐以复意为功""夫隐之为体，义生文外，秘响旁通，伏采潜发，譬爻象之变互体，川渎之韫珠玉也。故互体变爻，而化成四象；珠玉潜水，而澜表方圆""深文隐蔚，余味曲包""隐"在刘勰这里是指"文"的字面意义背后所传达出的多种思想情感。这些思想情感最主要的特点就是隐而不显，就像爻象的变化蕴含在互体里，像川流裹挟着珠玉，就是因为有了爻象的互体和川流中的珠玉，卦象才有各种各样的变化，水流才有变动不居的涟漪。同样，文章中蕴含的思想情感，才会有价值，才会余味无穷。

那么，"隐"的含义就有两个方面，一是隐藏、潜藏，不显山，不露水；二是还要从所显露的层面传达出无限悠远的情意和旨味。这在文学艺术上就是含而不露、意在言外的含蓄美。但是"隐"不等于"隐晦"或"晦涩难懂""或有晦塞为深，虽奥非隐"，有的人以为用意越是晦涩难懂，就是"隐"，刘勰认为这恰恰不是"隐"，而是装腔作势，真正的"隐"是情之所至，自然天成。

再看"秀"。刘勰认为"秀也者，篇中之独拔者也""秀以卓绝为巧"，再加上张戒在《岁寒堂诗话》中所引"状溢目前为秀"。可以看出"秀"是文章句子的美学特征，是文章中画龙点睛之笔，也就是我们常说的"文眼"。这些"秀句"具有什么样的美学特征呢？按刘勰的话来说就是："彼波起辞间，是谓之秀。纤手丽音，宛乎逸态，若远山之覆烟霭，娈女之靓容华。然烟霭天成，不劳于妆点；容华格定，无待于裁熔；深浅而各奇，秾纤而俱妙，若挥之则有余，而揽之则不足也。""秀"是文辞间的水波，呈现出一种动态的美感，有了"秀句"，文章才能一波三折，引人入胜。这些"秀句"就像"纤手丽音""远山雾霭""娈女容华"一样都是自然天成的，没有一点雕琢的成分，给人的美感是飘逸、神秘、容光焕发的。

关于"隐"与"秀"之间的关系，刘永济在《文心雕龙校释》中说："盖隐处即秀处也"即有机统一关系。"隐"侧重于不在场的深邃意蕴、思想情感；"秀"侧重于在场的表层形象、形式创造方面。隐是秀的基础，秀是隐的显现。一方面是隐待秀而明，另一方面是秀以隐而深。所谓"隐秀"，正是含蓄与鲜明交织，形似与神似结合、实境与虚境的兼美。

中国古典园林从审美理想上来看是追求一种"虽由人作，宛自天开"的意境美。这种意境美的营构要借助于"隐秀"的艺术手法而完成，中国古典园林的总体风格是"尚韵"的，即"含蓄慰藉""含蓄"就是"隐"，就是欲说还羞、"犹抱琵琶半遮面"，就是遮蔽、曲折。但隐的目的是为了"显"或为了美，而显或美的呈现必须要借助的手段是"秀"，就是那些鲜明突出之物。

这样"隐秀"所达到的整个中国古典园林的效果是充满生命的气息和生命的意味，即"气韵生动""气"重在生命意味的显露一面，动态一面，劲健一面，发展一面，可以明确把握的一面；"韵"重在生命意味隐蔽的一面，静谧的一面，柔和的一面，精细的一面，无限发展的一面，难以把握的一面，气韵组成一个概念时，更多地指生命精神存在的阴性状态：静态，深沉，悠长，绵远，无限，亲和，精微。

如何达到"气韵生动"的意境美效果，就要突出中国园林艺术的"园眼"，也就是园林中能够"奠一园之体势"的建筑物、山水或者是花草树木等。因为园林艺术的各个组成部分是有主有次、相互协调的美学关系，正是这种关系，才使园林艺术有机整合为一个和谐一致的、生气灌注的意境美整体。

在园林中，因为分区不同，各个区的主体也不同，有的是建筑物、有的是山、有的是水、有的是花草树木等，不一而居。各种主体，要起到控制整个园区的作用，它要有一种凝聚力，要把其他的山水树石形象聚引到自己的周围，组合成完美的构图。清人沈元禄曾说："奠一园之体势者，莫如堂；据一园之形胜者，莫如山。"这里的"堂"和"山"就是整个园林的主体、园眼，就是园林营构手法上的"秀"。之所以选择人工所建造的"堂"，无非就是在功能上"堂，当也，当正向阳之屋。又明也，言明礼义之所"（苏鹗《苏氏演义》），即"供园主团聚家人，会见宾客，交流文化，处理事务，进行礼仪等活动的重要场所"。既然是礼仪活动的场所，"堂"的建筑不仅要"凡园圃立基，定厅堂为主"（《园冶·立基》），也就是说整个园林布局要以厅堂为中心，还要建得高大、精丽，因为"堂，犹堂堂，高显貌也"（刘熙《释名·释宫室》）。"堂之制，宜宏敞精丽，前后须层轩广庭，廊庑俱可容一席……（文震亨《长物志·室庐》）"，也就是说厅堂首先必须朝南向阳，居于宽敞显要之地，并有景可取，而其建筑空间本身也有其美学要求，这就是宏敞精丽，堂堂高显，表现出严正的气度和性格。之所以选择自然形成的山或者人工堆积的假山，无非就是让山的坚固性、静态性彰显出来。孔子曰："知者乐水，仁者乐山；知者动，仁者静；知者乐，仁者寿。"（《论语·雍也》）这段话，很明确地说出了山水的自然特性与人的心理变化的同构对应，那就是水的不停息的动态的现象让知者思维活跃、通达，从而感到茅塞顿开的喜悦；而山的旷阔宽阔、岿然不动的静的身姿，又能让仁者时刻处于"旷然无忧愁，寂然无思虑"（《嵇康·养生论》）的虚静状态，从而得以健康长寿。因此，山，令人产生静态，静，能使人释放躁动不安的心灵，从而使人达到心情平和，"静然可以补病"（《庄子·外物》）的效果。

突出主体建筑物的体量与装饰，是为了画龙点睛、引景标胜的需要，它能让周围的建筑物环绕朝揖，如众星拱月一般成为一个有机整体，又能借助于自己高大的体量、峻拔的身影，把整个园林的二维平面变为三维空间，极大地丰富了整个园林的立面造型，特别是延伸了以建筑为中心的天际线，使得平坦的地平线上的建筑组合结构，不再是横向展开，平铺直叙，毫无起伏，而是立面不一，造型多姿，高低错落，宾主分明。

在中国古典园林中，我们常常可以看到高大挺拔的楼阁、翼然展开的空亭、耸入云霄的佛塔等耸立在园林的高显之处，以自己的拔地而起改变了横向的平面铺排，发挥着以竖破横的作用，又以自己的高大透空吸纳着周围空间的美丽景色，发挥着气韵生动的意境美。如杭州西湖的保俶塔，高傲地耸立于宝石山巅，把西湖周围的建筑、山水花草树木等都吸引在自己的周围，使得杭州西湖的景色成为一个和谐的有机体。特别是那耸入云霄的塔身倒影在清澈的湖水中所形成的美丽倩影，以非凡的魅力把人们诱向如诗如画的西子湖，怪不得袁宏道说："望保俶塔突兀层崖中，则已心飞湖上也……即棹小舟入湖。"（袁宏道《西湖一》）在袁宏道看来，这个塔之所以有勾魂摄魄的魅力，就在于它所处的位置，作为艺术的"场"，有引景标胜的作用。

李允鉌先生就曾指出这种视觉的美感，他说："在视觉的意义上，建筑物所表现的形体应该分别以远、中、近三种不同的距离来衡量它的效果。在远观的时候，立面的构图只是融合成一个剪影，看到的只是它的外轮廓线，与天空相对照，就成了所谓的天际线。在中国古典建筑中，无论什么建筑，很少是简单几何图形的'盒子式'的外形，它的屋顶永远不会只是一些平坦的线条，因此，外轮廓线永远是优美的、柔和的，给予人一种千变万化的感觉。"

实际上这是说的面积较小的园林与面积较大的园林在主体控制上的不同，较小面积的园林要以体量适中的建筑物为中心来布置整体，当然不限于建筑物，还可以用水、花草树木为中心，这样才能显出建筑物体量的高大，姿态的壮丽；而面积较大的园林最好还是以体量较大的真山为中心来营构，这样才能显出山的高峻挺拔。

如果说中国古典园林中以山水、花草树木等为主体控制的空间还是一种可见的实景空间的话，那么由其实景空间所蕴含的虚景空间才是中国古典园林追求的本质所在，即"隐"的空间。这种"隐"的空间从审美观照的视野来看，给人的是一种意趣深隽的美感；从哲学的视角来看，给人的则是一种道的境界。即中国人在园林中身之所历、心之所悟的生命感、宇宙感。这恰恰是中国古典园林的空间感的独特之处。这种独特之感的获得一方面靠"秀"的凸显来聚拢视觉的中心，另一方面则是靠"亏蔽"来获得景深。所谓"亏蔽"就是通过一定的遮隔，使景观幽深而不肤浅孤露。

在中国古典园林中，为了营造这种幽深而静谧的园林意境美感，造园家常常用围墙、花木、山石、屋宇、廊、桥等物来遮隔空间，形成许多既相互独立，又互相贯通的小空间。这些空间景色既藏中有露，又露中有藏，一层之上，更有一层，使游人观之，感到触目深深，幽蔽莫测。陈从周先生指出："园林与建筑之空间，隔则深，畅则浅，斯理甚明，故假山、廊、桥、花墙、屏幕、槅扇、书架、博古架等，皆起隔之作用……日本居住之室小，席地而卧，以纸隔小屏分之，皆属此理。"

很明显，中国古典园林"隐"的空间就是"深"的空间。而最能体现"深"的空间美学特征的则是"曲径"的运用及其审美特征的彰显。那么，何谓"曲径"的审美特征呢？唐朝诗人常建曾写过"曲径通幽处，禅房花木深"的著名诗句，在此诗句中，他指出了"曲径"的审美特征是通向"幽""深"的审美境界的。"可见，引入人胜，让人探景寻幽的导向性，正是曲径十分重要的审美功能。……更为重要的是，曲径不只是'曲'，而且还'达'，是通此达彼的。在这条曲径上，随着审美脚步的行进，前面总会不断地展现出不同情趣的幽境，吸引着人们不断地去探寻品赏。曲径那种几乎无限的导向性，归根结底是由几乎往复无尽的通达性所决定的。"

正因为"曲"具有如此的审美意蕴，所以"曲折造园是山水式园林修建的一个规则，水是曲的，蜿蜒流淌；路是曲的，曲径通幽；廊是曲的，廊腰缦回；墙是曲的，起伏无尽，连属徘徊；桥是曲的，九曲卧波。这些曲线，不仅给人一种婀娜多姿的逗人姿态，而且还让人感到一种似尽不尽、无限遐想的诱惑。曲线是一种优美的形式，相较于直线的力量与稳重，曲线则多了柔和与活泼，所以曲线给人一种运动感、优美感和节奏感，山曲水曲，廊曲桥曲，于是人的情感也被曲折了，一波三折，兴趣盎然"。

中国古典园林美学是一种特意人为营构的空间美学。它直接受老庄空间美学的渗透和影响，使其具有了"唯道集虚"的哲学特征和"气韵生动"的意境美特征。而在具体的营建上则靠"隐秀"的艺术手法。

虚实相涵的空间处理，同时造成中国古典园林的另一特征："小中见大"。在空间处理上，经常采用含蓄、掩藏、曲折、暗示错觉等手法并巧妙运用时间、空间的感知性，使人莫穷底蕴；另外借景、对景、对比等手法如能灵活运用，均能丰富空间层次，使人感觉景外有景、园外有园的感觉，从而达到"小中见大"的效果。苏州留园入口处理最具代表性。在其入口流线上，有意识地安排了若干小空间，运用明暗、虚实、曲折闭合、狭长等欲扬先抑的手法取得了很好的效果。

中国古典园林的目的之一就是要摆脱传统礼教的束缚，给人以修身养性之所。因此，中国古典园林的时空观，不是去追求获得某种神秘紧张的灵感、体悟和激情，而是提供某种明确实用的观念情调，把自然美与人工美高度地结合起来，把艺术的境界与现实的生活融为一体，形成了一种把社会生活、自然环境、人的情趣与美的理想都水乳交融般交织在一起的既"可望可行"又"可游可居"的现实的物质空间。它不重强烈的刺激和认识，而重在潜移默化的生活情调的陶冶上。它强调古朴、淡雅、幽静和闲谧的潜在情趣与自然环境的共鸣。

# 第五章 中国传统建筑与文学艺术

## 第一节 时代的风格与时代的艺术

建筑是时代的象征，一个时代的社会状况，政治、经济、军事、宗教、科学技术、文学艺术等，都首先在建筑上反映出来。我们今天已经看不到了的数千年的王朝历史，在书本上读来是抽象的，甚至是枯燥无味的。但当那些朝代的文物古建筑出现在我们面前时，那个时代的生活，那个时代曾经发生的故事，甚至那些只是出现在史书上的人物都仿佛出现在我们眼前。所谓"建筑是石头的史书"，其含义就在于此，它是一部实物构成的、形象的、艺术化的史书。殷商时代的文化和艺术可以归结为两个字——神秘。因为这是一个刚从蒙昧走进文明的时代，文化意识中还带着蒙昧时代的特征。鬼神迷信的盛行、尊神事鬼的风气，整个社会以祭祀鬼神为行为依据，于是这个时代的艺术品便充满着这种鬼神迷信的神秘性。今天出土的商朝青铜器上满布神秘性的艺术图案和符号，最典型的、出现最多的就是面目狰狞的食人怪兽——饕餮。其图案之精美、制作工艺之高超，让今天的人们叹为观止，甚至让今人自叹弗如，但是这些精美图案中所透露出的却是一种神秘的，甚至带有恐怖性的文化气息。由于商朝把一切寄托于鬼神，所以商朝贵族们无所事事，整天钟鸣鼎食、饮酒作乐，著名的商纣王"酒池肉林"就是典型的代表。因此今天出土的商朝青铜器大多数是酒器和食器。商朝的建筑也同样带有这种神秘和恐怖的气息。虽然我们今天已经看不到商朝地面建筑的形象，但从河南安阳殷墟遗址商朝宫殿和陵墓遗址的考古发掘中我们可以看到残酷的活人殉葬的场面，由此可以想见那个半蒙昧时代的建筑文化氛围。

经过蒙昧向文明的过渡，进入理性的时代周朝，人们不再把全部的希望寄托于鬼神，人们注意到自身的命运主要还是靠自己的努力。于是制定礼仪制度，规范和约束人的行为。周武王起兵讨伐商纣王，昭告天下商王的暴虐无道，告诫人们敬天爱人；周公旦制礼作乐，从此天下有了大家共同遵守的行为准则。周朝的文化艺术以礼乐为核心，"礼"是规范人们道德行为的思想和制度，"乐"则是用来贯彻礼制思想的艺术手段。这里所说的"乐"，不是单指音乐，而是包括音乐、舞蹈、诗歌、绘画等所有的艺术。礼乐文化的一个重要内容是祭祀，以祭祀先祖、祭祀天地来培养人们的感恩和敬畏之心。周文化的一个重要特征就是礼仪祭祀，所以我们今天出土的周朝青铜器绝大多数都是祭祀用的祭器。

秦汉时代是中国历史上最强大的时代之一，秦汉的强大主要是以军事上的强大为特征，所以其建筑和艺术的风格表现为威猛。我们从秦始皇陵兵马俑的威武气势、从汉代大将军霍去病墓石雕的粗犷就可以看出当时的艺术风格。秦汉时期的地面建筑现在虽已不存于世，但是我们从汉代陵墓地宫中粗壮的石柱就可以领略到秦汉建筑的雄大体量；从出土的汉代瓦当就可想象当时建筑的辉煌气势，无怪乎人们在说建筑之雄伟的时候常以"秦砖汉瓦"来形容。

唐代也是中国历史上最强盛的朝代之一，但是唐代的强大和秦汉的强大有所不同。唐代的强大是政治的强盛、经济的繁荣和文化的发达。我们今天能够在一些保存下来的古代仕女画或者墓葬壁画，甚至唐三彩俑中看到唐朝的女性形象，一个个肥胖丰满、雍容华贵。这就是唐朝的审美趣味。唐朝是中国历史上最繁荣、最强盛的时代，也是当时世界上最繁荣、最强盛的国家。这时代人们生活富裕，丰满雍容的贵妇人形象是这个时代美的代表，肥胖的杨贵妃成了唐朝美人的典型形象。与此相对，在春秋战国时代有"楚王好细腰，宫中多饿人"的说法，那时代以细小瘦弱为美。中国美术史上有"曹衣出水，吴带当风"一说，北齐画家曹仲达在画人物时喜欢把人物的衣饰纹理画成紧贴身体的样子，就像刚从水里出来的一样，所以叫"曹衣出水"，以体现人的瘦弱清秀的体态和形象。魏晋南北朝时期的佛教造像，例如敦煌遗留下来的泥塑和壁画等，也都是以消瘦清秀为特征，即所谓"秀骨清像"。同样是佛教造像，唐代的就显得体态丰腴。唐代大画家吴道子画人物就是形象丰满、宽衣博带、随风飞扬，以飘逸洒脱为特征，所以叫"吴带当风"，表现了

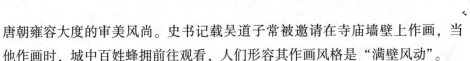

唐朝雍容大度的审美风尚。史书记载吴道子常被邀请在寺庙墙壁上作画，当他作画时，城中百姓蜂拥前往观看，人们形容其作画风格是"满壁风动"。

唐朝的审美观念不仅是雍容华贵，而且极其开放。对于生活态度的随意，对于传统观念的背弃，对外来文化的吸收等各方面，唐朝都是最突出的。例如唐明皇"胡服骑射"，身为皇帝穿异民族的服装；杨玉环身为贵妃在皇宫里跳"胡旋舞"，这在一般人看来成何体统。唐朝的贵妇人常穿的衣服袒胸露背，类似于西方贵妇人的晚礼服，身披轻纱薄如蝉翼，这些都不是我们今天的想象，而是唐朝的仕女画中明确画下来的。唐朝的婚姻关系也非常开放，在中国古代封建的贞节观念中，女性必须从一而终，男人死了也不能改嫁。但是在唐朝，有记载的公主改嫁的就有很多位。思想的开放，对外来文化的接受，来自对自己文化的自信。越是强盛的时代，对外来文化越开放，因为自己强大，不害怕别人的东西会把自己淹没。相反越是弱小的时代就越是害怕外来的东西。

唐朝的雍容大度体现在建筑上，就是磅礴的建筑气势，舒展的建筑造型。唐朝建筑的造型特征是屋顶坡度比较平缓，屋檐下斗拱硕大，出挑深远的檐口、粗壮的柱子等，无不表现出一种宏大的气魄。从现存于世的唐代建筑——山西五台山的南禅寺大殿和佛光寺大殿来看，虽然只是两座一般的寺庙殿堂，并不是皇宫大殿，但是其博大的气势也足以让人领略到唐朝的建筑风格。而已经被毁掉了的唐大明宫，仅从其遗址就可看到当时唐朝皇宫的宏伟辉煌。大明宫含元殿现存遗址面积是今北京故宫太和殿的三倍，足可见其体量之宏大。

唐代的时候，日本全面学习中国，在建筑艺术方面受中国的影响很大，今天日本的古建筑大多仍然保持着唐代的风格。我们今天可以在日本看到大量建于唐朝的古建筑——奈良法隆寺金堂和五重塔、东大寺大门和大殿、京都平等院凤凰堂以及唐朝东渡日本的鉴真和尚亲手设计建造的唐招提寺大殿等，都是唐朝时的原物。除此之外，日本的其他古建筑在造型风格上大体上分为两类，一类是日本本土风格的；一类是中国风格的。在日本的宗教建筑中这两类风格的区别比较明显，日本本土宗教神道教的建筑神社，基本上都是采用日本本土风格的建筑——很大的陡坡屋面，而且大多用厚厚的茅草铺盖屋顶，屋脊两端做交叉形的"千木"，屋脊上横列一排较短的圆木叫"坚鱼木"。而从中国传过去的佛教建筑则大多采用中国的建筑风格，因为是唐朝时传过去的，所以其建筑风格就是唐朝的——平缓的坡屋顶，青灰色的陶瓦覆盖屋面，檐下斗拱出挑深远，而且日本后来所建造的佛教寺庙一直保持着唐朝建筑的造型特征直到今天。

另一方面，日本传统的艺术和审美趣味是崇尚简朴，不尚华丽的。这一点在日本的古建筑中表现明显，日本传统建筑屋顶主要用茅草，屋身、门窗、内部梁柱构架等都很少有装饰，甚至油漆都很少用，即使皇宫都是如此。不像中国的古建筑那样雕梁画栋、朱漆彩绘。所以日本人把他们的古建筑中偶然一些装饰华丽的做法冠以一个"唐"字，表示这是"唐风"建筑。有的日本寺庙前做一个装饰华丽的大门，他们就把它叫"唐门"；日本建筑中常用一种造型比较华丽带有装饰性的卷棚式屋顶叫"唐破风"，所谓"破风"，实际上就是中国古建筑中博风板的"博风"。

其实中国古代建筑的各个时代风格相比较，唐朝建筑并不算华丽的，反而是比较朴素的，真正华丽的风格是在后来的宋元明清时代。唐朝的风格是气势宏大，一般不做彩画，雕刻也比较简单而抽象，例如唐代建筑屋脊上的鸱吻就比后来各朝代的都要简单，只是做成一个象征性的鱼尾形装饰物。唐朝建筑虽不华丽，但或许是与日本的简朴相比较，在他们看来唐朝建筑就算是很华丽的了。

宋朝是一个特别的时代。在政治和军事上它很弱小，在北方其他民族的入侵进攻面前节节败退，"靖康之变"皇帝被俘，北宋灭亡。南宋偏安江南也只能取得片刻喘息，最终在北方民族的入侵后彻底灭亡。但是宋朝在经济和文化上却是大有作为。在经济上，宋朝时商品经济大发展，是中国有史以来商品经济发展的第一个高潮，其经济的繁荣程度不亚于唐朝。在文化上，宋朝的文学和艺术都是中国历史上的一个发展高峰。文学上，宋词与唐诗并称为中国文学史上的瑰宝，其文学水平之高可以说是空前绝后的。在艺术上，宋朝的美术也是中国美术史上的巅峰，大量流传下来的美术作品一直都是后人模仿学习的榜样。宋朝是一个文人当政的朝代，大多数皇帝都对文学艺术有很高的造诣。宋朝的这种社会状况决定了宋朝建筑的特点——没有宏伟的气魄，但十分精美。宋朝政治上弱小，因而皇宫也不气派，宋朝几乎没有一座能够在历史上留下赫赫威名的宫殿。秦有阿房宫、咸阳宫；汉有长乐宫、未央宫；唐有太极宫、大明宫等；宋朝却一座也没有。史书记载南宋都城临安的皇宫中甚至用悬山式屋顶做皇宫主要建筑的屋顶。不仅皇宫，就连皇家陵墓也是如此。在中国古代各朝代的皇陵中，宋陵是规模最小的。但是宋朝建筑的华丽又是历史上空前的。一是建筑造型新颖，具有艺术创造性，从一些宋朝遗存下来的古画中我们能够看到一些新颖的建筑式样，很多都是以前没有过的。二是建筑装饰华丽，从史书记载和流传下来的古画中都可以看到宋朝建筑装饰之华美。这就是宋朝这个时代的特征，宫殿建筑规模小，说明政治上不强大；建筑造型新颖和装饰华丽，说明经济和文化艺术繁荣。

今天我们看到的北京紫禁城是明清两朝的皇宫，明朝初创，清朝重修。虽然宏伟豪华，但实际上其规模和气度都远不能和秦汉隋唐那些强大朝代的皇宫相比。清朝是中国封建社会走向没落的时代，当然没有了那些强盛王朝的气派。今天紫禁城中最大的宫殿太和殿，其规模体量都不能和阿房宫、未央宫、大明宫中的主要殿堂相比。另外建筑风格上的"气势"也不只是一个简单的规模和体量的问题。例如，拿唐朝的佛光寺大殿和清朝的紫禁城太和殿相比，佛光寺大殿只是一座一般的寺庙殿堂，其体量远没有作为皇宫主殿的太和殿大，装饰也远不如太和殿那样金碧辉煌。

清朝的审美风格是华丽而琐碎，华丽精巧程度远超前代，但是气度却远不如前代了。例如宫殿建筑彩画装饰描绘之精细、瓷器造型和装饰之华丽，还有那些堆满各种宝石和珍珠玛瑙装饰起来的工艺品之精美，尤其是那些雕刻精致繁琐的家具，更是和造型简洁的明代家具形成鲜明对照。清朝的艺术风格可以说就是"中国的洛可可""洛可可"风格是18世纪欧洲流行的一种建筑风格，这种最初从法国宫廷贵夫人的沙龙中流传出来的装饰风格纤巧华丽，柔媚甜腻，表达着一种没有大气的堕落贵族情调，而清朝建筑装饰和工艺品的艺术风格确实与欧洲洛可可风格异曲同工。

从我们能够看到的保存完好的唐朝的殿堂建筑向下推演，中国古代建筑风格的演变大体上遵循着如下规律：

（1）屋顶造型：唐代建筑屋顶坡度比较平缓舒展，屋顶高度和跨度之比大约1∶5；宋代屋顶坡度稍陡，元代、明代、清代越来越陡，清代建筑屋顶的高度和跨度之比大约1∶3。

（2）柱子比例：唐代建筑柱子粗壮雄浑，柱子高度和直径之比为8∶1；宋代建筑柱子开始变细，高径比为9∶1；元代建筑柱子高径比10∶1；明代、清代变成11∶1或12∶1了。柱子越来越细长，说明建筑风格由雄浑变得纤细。

（3）斗拱大小：斗拱是中国古代建筑的特有构件，其功能有结构的、装饰的双重作用，但是随着时代的变迁，斗拱的功能作用也在变化。唐代建筑斗拱硕大，造型简朴而雄壮，斗拱占据檐口下高度的 1/3 左右，主要是起结构作用，装饰作用相对次要。宋代开始斗拱变小，元代、明代更小，清代最小。清代斗拱只占檐下高度的 1/6～1/5，其功能基本上没有结构作用只有装饰作用了。斗拱大小的变化不只是功能上以结构作用为主向以装饰作用为主的变化，同时也很大程度上影响到建筑的风格。斗拱大则檐口出挑深远，建筑造型舒展，显得大气磅礴。相反斗拱小则檐口出挑较短浅，建筑造型显得有些拘谨。唐代建筑之所以显得气势大，在造型上这是重要因素之一。

# 第二节　文学艺术、文人趣味与文人园林

文人园林表达的是文人的审美趣味，在人文之美、艺术之美和自然之美三者之间比较而言，对自然之美的欣赏是最高级的形态。能够欣赏自然之美的必定是有较为优裕的生活和较高文化修养的人，整天忙于生计的穷苦百姓是不会欣赏自然美的。所以建造私家园林的人，不仅是有钱人，而且一定是有文化之人，即所谓"文人"。明代文学家计成写出了中国历史上第一部园林学专著《园冶》，其中关于造园的方式他概括为"三分匠，七分主人"。所谓"三分匠，七分主人"，是说造园过程中匠人所起作用是小部分，起主要作用的是"主人"。园林是主人的审美趣味的表现，匠人只是帮他实现其目的的帮手。当然，这个"主人"也可能是园林的所有者，也可能并不是园林的主人，而是有艺术修养的文人，这就是计成《园冶》中所说的"能主之人"。因为中国古代没有建筑师这一职业，做建筑的是工匠，而工匠属于较低文化层次的劳动阶层，不是知识分子。所以做园林的人就是文人们自己，文学家、艺术家等，就像《园冶》这样的园林学专著也是由文学家计成写出来的。并非只有计成和他的《园冶》。明末清初的著名文学家、戏剧家李渔也有这方面的专著。他的《一家言》中有《居室器玩部》一部分，就是关于建筑、园林和家具陈设的专门论述。就连曹雪芹的《红楼梦》中关于园林建筑的描写也可以看出他对于园林建筑的深刻理解。这些文人们都是有着高文化修养的玩家，

玩文学，玩艺术，玩建筑，玩园林。

中国古代的风景园林建筑和文学艺术有着不可分割的密切关系。风景和园林艺术必须是有较高文化修养的人才能欣赏的一种艺术形式，所以讴歌自然美景，做园林建筑理所当然就成了知识阶层的文人们的事情。中国古代"三大名楼"（湖南岳阳楼、湖北黄鹤楼、江西滕王阁）和"四大名亭"（安徽滁州醉翁亭、江苏苏州沧浪亭、湖南长沙爱晚亭、浙江绍兴兰亭）都和文学艺术有着直接的关系。

岳阳楼与范仲淹的《岳阳楼记》交相辉映，范仲淹因感受岳阳楼的奇美风光而写下这千古名篇，岳阳楼又因为这篇文字而扬名天下；黄鹤楼因李白的《黄鹤楼送孟浩然之广陵》而著名；滕王阁因为王勃的《滕王阁序》而誉满海内，尤其是"秋水共长天一色，落霞与孤鹜齐飞"的千古绝句，把这建筑风光之美与文学艺术之美发扬到极致。

"四大名亭"也都莫不如此，滁州醉翁亭因欧阳修的名作《醉翁亭记》而名扬天下；苏州沧浪亭因末代文学家苏舜钦的《沧浪亭记》而著名；长沙爱晚亭因周边满山红枫正合了唐代诗人杜牧的"停车坐爱枫林晚，霜叶红于二月花"诗句的意境；绍兴兰亭则因为"书圣"王羲之的《兰亭集序》而蜚声海内。除此之外，中国古代各地都有所谓"八景""十景"等，以文学的方式描绘各地具有地域特色的风景名胜。例如杭州西湖风景如画，古人就把西湖周边最具特色的美景总结出"断桥残雪""雷峰夕照"等"西湖十景"；湖南境内的潇水、湘水流域风景优美，古人把潇水和湘水沿岸一些有特色的地方总结出"平沙落雁""江天暮雪"等"潇湘八景"。

唐以后的五代十国到宋代是一个文化艺术繁荣的时期。这时期虽然政治动荡、战乱频繁，但文人们热衷于艺术的追求。例如南唐后主李煜就是一位著名的文人皇帝，其文章辞赋之华美为世人称道，留下了许多直至今天仍脍炙人口的千古绝句。风流才子韩熙载，不理朝政，邀集一帮文人整日在家弹琴赋诗、歌舞作乐，留下了一幅流传千载的美术作品《韩熙载夜宴图》。虽然韩熙载是以表面上沉湎于声色犬马来掩盖其政治目的，但也由此可看出当时社会崇尚文学艺术的风气。

宋朝是中国古代园林艺术发展的高峰，主要原因就是因为宋朝文学艺术的发达。宋朝是一个文人当政的朝代，皇帝个个都是文学家、艺术家，例如那位被俘虏的皇帝宋徽宗赵佶就是一位著名的艺术家，在中国美术史上，他的工笔花鸟画达到了登峰造极的地步，艺术造诣之深不是一般人可以企及。他发明的"瘦金体"书法，独树一帜，成为中国书法艺术中极其独特的一种风格。也正是因为他对于艺术的这种爱好，导致他开创性地在皇宫里建立画院，供养着一批画家，整天和皇帝切磋艺术。当然，宋徽宗赵佶是极端的例证，宋朝其他的皇帝虽不及如此，但也都雅好文学艺术。在这种氛围之下，宋朝的文学艺术达到中国历史上的高峰，也就不难理解了。

文学艺术的发达，在建筑领域的反映必定是园林艺术的发达。宋朝园林艺术的发达程度，甚至于导致了一场农民起义。因为造园林需要奇花异石，上自皇帝、下至地方官吏和民间士绅对奇石的爱好形成一股风气。宋徽宗搜寻天下奇花异石建造了一座极其华美的皇家园林——艮岳。为了建造艮岳，四处搜罗太湖石，结成船队在河上运输，被称为"花石纲"（"纲"即用绳子将船连接成编队）。为此耗费大量财力，地方税收和民间贡赋负担加重。有时搜罗到大体量的花石（太湖石），为了运输不惜拆民宅、毁桥梁，甚至拆城门。有钱人也纷纷效仿，搜罗花石，建造园林成风。搞得民间百姓苦不堪言、怨声载道，最终导致了一场农民起义——方腊起义，足可见当时造园风气之盛。

文人的审美首先关注的就是自然之美，因此"道法自然"的哲学思想首先就在文人园林中得到最充分的体现。计成在《园冶》中写到了中国造园思想的最基本主旨："虽由人作，宛自天开。"园林虽然是人造的，但就应该像是天然形成的一样。这种欣赏自然美的文人趣味，在经过魏晋南北朝那种动荡年代而促使其得到更加明确的定向。但是在另一方面，这种文人审美趣味的过度矫揉，有时会形成一种畸形的发展。例如江南园林中常用的太湖石，奇形怪状，千疮百孔，而文人们却就正是喜欢这种奇，喜欢这种怪，所谓"瘦、漏、皱、透"。总的说来，文人们的审美趣味代表着社会较高阶层的趋势，引领社会文化的发展方向，所以他们的审美趣味往往左右着一个时代的风气。

# 第三节　中国建筑与绘画

中国古代建筑与绘画有着密切的关系，这里所说的绘画不是建筑设计的图纸而是纯粹美术作品和用于建筑装饰的绘画。中国古代绘画中有很多涉及建筑的作品，有的作品画面以建筑为主，描绘楼台宫阙、园林风光；有的以自然风景为主，描绘山林湖泊，其间点缀村舍茅屋、小桥流水；还有的以社会生活场景为主，例如朝廷仪式、家居生活、村野劳动等，配合人物活动的需要，描绘一些与生活相关的建筑或建筑的局部。这些美术作品实际上都是一些珍贵的建筑遗存，因为很多已经不存在了的建筑可以在这些画面上看到。在这些作品中，我们还能看到与建筑相关的生活场景，并由此了解到古代的生活方式以及建筑和生活的关系。最著名的当属宋朝张择端的《清明上河图》，其中描绘的城市和建筑场景的真实性与丰富性，让人能够活生生地看到宋朝都城汴梁的繁荣景象。

中国古代建筑与绘画的关系首先就表现在绘画对建筑的记录。例如秦汉时期有许多传诵千古的著名宫殿，秦代阿房宫、汉代长乐宫、未央宫等，它们虽然在历史上威名赫赫，但是这些建筑究竟是什么样子我们已经无法知道，甚至连秦汉时期宫殿建筑的一般形象都无法知道。幸得在一些秦汉时代墓葬中出土的画像砖、画像石上留下了许多建筑的形象，与我们今天所看到的各时代的古建筑所不同的是，秦汉时期的建筑屋顶不是曲线形的，而是平直的。是否真是这样，有两点可以证明：一是今天所能看到的所有出土的画像砖、画像石上的建筑形象都是没有曲线的，这绝不是巧合。如果数量少，我们可以怀疑是否画得准确，但都是这样，就不能认为是画错了。二是还有现存的实物可以证明。山东肥城孝堂山汉墓石祠和四川雅安的高颐墓阙，这些都是汉代保留下来的，中国国内现存最早的地面构筑物之一，其屋顶都是平直的，没有曲线。还有很多墓葬中出土的陶制建筑形明器（墓葬中的随葬物品），也都是平直的屋面。甚至还有相反的，不往下面凹，而往上面拱的反曲面屋顶形象。由此看来，中国古代建筑的凹曲屋面是汉代以后才形成的，至少在汉代时还没有。

另外，绘画作品中还记录了很多已经消失了的著名建筑的形象。例如著名的岳阳楼，在各个不同时代的古画中的岳阳楼就有着不同的形象，记录了岳阳楼在千百年历史上的变迁。湖北黄鹤楼也在不同时代的古画中有着不同的形象；江西滕王阁在被毁以后，也是按照古画中的样子重建的。还有一些宋代的古画中画的一些建筑的式样，我们今天已经看不到了。

中国古代有一种绘画叫作"界画"，这是一种介乎于建筑图和美术作品之间的特殊的绘画作品。所谓界画就是要借用一种工具——"界尺"来作画，我们知道，一般绘画是不用尺子的，只有建筑工程制图才用尺子。而界画是一种美术作品却要使用尺子来作画，因为画面中有大量的建筑，而画建筑物主要是用直线。如果一幅画面上大量的直线画得不直，那画面就不好看，于是我们的古人遇到这种以建筑为主体的绘画时便采用界尺来辅助作画，这就形成了一种被人们称之为"界画"的画种。界画主要用来表现建筑场景，每当需要大量画建筑的时候就采用界画的方法。久之，人们借用这种界画的方法来绘制建筑的图纸，所以中国古代的建筑图与界画类似。所不同的是界画仍然是美术作品，画面内容不仅有建筑，还有山峦、河流、树木、花草、人物、动物，甚至有故事情节。而建筑图则只有建筑，没有他物，目的是为建筑设计施工用的。

壁画是中国古代建筑装饰的一种手法。中国古代很早就有文人们在墙上题诗作画的传统，往往有文人雅士酒后兴起，提笔在墙上赋诗，若题诗者是名家，或日后成为名家，则此墙壁此建筑也因此而出名。唐代大画家吴道子就因擅长壁画而著名，所画人物衣带飘逸，随风舞动。相传每当寺庙宫观请吴道子画壁画的时候，满城百姓奔走相传，蜂拥前往观看，成为盛事。尤其在宗教建筑中，这种用壁画来装饰建筑的做法相沿成俗，历朝历代均有。最著名的莫过于敦煌石窟壁画，从北魏时期开始，直至明清，一千多年的历史中各朝各代在此作画，使其成为一座世界上绝无仅有的美术史的宝库。山西芮城的永乐宫（原在山西永济县，因 20 世纪 50 年代修黄河三门峡水库而迁建于此）是国内最著名的道教建筑之一，其建筑独具特色，成为元代道教建筑最出色的代表。尤其是三清殿内的巨幅壁画"朝元图"，是中国美术史上的一件瑰宝。壁画高 26 米，全长 94.68 米，总面积为 403.34 平方米，面积之大为中国乃至世界古代壁画所罕见。壁画描绘了玉皇大帝和紫微大帝率领诸神前来朝拜最高主神元始天尊、灵宝天尊和太上老君的情景。画有神仙近 300 尊，人物形象生动、神采飞扬、衣冠华丽、飘带流动、精美绝伦。

不仅宗教建筑有壁画，在民间建筑上，古人也常采用壁画来做装饰。民间的祠堂和有钱人的宅第常常画有壁画，祠堂中的壁画多以喜庆吉祥图案或者说教性的道德故事为题材，如"二十四孝""孟母择邻""孔融让梨"等，用以教化后人。文人宅第或风景园林建筑上的壁画，则表现出较高的文化修养和艺术水平，例如山水风景、树木花草、鸟兽虫鱼等。湖南黔阳（今洪江市）芙蓉楼牌坊甚至采用纯黑白的水墨画来装饰，不施色彩，非常素雅，表现一种文人气质。有的装饰壁画由建筑的性质而决定，例如戏台建筑上的壁画一般描绘戏曲故事的内容，如《三国演义》《水浒传》《西游记》等。

中国古代建筑还有一种与绘画相关的装饰手法——彩画，彩画和壁画属于两类不同的艺术。

第一，它们的装饰部位不同。壁画画在墙壁上，彩画一般画在梁架、天花、藻井等建筑构件上。当然也有少数彩画画在墙壁上的，但也是画在墙壁与屋顶相接的边缘部位。

第二，它们的绘画内容不同。壁画是创作性的、纯粹的美术作品，其内容是人物故事、山水风景、飞禽走兽等生动的、可以解说的艺术形象。而彩画则只是抽象的、格式化的图案。

清代官式建筑的彩画分为三种，也是三个不同的等级。

最高等级的叫"和玺彩画"，是只有皇帝的建筑上才能用的，其特征是双括号形的箍头和龙的图案。次一等的是"旋子彩画"，用在较高等级的建筑上，例如皇宫中的一般建筑、王府、官衙、大型寺庙等，其特点是单括号的箍头和旋转形菊花图案。第三等叫"苏式彩画"，一般用于住宅园林等较低等级的普通建筑上。其特点是每一幅彩画都有一个装饰核心，叫做"包袱"。这"包袱"里面是一幅完整的画，即一幅独立的美术作品，或者画的人物故事，或者是山水风景、飞禽走兽等，这"包袱"的外面再配以图案装饰。苏式彩画常用于园林建筑上，例如北京颐和园的长廊，在万寿山下昆明湖边，长达500多米。梁枋构架上装饰着苏式彩画，"包袱"中描绘有山水、花鸟、小说戏曲人物故事等，琳琅满目。人在廊中，游览湖光山色的同时欣赏着一幅幅图画，别有一番趣味。

# 第四节　中国建筑与雕塑

中国古代本来是没有做雕塑的传统的，尤其是人像雕塑。西方人喜欢做雕塑，而且做得好，这源自他们的文化传统。西方文化的祖先是古希腊罗马，古希腊罗马文化的一个重要特征是崇尚"力"与"美"，他们神话中的众神都是力量和美的化身，男性的神一定是最有力量的男人，女性的神一定是最美的女人。男性就要有强壮的体格，发达的肌肉；女性就要有圆润的身体，优美的线条。这种崇尚力量、崇尚美的倾向最终发展到崇尚人体，于是人体艺术在西方从两千多年前的希腊罗马时代就成了艺术的主流。人们把自己崇拜的对象——神都塑造成裸体的形象，供奉在神庙里，立在大街上供人瞻仰。

发源于古希腊的奥林匹克运动也是这样，奥运会上的比赛是裸体的，比赛的冠军被抬着游行，也是裸体的。由于这种对表现在人体上的力量和美的崇拜，以及古希腊罗马时代的穷极事物规律的科学研究精神，促使他们去认真观察人体，研究人体。研究人体各部分的比例，研究每一块肌肉的运动规律。于是他们对人体非常了解，所以做出来的人体雕像比例准确、形象优美。像古希腊罗马时代的"掷铁饼者""米洛的维纳斯"等著名雕塑作品，美不胜收，其艺术水平之高甚至今天人们都难以达到。

因为有这一传统，所以后来西方建筑以及城市街道、广场、园林等处全都用雕塑艺术来装点，成为西方建筑艺术的普遍特征。在城市中凡要纪念某一人物，一定是为他做一尊雕塑，矗立于街头广场，即使没有什么需要纪念的也要做雕塑作品来作为艺术装饰。

在中国，由于受古代礼教思想的约束，人们认为人体是引起邪念的根源，是不能被看的，至于像古希腊罗马那样狂热地崇拜人体就更是不可能的事情。于是中国古人对于人体只是在医学上了解，而且即使在医学上的了解也不是很科学，因为没有解剖学。而在艺术上就完全不了解了，对于人体的比例关系、肌肉运动的规律等都没有研究，所以中国古代的人像作品不论是雕塑还是绘画，都是比例不正确，形象不真实。中国古代也没有用雕像来纪念某位人物的习惯，除了在寺庙和石窟里做神像以外，一般就只有在陵墓神道上的石像生有人物雕像，别处一般都是没有人物雕像的。我们今天在广场上树立雕像来纪念某位人物，这是近代以后学习西方的做法。这种艺术手法当然很好，值得我们学习。

在中国古代早期建筑中，雕塑与建筑的直接关系比较多的是陵墓建筑中的石雕——石像生。中国古代帝王陵墓或者贵族、高官的陵墓前面有一条笔直的道路叫作"神道"，神道的两边矗立着石人、石兽的雕塑，这就叫"石像生"。石像生起源于汉代，秦始皇陵中就没有神道石像生，倒是有埋于地下的兵马俑，那是中国古代"事死如事生"的传统观念的产物。汉代陵墓的石像生最开始时也没有后来那样的制度化、规范化。在墓前做石雕像有各种不同的含义，有的是作为陵墓主人的随从或守护神；有的是做一种纪念性雕塑，以标示陵墓主人的历史功绩。例如汉代大将军霍去病墓前的石雕"马踏匈奴"，就是纪念这位大将军生前征服匈奴，扫平边关，平定战乱的功绩。最初的石像生做的都是动物，尤以凶猛的动物为多，明显含有守护保卫的意思。

南朝陵墓石像生多用"辟邪"，也是同样的含义。此外陵墓石像生最常用的是马，马是古代军事征战的象征，所以在帝王和贵族陵墓的神道石像生中一般都有马。

什么时候开始用人物雕像来做神道石像生的已难考证，目前能够看到的最早记录是东汉时期的陵墓开始出现人物石雕像，但是为数很少，如郦道元的《水经注》中的《洧水注》里记载有弘农张伯雅墓，"碑侧树两人"。人们把这种陵墓神道上树的人物雕像叫做"翁仲"，其来源是秦始皇有一位悍将叫阮翁仲，骁勇善战，匈奴人都害怕他。阮翁仲死后，秦始皇用铜做了他的塑像立于咸阳宫前，匈奴人看见了都不敢靠近。因此用翁仲做石像生最初也是出于守护的含义。后来不仅是武将翁仲，还出现了文官的形象，这种左右站立文官武将的形式实际上是一种朝廷仪仗的表现。

唐宋以后，帝王陵墓神道石像生中还出现了外国人的形象，这显然是为了表达皇朝"威震四海，万国来朝"的含义。陵墓石像生也有不同时代的艺术特征，例如汉魏六朝的雄浑；唐朝的雍容大度；宋朝的清新秀美等。

佛教传进中国后，开始有了宗教寺庙的神坛造像。所有的寺庙里一定塑有佛、菩萨、罗汉、力士金刚等神像。寺庙造像一般都是泥塑，内部用竹木棉麻等植物制作胚胎，外面用泥灰塑造形象，再涂装色彩。这种工艺叫"彩塑"，在中国古代寺庙中普遍使用。不论是佛教寺院还是道教宫观，抑或其他民间庙宇都是如此。泥塑造像一般用于寺庙殿堂内，因为它不能经受风雨侵蚀。而另一类宗教造像则借助自然界的崇山峻岭或悬崖巨石，通过人工开凿来制作体量巨大的石像，例如著名的四川乐山大佛、福建泉州清源山老君岩的老子像等。

大型石雕造像中最普遍的就是石窟了，石窟也是佛教造像中重要的一类。它借助自然界形成的山体巨型石块经人工雕琢而成，石像和山本身连为一体，它是在山体上挖洞雕凿，把周围镂空留出神像来。因此这种石像雕凿过程非常艰苦，而且还必须非常细心，如果不小心把鼻子耳朵碰掉一块，补都没法补。石窟造像具有很高的艺术水平，如此巨大的体量，要把握好基本的比例关系（虽不说人体的比例很准确）是很不容易的。特别是河南洛阳龙门石窟的卢舍那大佛，不但造型比例好，而且大佛形象很美，一般认为是目前国内石窟造像中最美的一尊。

佛教造像是一种偶像崇拜，中国上古时代是没有偶像崇拜的。中国古人祭祀天地神灵，祭祀祖先圣贤都是用牌位，而不用塑像。北京天坛皇穹宇中供奉的昊天上帝是牌位；老百姓家族祠堂里供奉的祖宗或天地君亲师也是牌位；北京孔庙里供奉的孔子和其他配祀人物也都是牌位。随着佛教传入，造像的手法也影响到中国。宗教造像随着宗教本身的兴盛和发展而普遍流行，影响到其他领域。例如祭祀孔子的孔庙（或文庙），本来按照中国的传统是只有牌位，没有塑像的。佛教在中国流行以后，寺庙里塑神像成为普遍现象，于是中国传统祭祀也受其影响，孔庙中也开始做塑像，或挂画像了。

中国古代与建筑相关的人像雕塑艺术作品，除了陵墓石像生和宗教寺庙神像以及文庙孔子像之外，其他场合用人像雕塑确实不多。但在一些特殊的场合，为了一些特殊的需要会做一些有特殊含义的人像雕塑。例如杭州岳王庙，为了纪念抗金英雄岳飞而建造，同时把当年残害岳飞的罪人秦桧等人用生铁铸造了塑像，跪于岳飞庙前。

山西太原晋祠圣母殿里面有一组泥塑像，做得极其优美，可以说是国内最美的一组泥塑像。晋祠圣母殿建造于北宋太平兴国九年（984 年），距今已有一千多年的历史，这座建筑是宋代建筑的典型代表，是当之无愧的国宝。而大殿内的这组泥塑像也是与建筑同时代的作品，也是中国古代雕塑艺术的瑰宝。除了端坐于大殿正中宝座上的圣母以外，另有 42 尊侍从人物，其中除了少数几个男宦官以外，大多数是女性，即圣母的侍女。这组泥塑像最大的特点在于，他们虽然是在神殿里被当作神像来塑造的，但实际上完完全全是一组现实中的宫廷侍从人物。人物形象和神态极其生动，尤其是那一群宫廷侍女，有起居侍女、梳妆侍女、奉饮食侍女、文印翰墨侍女、音乐歌舞侍女、洒扫侍女等，各自身着不同服装，手拿不同物品。她们有着不同的身份地位，不同的年龄，不同的性格，表现出不同的神态表情。有的温文尔雅，有的天真可爱，有的老于世故，有的高傲冷艳。总之，一个个生动传神，楚楚动人。像太原晋祠圣母殿内泥塑这样的现实人物雕塑，在中国实为凤毛麟角。

另外，在四川大足石窟中在做佛教造像之余还有少量民间生活的人物雕像，例如牧牛童子、养鸡妇等。除此之外，中国很少有现实人物雕塑作品，究其原因还是中国古代没有做人物雕塑的历史传统。即使像晋祠圣母殿泥塑和大足石刻雕像中的现实人物形象也还是借宗教的形式来表达的。

在中国古代，雕塑更多的是用在建筑装饰上，雕塑是中国古建筑装饰的一种重要手法。在梁枋构架、屋脊墙头、天花藻井、门窗栏杆等处，凡能做雕塑之处，均有雕塑。雕塑的材质主要有木、石、砖，因此木雕、石雕、砖雕号称"建筑三雕"。这三种雕刻手法各有特点，一般说来木雕比较精美，因为木雕的材质细腻；石雕则比较质朴，因为石头材质相对比较粗糙，并且硬度大，加工比较困难，所以石雕不可能做到像木雕那样精细的程度；而砖雕的特点是由于其制作方式的特殊性（先用泥塑的方式制作出来，然后再像烧砖一样烧制），因而比较长于表现立体感和空间感。然而，不论是木雕、石雕还是砖雕，同一种雕刻手法中又有不同的地域特征。一般来说，北方的风格粗犷豪放，南方的风格精巧细腻。

在中国建筑装饰中还有一种类似于雕塑的装饰手法——泥塑。与前面所述泥塑人像、神像不同，这是一种仅用在古建筑的屋脊翘角等处的装饰物，用一种耐久的泥灰（一般是桐油石灰）制作出飞禽走兽、植物花卉。泥塑经常在泥灰里面掺进彩色矿物颜料，这叫"彩塑"，它与砖雕、石雕相比更显丰富、华丽而被人们所喜爱。由于泥塑工艺的手工自由度较大，便于创作，因此常被用来进行较大面积的装饰，有的甚至在建筑物墙面上做出大面积的泥塑图案，例如湖南湘潭鲁班殿大门牌楼的正面门楣上用泥塑作出一幅山水城郭长卷，画面上有城墙城楼、城内街道店铺、河流码头船舶、城外山水田园，琳琅满目，被人们称为"湘潭的清明上河图"。然而，泥塑是没有经过烧制的，虽然桐油石灰很坚硬，但是其耐久性毕竟有限。于是人们借用陶瓷釉色的工艺来制作这种建筑装饰品，这就产生了建筑琉璃，它色彩艳丽而又能久经风雨不变颜色。自从有了琉璃以后，琉璃制品就成了中国建筑屋顶装饰的主要做法。当然，琉璃是比较昂贵的，所以只有高等级的或比较讲究的建筑上才能用琉璃。例如山西洪洞广胜上寺琉璃塔，采用大量的琉璃构件、琉璃雕塑艺术品来做建筑装饰，国内少见，可以说它是中国古塔中装饰最华丽的一座。

# 第五节　中国建筑与中国文字

中国文字的特征是象形。中国最早的文字是商朝的甲骨文，甲骨文就是象形文字。后来各时代文字虽有变化却万变不离其宗——还是象形。我们今天所能看到的中国文字有一些规律可循，其中与建筑形象相关的最普遍、最常见的是"亠"字头、"宀"字头、"厂"字头和"广"字头的文字。"亠"字头有亭、高、京等；"宀"字头的最多，例如宫、室、家、宅、宗、宿等等；"厂"字头的例如厅、厢、厩、厨、厕、厝等；"广"字头的有廊、库、庐、庙、店、府等。

还有以意义来表达的，最典型的就是"木"。中国古代建筑以木结构为主，所以凡与建筑结构相关的文字大多是以"木"字为偏旁部首，例如梁、柱、枋、檐、樟、桁、根、构、栋、楼、桥等；而以"土"字为偏旁部首的文字，则多用来表示建筑靠近地面的下部结构，或者与地面直接相关的特殊建筑或构筑物，例如墙、垣、城、壁、坛、坊、坝、墓、坟、壕、埋等；以"穴"字头为偏旁部首的字，大多表示上面有顶盖，下面有空洞，例如穹、空、穿、窑、窨、窗、窜、窝、窟、窖等。

关于以文字的形象来表现建筑的意义这一点，日本著名建筑史学家伊东忠太在他的《中国建筑史》一书中有过一段有趣的表述："关系建筑之文字多冠以宀，即像屋顶之形者。古文中写作'　'，即表示曲线形之屋顶者。而表示栋之形者，则有家宇宫室等字。堂字之'　'，乃表示屋顶之复杂装置者。亭字之'亠'，则表较'宀'为省略，乃简素之屋顶也。"伊东忠太是一个中国通，他长年研究中国建筑史，足迹踏遍了除新疆、西藏、青海等几个边远省份之外的二十几个省区。他不仅研究中国建筑，而且对中国的历史文化有着很深的造诣。他的《中国建筑史》中关于中国早期建筑的研究，因为没有现存的建筑实物，而历史典籍中关于建筑的记载也比较简略，他便通过各种其他间接的途径来进行分析、发掘。他关于中国文字和建筑形象之关系的分析也是出于他对中国文化的深入了解。

中国最早的文字甲骨文更是直接象形，甲骨文中，关于建筑的文字则完全就是在"画"建筑。从今天能够看到的甲骨文中关于建筑的文字，不仅能够看到那时代的一些建筑形象，更能从中判断出那时代的一些建筑类型以及它们的性质、作用等。下面列举一些甲骨文中与建筑相关的文字，我们从中可以看到那个遥远时代的建筑情况。

"𡩅"字，屋顶下面有两个类似于窗户的口字，最初的"宫"字不是宫殿的意思，而是住宅。所谓"宫室"就是住宅建筑，"宫墙"就是住宅的围墙。

"𠕋"字，从形象上看就是一座巨大的城门上面有城楼，这就是京城。

"髙"字，高高的台基之上有房屋建筑，这就是高台建筑。中国古代从商周、春秋、战国一直到魏晋南北朝时期都时兴高台建筑。

"宗"字，宗庙的意思，屋子里面一个祖宗牌位。《说文解字》中说"宗，尊祖庙也"。《礼记·祭法》中说"天子至士，皆有宗庙。……旧解云，'宗，尊也，扇（庙），貌也，言祭宗庙也，见先祖之尊貌也'"。

"介"字，房子里面一个人，这就是住人的地方。而"家"字，房子里面一头猪，看来最初"家"是养猪的地方，反倒不是住人的。

"𡧑"字，一个人跪在房子里面，客人来了，跪地迎接，表示礼节。

"𡘈"字，显然是关羊的羊圈，成语中"亡羊补牢"也说明古代"牢"是关羊的，而不是关人的。

"囚"字，当然是把人关在里面，今天的"囚"字看来更形象，把一个人四面围起来，关得死死的。然而古代的囚牢却是把人关在一个木笼子里，身子在笼子里，头从上面露出来。

"門"字当然是一个很具体的门的形象，这种门不是一般的房门，而是院落的大门，有点类似于牌楼门，古代叫作"乌头门"。

"户"字，一扇门，门扇、窗扇的意思。今天我们说的门户、窗户就是这样来的。

"宿"字，一个人在席子上面，这就是住宿。中国古代住宅最初是席地而坐的，进屋脱鞋，坐地上睡地上。今天日本、朝鲜半岛的生活方式实际上是延续着中国古代的生活方式，只是后来中国自己变了。

""字，园林、苑囿的意思。由此可以看出，最初的园林（苑囿）的主要功能是实用性的种植，种田地庄稼、蔬菜、瓜果等。类似于农田、菜地或果树林。那时代生产力极其低下，即使皇宫里也要种些瓜果蔬菜作为补充。文字中记载以及河南安阳殷墟考古发掘都证明商朝的宫殿建筑也只是"茅茨土阶"（茅草屋顶，土筑的台基），没有我们今天想象的那么豪华。所以，皇家苑囿中种植实用性的植物和放养动物也就不难理解了。

研究中国古代建筑，一定要研究中国古代的文字。因为中国古代建筑以木结构为主，保存时间有限，与西方古代石头建筑相比，保存时间较短，目前保存下来的最早的木构建筑就是唐代的，再早就没有了。因此，上古时代的建筑都没有现存的实物，而且考古发掘所得也极为有限，所以，作为象形文字的文字形象就是最直接最真实的描绘了。

# 第六章　中国传统建筑与生活方式

## 第一节　城市建筑与市民文化

### 一、关于城市广场

城市建筑是由城市文化决定的，而城市文化又是由城市中的市民生活和市民文化决定的。中国古代的城市文化有很多不同于西方的特点，其中比较突出的是中国古代城市中没有广场。西方古代城市中有很多的广场是西方城市的特点，也是西方文化的产物。古希腊、古罗马时代实行民主制的城邦制度，全民爱好哲学和公共政治活动。哲学家们经常在公共场所面对公众发表演说，或者有着不同观点的哲学家相互辩论时，公众们便兴致勃勃地聚集聆听。这就需要一些开阔的、可供人们聚集的场所。另外，西方人有社交的习惯，他们喜欢随时坐在街边聊天、喝咖啡，在西方城市中到处都是街边露天餐馆和咖啡厅。因为有了这些需要，于是人们在规划建造城市的时候就有意留出一些比较空旷的地方来为人们的聚会活动提供方便，这就是城市中的广场。其实西方城市中的广场一般都不大，因为它本来就是只供小型聚会和社交活动所用的。

而中国古代是封建专制社会，没有哲学家在公众场合发表演说的习惯，统治者也不允许公众聚集，因为公众聚集就有造反的可能。另外中国人也没有在公众场合社交的习惯。这些原因也就导致了中国古代的城市中一般没有广场。但是一些少数民族聚居的城镇中可能有广场，例如云南丽江的四方街，就是一个典型的城市广场。很多少数民族有大家聚集在一起唱歌跳舞的习惯，所以在少数民族聚居的城镇村寨中，大多有广场。云南丽江是纳西族聚居的地方，纳西族有群体聚集歌舞的习惯，所以丽江的传统城市中就有了广场。湖南湘西的土家族有跳"摆手舞"的习惯，所以土家族的传统村落中都有专供跳"摆手舞"的小型广场。反而是汉族人的城镇村落中因为没有这种公众活动，也就没有这样的活动场所。

中国古代的一些节日活动，例如庙会等，其内容也大多是商业性的，所以一般就在大街上进行，也不需要专门的广场。一般只有皇帝主持的大型政治活动才有集会的形式，所以一般只在皇宫里面和皇宫前面才有广场。例如北京紫禁城，只是在太和殿前面和午门前面才有广场。太和殿前的广场是皇帝朝会文武百官、举行重大典礼的场所；午门前的广场则是皇帝检阅军队的地方。

古代战争爆发时，军队出发前会在这里接受皇帝的检阅；打了胜仗班师回朝，也要在这里举行"献俘"仪式。除此之外，在城市中别的地方都没有做广场的必要。在今天所能看到的古代著名都城长安城和北京城的平面图中，我们都看不到广场。今天我们看到的天安门广场这个世界上最大的广场，是1949年以后，为了大规模群众集会的需要，拆除了天安门前的一些建筑而建成的。古代的天安门前是没有广场的，而是两条"L"形的长条建筑，对称组成一个"T"字形狭长空间，叫"千步廊"，是政府机构兵部、刑部等六部所在地。

总之，中国古代的城市中是没有广场的，今天我们看到的城市广场都是近现代城市发展，城市生活和功能变化，并在科学的城市规划指导下新建设的产物。

# 二、关于公共建筑

在中国古代，除了没有公共聚会和交往的广场之外，还有一点不同于西方的是中国没有大型公共建筑。古希腊和古罗马时代有大型的剧场、竞技场、浴场、音乐厅、图书馆等，这是西方人爱好公共活动的产物。古希腊古罗马时代的剧场就是大型公共活动的场所；罗马时代的竞技场（斗兽场）动辄能容数万人；大型的公共浴场也是，例如罗马的卡拉卡拉浴场，能够同时容纳数千人，里面还有图书馆和音乐厅。而这样的建筑在中国古代是没有的，不是不能建造那样大规模的建筑，而是没有这个需要，没有这种文化。中国古代没有这种大规模的公众活动，即使是戏剧演出，也是小规模、小范围的。中国人也没有像西方人那样大量人群的公共活动的兴趣和习惯，中国人的日常交往一般都是小范围，小规模的。如果要说中国古代也有公共建筑的话，那就只是小范围内、小人群内的公共建筑，例如祠堂、会馆等。人们可以在家族内部集资合力建造美轮美奂的祠堂；可以在商业行帮内聚集财力建造宏伟华丽的会馆，这都是供小范围、小团体内部使用的公共建筑。我们今天所能看到的图书馆、音乐厅、体育场、剧场等大型公共建筑都是近代以后从西方传入的。

事实上，中国人并不是不喜欢文物古董，收藏古董在中国有着悠久的历史，有史书可考的在汉代就有人收藏古物，唐宋时期更是盛行，宋代宫廷里就收藏着历史上著名画家、书法家的作品和古董器物，而到明清时期收藏古董更是蔚然成风。清朝乾隆皇帝是著名的古董收藏家，在他的皇宫中，历代名画、书法、瓷器、青铜器、玉石珠宝等堆积如山。后来在抗日战争中颠沛流离，今天分别保存在北京故宫博物院、台北故宫博物院以及世界各大博物馆中著名的故宫珍宝，主要就是以当年乾隆皇帝所收藏的宝贝为基础的。民间的古董收藏虽没有皇宫那样的条件，但也是红红火火，很多著名的收藏家收藏的宝贝价值连城。直到今天，民间收藏热度仍不减过去。

# 三、关于“市井”

中国古代城市生活和城市建筑离不开两个东西——“市”与“井”，我们的语言中有“市井”一词就是这样来的。所谓“市”即指与商业有关的建筑或设施，如市场、商铺、街道等。中国在宋代以前的城市中实行“里坊制”，街道两旁不准开商店，全部商业活动集中在城市中固定的一两个地方，这就是“市”，最著名的是唐朝长安城中的“东市”和“西市”。

宋朝以后商业经济大发展，里坊制被打破，城市中街道两旁开起了商店，这种街边商铺也就成了一般城市平民生活的依靠。一家一户开个小铺面，做点小生意，维持经济来源。于是城市街道就形成了自然分割的一个一个小开间的铺面，临街面都不宽，向纵深发展。每一家占一个开间，大户人家有钱可占到两三个开间。前面临街开店，后面是住宅，或者有两三层的楼房下面临街开店，后面做作坊，楼上住人。这就是中国古代城市中最普遍的街道商铺住宅——"前店后宅"或"下店上宅"。临街开店铺一个重要的特点就是商店的柜台是直接朝着街道的，门板是一条条木板拼装上去的，白天可以全部卸掉，店面全开敞。晚上关闭以后还可以在柜台上方留一个小窗洞，夜晚街坊邻居有急事要买东西，可以开小窗户提供方便。

至于"井"，它虽然不是建筑，但它是与建筑、与城市、与人们的生活直接相关的设施。中国古代城市中的生活用水大多来源于地下水，即打井取水。在今天中国各地的历史城镇、街区、村落中还留有大量的水井。这些古井有的已经废弃，有的至今仍在使用，另外在很多考古遗址中也发掘出来很多古代的井，它们都是古代城市建设和人们日常生活的真实记载。

例如长沙市内贾谊故居中的古井，贾谊是汉代著名政治家、文学家，虽然其故宅在历史长河中已经湮没无存（现在的贾谊故居是后来重建的），但是在其院落中发现的古井以及井中出土的"太傅古井"碑足以证明现在的故居仍然是贾谊故居原来的位置。

在一些城镇村落中水井不仅仅是一个生活设施，因为大家都到这里来取水和洗涤，久之就变成了人们聚集的一个中心，人们在此聚集聊天拉家常。有的城镇村落中比较大的水井做成三级水池，第一级是从地下流出的新鲜水，仅供取水饮用，不准洗涤；流到第二级用来洗涤蔬菜水果和食物；再下来流到第三级，用来洗衣服和其他东西，最后再流走。大家自觉遵守规则，养成公德，同时也非常符合于生态环境的保护。

# 第二节　戏台建筑与观演文化

看戏是文化娱乐生活的一个重要内容，广义上说的看戏，并不只是看戏剧、戏曲，而是指观看各种表演。但是在中国古代，戏剧文化发展较晚，正式舞台剧场的戏剧演出比较晚才形成。元代的杂剧应该算是中国最早的在正式舞台演出的戏剧，而在此之前，除了表演给帝王们看的宫廷乐舞以外，民间老百姓能看到的就只有一些街头杂耍或者茶楼酒肆里小规模表演的曲艺和小曲演唱之类的说唱艺术了。而在西方，两千多年前的古希腊罗马时代，戏剧艺术就很繁荣，出现了很多正规的露天剧场和室内剧场，戏剧演出成为一个地方的文化盛事。

中国古代的戏曲表演总体上分为两类：一类是民间娱乐型；一类是祭祀乐舞型。所谓民间娱乐型，是由最初的街头杂耍发展而来的茶楼酒肆中的曲艺表演等，今天我们能看到的如相声、小曲、大鼓等各种说唱类曲艺以及杂技、魔术等都是从这一类发展而来的。所谓祭祀乐舞型，即庙宇中祭神时表演的节目。中国古代的祭神活动中有一种特殊的祭祀方式叫"淫祀"，所谓"淫祀"，即演戏给神看，给神以娱乐，所以这一类表演都是在庙宇之中进行。

由此，中国古代的戏台建筑也就出现了两种类型：一类是室内茶座式的，戏台在大厅中间，背靠一方，另外三方由茶座围绕。今北京虎坊桥的湖广会馆和天津的广东会馆内的戏台就属于这一类。这类戏台显然是由早期的茶楼酒肆中的戏曲表演发展而来的，这就是我们常说的"戏园子"。中国人看戏与西方人不同。西方人把看戏当作一种正规的艺术欣赏和社交活动，是欣赏艺术和培养文明气质的地方。看戏的人规规矩矩排排坐，穿着考究的礼服，行为举止文明礼貌。看戏的过程还有很多规矩，什么时候应该鼓掌，什么时候不能鼓掌等。中国人把看戏当作娱乐，既是娱乐就要尽量自由随意、无拘无束。于是中国的戏园子里摆着八仙桌，看戏的人围着桌子坐，一边看戏一边吃东西、嗑瓜子、抽烟、喝茶、聊天、高声喧哗。有一幅清朝的古画画出了戏园子演出的场景，整个场子里面很乱，有喝茶的、抽烟的、聊天的、服务的，还有很多人四处走动。台上演出很热闹，台下几乎是同等的热闹。过去茶馆戏园还提供热毛巾供人擦脸擦手，叫"毛巾板"，这里一边演戏，那里一边吆喝着把"毛巾板"扔过来扔过去。西方人把演员看作受人尊敬的艺术家，中国人把演员看作供人娱乐的"戏子"，这一点大概也与这种看戏的方式和态度相关。

另一类戏台是室外露天的，一栋独立的建筑，周围是空旷的场地，供观众看戏。这类戏台最初出现在庙宇里，是供祭神表演的。因为庙宇中的戏台是演戏给神看的，所以戏台建筑的布局就比较特殊。中国古代的宫殿庙宇等建筑群沿中轴线上的建筑都是同一个朝向，即朝向前面的大门。而有戏台的情况下就不同了，戏台与中轴线上的主要建筑朝向相反，戏台建在大门后面，背靠大门，与中轴线上的大殿面对面。人们进入庙宇大门便从戏台下穿过，进入庭院，正面是大殿，回过头是戏台。庙宇中的戏台是演戏给神看的，祠堂和会馆中的戏台也是如此，祠堂祭祀祖宗，会馆祭祀各种神祇，因此祠堂、会馆中的戏台其最初性质与其他庙宇相同，也是用来"娱神"的。这种建筑格局是全国各地共同的，全国各地的庙宇、祠堂、会馆中的戏台大多都是这一类，只有少数商业气氛较重的会馆内的戏台是属于戏园子那一类，如北京湖广会馆和天津广东会馆等。

戏台面对大殿这种建筑格局，恰好形成一个理想的演戏和观戏的庭院空间。戏台对面大殿前的多层台阶和宽敞的庭院成为观戏的看台，两侧的厢房在有戏台的情况下一般就做成空廊，并常做成两层的厢楼，成为上下两层的看楼，类似于西方剧院中的包厢。本来演戏是"娱神"的，不是"娱人"的，人看戏只是跟着神沾点光。但事实上戏台建筑及其周围环境的形成和完善，已经成为人们平常演戏娱乐甚至公众集会的场所。尤其在祠堂、会馆这类建筑中，每逢节日或其他庆典活动时必有戏曲演出，成为庆典活动的主要内容。同时各个不同的祠堂、会馆之间也往往以所请戏班的名气、演出的场数、排场的大小来互相攀比，显示自己的财力。例如山西洪洞县水神庙的明应王殿内墙壁上刊有一幅元代戏班演出的大幅招贴画"大行散乐忠都秀在此作场"，就是古代戏曲演出的真实记录；安徽祁门坑口村会源堂（陈氏宗祠）戏台后面墙壁上至今保留着当年戏班演出的戏码（节目单）。这些都是中国古代戏曲文化发展的历史见证，是具有宝贵价值的历史遗存。

中国古代早期只有说唱类和歌舞类的表演，随便的场地都可以表演，不需要固定的、正规的戏台。需要戏台的，正式表演性的戏剧或戏曲形成较晚，因而戏台建筑也出现较晚。从文献记载来看，中国古代的戏台或戏园，最早见于史书记载的是唐代佛寺中的"戏场"（参见廖奔《中国古代剧场史》，中州古籍出版社1997年5月出版）。宋代开始出现在城市商业市场中的表演建筑叫"瓦舍勾栏"（有的叫"瓦子勾栏"），这就是我们今天能看到的茶馆戏园。宋代以后这种勾栏戏场又逐渐衰落，主要的、数量最多的就是庙宇、祠堂、会馆中祭神的戏台了。目前国内保存下来的比较早的戏台有山西省高平县王报村二郎庙戏台，建于金代，被认为是国内现存最早的戏台；另外还有临汾的牛王庙戏台、洪洞县广胜下寺水神庙戏台等几座建于元代的戏台，都非常宝贵。以后各朝代的戏台仍然以庙宇中的戏台为主，到明清时期绝大多数戏台都是在祠堂和会馆这类规模较大的民间建筑之中了。

戏台是一种艺术建筑，人们看戏本来就是欣赏艺术，附带对戏台建筑也以欣赏的目光来看待。所以戏台建筑都建得很华丽，造型奇特，雕刻精美，彩画艳丽，美轮美奂。不论是庙宇还是祠堂、会馆，凡有戏台的，那戏台一定是这个建筑群中最华丽的。例如安徽亳州的山陕会馆，又叫关帝庙，因为其戏台的华美人称"花戏楼"，在当地人中"花戏楼"甚至比山陕会馆本身更有名。又如四川自贡的西秦会馆戏台，建筑造型之宏伟，装饰之华丽登峰造极。

传统戏台建筑形成了一种固定的式样，平面呈"凸"字形，向前突出的部分是舞台，后面是化妆间和准备空间。舞台与后台之间有木板屏风相分隔，左右各一个小门洞，供演员出入。门洞上方往往写有"出将""入相"的门额。舞台面积都不大，这是由中国古代戏剧的表演形式决定的。中国古代戏剧与西方戏剧不同的特点之一是基本上没有大场面，西方的歌剧、舞剧动辄数十人上百人上场，表现一个宏大的场面。而中国戏剧是以一种象征性的手法来表现的，一个将军带着几个兵卒就表示千军万马了。有俗语形容中国戏剧中的场面"一个圆场三千里，八个龙套百万兵"就是指的这个意思。所以中国传统的戏台也就不大，能供几个人在台上表演就可以了。

# 第三节　特殊的建筑与特殊的生活

## 一、席地而坐与垂足而坐

今天我们可以看到日本人、韩国人和朝鲜人的生活方式都是进屋脱鞋，在家里坐地上、睡地上。这种"席地而坐"的生活方式实际上是源自中国，中国古代就是这样的。从历史文献来看，中国古代的文字记载，包括甲骨文的记录，还有大量考古出土的画像石和画像砖上的形象描绘，都证明中国古代原来都是席地而坐的生活方式。甲骨文中有很多与建筑相关的文字里面都有一个跪着的人的形象，例如"宿"字，写作"![甲骨文]"，或写作"![甲骨文]"，这个跪着的形象不仅仅是行礼时的动作，而是一般日常生活中在地面上跪坐的样子。

出土的古代陶俑就有很多跪坐的形象，画像砖、画像石上的人物，凡在室内的也大多是跪坐或席地而坐的，中国古代的很多绘画作品中所画的人物也大多是席地而坐的。所谓"席地而坐"是在地面上铺着席子，人坐在席子上，甲骨文中的"宿"字就是画的一个人跪坐在席子上。如果有多个人在场，例如接待客人时，一个人坐一张席子，这叫一"筵"，我们今天所说的"筵席"就是这样来的。席子面前摆一张矮桌叫几案，进餐时食物一人一份放在自己面前的几案上，实行分餐制。日本把一张席子（大约1米宽2米长，正好供一人坐卧）叫作"一叠"，读音"榻榻米"。人们把日本人的住宅室内地面叫"榻榻米"，本来就是一张席子（一叠）的意思，相当于中国古代的一筵。同样，今天日本的分餐制宴席也就是这种古制的延续。

席地而坐的生活方式对建筑的影响比较大。第一，因为人坐地上、睡地上，所以室内没有桌子椅子，没有床铺，只有座席上面的几案和存放衣物的箱子柜子，室内的家具就少了很多，房间也就不需要太大。第二，人总是坐在地上的，因此室内空间不要太高，太高了人的空间尺度感就不对了。所以今天日本、韩国和朝鲜以及中国境内的朝鲜族的传统住宅建筑都比较低矮。不仅建筑和室内空间较低矮，就连门窗也开得比较低矮。日本著名建筑史学家伊东忠太在他所著《中国建筑史》中，通过孔子《论语》中的一段记载分析当时建筑的窗户形式。孔子的弟子伯牛病了，孔子前去探望，没有进屋，站在屋外隔着窗户与躺在病床上的伯牛握手。由此可知那时代建筑的窗户不高。第三，人坐地上，室内地面要特别注意防潮、保暖，所以建筑的室内地面都要抬高，地下架空，下面做烟火道，在室外的台基旁边留有烧火口。冬天在火口烧火，整个室内地面都是暖的，既防潮又保暖，这种住宅是很舒适的。实际上中国东北包括满族人居室内的火炕，也在一定意义上可以说是一半延续着古代席地而坐的生活方式（不是整个地面上坐卧，而是在炕上坐卧）。例如沈阳故宫后部的清宁宫就是满族传统住宅形式的代表，室内沿墙边有宽阔的火炕、低矮的窗户和厚厚的墙壁，墙下部有烧火用的火口。

中国古代从"席地而坐"向坐椅子、睡床铺的"垂足而坐"的转变开始于魏晋南北朝时期。魏晋南北朝时期西域的少数民族大量进入中原地区，这些少数民族大多是游牧民族，带来了架在地面上的临时坐凳和床铺（类似于今天的"马扎"和行军床）。相对席地而坐来说，人的腿感觉比较舒服，所以中原地区的汉族人开始接受这种生活方式。因为这种坐凳床铺来自西域少数民族，所以当时人们把这种坐法叫作"胡坐"，把这种床铺叫作"胡床"。后来在长期的生活实践中人们逐渐把"胡坐"的坐凳和"胡床"改造成了更加实用、更加美观的座椅和床铺，就变成我们今天所看到的传统家具了。这种由席地而坐到垂足而坐的转变，有一个较长的过程，大约到唐代才转变过来。很多古画中所画的建筑室内生活场景图中，甚至到宋代还常见有席地而坐的场景。

## 二、太师椅与沙发的文化差异

中国古代由席地而坐发展到垂足而坐，然而垂足而坐到后来又走上另一个极端，即人要坐得高，以显示庄重严肃，最典型的就是后来出现的"太师椅"。那太师椅雕刻精美，成了一件艺术品。然而更耐人寻味的是这种太师椅是直角形的，即坐板和靠背呈 90 度直角。人坐在上面时必须挺直腰板，挺胸垂足地端坐，即所谓"正襟危坐"。这种坐姿实际上是很不舒服的，坐久了会很累，腰酸背疼，所以太师椅是只好看不好坐。皇帝的座椅雕刻象征最高权威的龙凤图案，故叫作"龙椅"，龙椅的形状变本加厉，不仅是直角的，而且那坐板很大，进深很大，后面虽有靠背，但是根本就靠不着；座椅很宽，两边虽有扶手，但是根本就扶不到。但是中国古代又必须这样，才能体现人的尊严和地位。相比而言，西方的沙发则让人坐得很舒服，因为它是按照人体的形状来制作的。然而沙发虽然舒适但却不庄重，人坐在里面呈半躺斜靠的姿势，一副慵懒的形象。清朝后期，有洋人送了一套精心制作的沙发给慈禧太后，慈禧很喜欢，因为它比起太师椅来实在是很舒服。但不能把它放在正式的殿堂里，只能放在后殿卧房里面。在殿堂上当着众人的面坐沙发不庄重，只有在自己的卧房里才能享受这种舒适。同样，洋人送了一辆轿车给慈禧，她也同样是感到新奇高兴但不能坐，因为司机坐在她前面，这成何体统。在中国古代，人的座位是有着文化含义的。

## 三、"闺房"与"绣楼"

中国古代礼制文化中讲究"男女授受不亲",把男女之间的界限关系划分得非常清楚、严格。男人在未经过一系列正式的礼仪程序之前是不能看到自己未来的妻子的,到举行婚礼仪式的时候都还不能,新娘有"盖头"盖着。直到婚礼完毕进入洞房才能掀开"盖头"看见自己的妻子。而姑娘在未出嫁之前更是藏在深闺"秘不示人",任何男人都看不到,即所谓"闺女""闺秀"。因此,凡家中有闺女的,只要有经济条件就一定要有"闺房""闺楼"或"绣楼"。闺房、绣楼一般都在民居宅院的后部,或者在楼上,以表示藏得深。闺房在楼上的,往往还在楼梯上楼的出口处的地板上做盖板,可以把盖板盖上,就像把门关上一样,别人就上不去了。有时考虑到闺女整天在绣楼里闷得慌,在有条件的地方将绣楼做得对外开敞,让闺女能够看到远处的风景。例如湖南会同县的高椅村就有一座这样的绣楼,二楼有一个直接对外的小阳台,能让闺房里的人出来散散心、观赏风景,而且这座建筑外墙上的圆拱形小窗的造型和装饰明显可以看出这家主人受到一些西洋建筑的影响,虽然受到西洋文化的影响,但是闺女不能出闺房这种中国传统观念却是一直坚守的。

## 四、公益建筑——凉亭、风雨桥、鼓楼

农耕文明的社会,是一个温情脉脉、纯朴善良的社会。中国古代虽然没有宗教观念中积德行善的神谕,但是儒家思想中仁者爱人的思想与宗教中行善的观念异曲同工。"老吾老以及人之老,幼吾幼以及人之幼"的观念深入人心,而且这种观念似乎越是偏僻落后的地区越是表现得明确。

在南方很多地方都有凉亭和风雨桥,这都属于公益性建筑,即由民间自发捐资建造的为他人提供方便的建筑。凉亭一般建在大路边上,所谓"大路"并不是我们今天意义上的公路,在古代叫作"驿道",即比一般乡间小道稍宽一点,能够跑马或者走马车的道路。这种道路是地区之间甚至一省与他省相连接的。道路边上相隔一定距离就有供人住宿歇息的驿站,所以叫"驿道"。在这些大路经过的地方,每隔一定的距离就有当地老百姓建的凉亭,供人休

息，并可以遮风避雨。

各地方建造的凉亭式样风格不一，例如湘南地区的凉亭都是两道封火山墙夹着一个两坡屋顶的硬山式建筑，两端封火山墙上各开一道拱门，青砖墙体比较封闭；而湘西侗族地区的凉亭则是全敞开的木造两坡屋顶，有的亭中还有水井，叫"井亭"。井边放着竹勺，供路人喝水解渴。过去还有人织了草鞋挂在亭子里，供路人随意取用。这些反映了侗族人民爱好公益的优良品质。更有趣的是在侗族村寨里的水塘中我们还常看到有"鱼凉亭"，给鱼乘凉，充分表达了侗族人的仁爱之心。

所谓"风雨桥"，也就是廊桥，桥上盖有屋顶，可以遮风避雨，所以叫风雨桥。风雨桥在南方很多地区都有，例如福建、浙江、安徽，尤其是西南少数民族聚居的地区，如广西、贵州、四川，以及湖南西部的湘西等地区最多。而在这些少数民族地区中，尤以侗族地区风雨桥最多，这又表明侗族是一个热心公益的民族。苗族、土家族、瑶族地区也都有风雨桥，但从数量之多、规模之大、建筑之精美程度来看，都是以侗族为最。这种风雨桥已经不仅仅是一种交通设施，而是成了一种类似于凉亭的公益性建筑。风雨桥的桥廊内两侧都设有坐凳，供路人休息。不仅是过路行人，当地农民田间劳动休息时也可以坐在风雨桥中。

说到公益建筑，就必须提到侗族的鼓楼，这是侗族村寨中的一种公共建筑。一般建在侗族村寨的中心广场上，是村民们聚集的场所。鼓楼内有一面大鼓，村中有事召集村民就在这里击鼓，所以叫"鼓楼"。村民在此召集公共集会；节日里在此演戏；日常劳动之余在此休息；老人们在此闲聊家常等。总之，它就是一个村寨的"客厅"，平时人们一般都在此活动。鼓楼中心地面上有一个很大的火塘，冬天可烧火取暖，周围有固定的坐凳，给人们提供活动方便。

# 五、驿站和驿馆

中国古代有一种特殊的建筑，现在已经很少见到了，这就是驿站，或叫驿馆，其性质类似于今天的旅馆和宾馆。古代最早的驿站是由国家政府设置的，主要用途是为了国家地方政府之间传递公文信件和军事命令等文件，所以有的地方叫作"邮亭"或"邮邑"。今天江苏省有一个高邮县，就是因为秦朝时在此建了一个高台，并把邮亭建在高台上，因此得名"高邮"。古代的驿站沿着主要的交通要道设置，每隔一定距离设一个，供传递文件的差役停留食宿。驿站有专人管理，备有房间和马匹。遇到紧急公文，例如传递军事情报或命令的时候，就采用驿站之间接力式的"快递"。差役骑快马跑到一个驿站，人和马歇息，驿站的人和马接过公文继续往下一站跑，这样就可以保证人和马可以休息但传递的文件不停留。由于古代城镇之间相隔较远，这种每隔一定距离设置的驿站有时就设在了人烟稀少的荒郊野外。南宋诗人陆游的《咏梅》词中"驿外断桥边，寂寞开无主。已是黄昏独自愁，更著风和雨……"的诗句就描写了驿站所处地方的荒凉。

在今天河北的怀来县就还保存着一个"鸡鸣驿"，是目前国内保存下来的最大的一个古代驿站，它已经不是一个一般的驿站，而是由驿站发展而成的一座小城镇。由于坐落在鸡鸣山下因而得名"鸡鸣驿"，它是西北进入京城的交通要道，始建于元代，是当年成吉思汗率兵西征时在通往西域的大道上建立的一个重要驿站。到明朝永乐年间，鸡鸣驿由一个军事性的驿站扩建为西域货物进京的一大中转站。明成化八年（公元1472年）建筑土城，四周用土筑城墙，长2000多米，高12米，设有东西两个城门，城门上有城楼，四角有角楼。今城南仍保存有"官宫道"，即是当年驿卒传令的干道。明隆庆四年（公元1570年），将土城墙改为砖砌城墙。清朝康熙年间，进一步修建城内建筑，并专设"驿臣"主管驿站事务。目前鸡鸣驿古城中的建筑大多仍然保存完好，已经成为国家级的重点文物保护单位。

随着社会经济的发展，商业的流通和人员流动增加（大多数是民间老百姓的流动），光有政府的驿站已经不能满足需求，而且更多的是民间的、商业上的需求。于是民间自己建设商业性、服务性的驿馆。虽然"驿馆"和"驿站"在名称上只是微小差别，但实际上有了性质上的差异。原来的"驿站"是政府传递公文的一个"站"，而后来的"驿馆"则是民间商业服务的一个"馆"，这就已经和今天的旅馆、宾馆一样了。古代的驿馆和今天的旅馆有所不同的是，建筑形式上基本上还是传统民居住宅的形式，庭院周围小房间，就是把民居住宅的住房变成客房而已。但在建筑的入口门庭以及门窗装修等处与一般民居住宅相比更加商业化一些。在湖南省双牌县的坦田村保存下来一个驿馆，是一个难得的古代小型驿馆的实物。从建筑外观和院落格局上来看，与一般民居区别不大，但其入口大门做成具有装饰性的圆形，比一般民

居做得更艺术化，体现出商业化的特点。

　　永州老城区内河街的一座类似于驿馆的建筑，主要是接待河上行船跑运输的船工，其建筑格局已经很像近代的旅馆了。当地老人回忆，这座驿馆后来变成了"青楼"。其实在古代很多商贸发达的河运码头、商埠市镇，这类带有"青楼"性质的驿馆旅店是常有的。例如湖南的洪江古镇就比较集中，今天保存下来的也还有不少。

# 第四节　"堂"与火塘

　　在中国古代语言中有一个字具有着特殊的意义——"堂"。这个表面看来属于建筑的名词，实际上远远超出了建筑本身的意义。在中国古代建筑中，最重要的建筑就是殿堂。在宫殿、寺庙、园林、民居等各种建筑类型中，最重要的、处在中心位置上的建筑就是殿堂。"殿"和"堂"是同一性质的建筑，但规格和规模不同，规格较高，规模较大的叫"殿"；规格较低，规模较小的为"堂""殿"是由"堂"发展而来的，最初是民居住宅中的厅堂，后来发展到大型建筑宫殿、寺庙，就变成了殿堂。

　　中国古代在以家族为基本单位的居住建筑——民居住宅中，堂是最重要的建筑。在北方叫"正屋"或"正房"，在南方叫"堂屋"或"正堂"。在一个民居建筑群中，堂屋一定是在正中间，它是全家聚集的中心，家长或者家族中地位最高的（老人）一般住在堂屋两边的主要房间中。堂屋中最重要的位置是神龛，里面供奉着家族祖宗的牌位，或者是"天地君亲师"的神牌。神龛后面墙上挂着匾额对联，中间挂着家族先人的画像或者装饰性的图画，神龛前面摆着八仙桌，两旁摆着太师椅，这里合称为"中堂"。这里是家中最神圣的地方，家中地位最高的长辈就坐在这里接受家人的膜拜。由此还在传统语言中产生出一些相关的称呼或称谓，例如称祖先叫"堂上"；称父母叫"高堂"；称别人的父亲叫"令堂"；同家族但不同父母的兄弟叫"堂兄""堂弟"；南方有的地方称妻子叫"堂客"（意思是进入到这个家里来的外人）如此等等，在这里显然"堂"就是家族的意思、家族的象征。只是到后来，这种家族的中心发展演变为国家政府机构的权力中心，清朝时就把某一级政府机构的官员称为"中堂"。

"堂"的产生和完善，是宗法家族制的产物。在完全的家长制形成以前，同时也是完整的庭院式家族住宅建筑形成之前，是没有"堂"这一概念的。而是有另一个象征性的东西来代表家族或家庭，这就是火塘。火塘是相对比较原始状态下的民居建筑中才有的，今天在一些少数民族的民居中仍有留存。特别是南方的少数民族。火塘是家人聚集的地方，在生活方式较为原始的时代，一家人围着火塘一边烧煮食物一边吃；冬天的时候围坐在火塘边上取暖、聊天。因此，火塘就变成了家族中人日常聚会的场所，重要的事情在此商量决定。

一些少数民族甚至将火塘神化，例如湖南西部的苗族就把火塘看作是家屋内最神圣的地方。苗族民居一般为三开间，按照中国传统住宅的一般观念，正中间进门的堂屋是最神圣的地方，但传统的苗族民居却不是这样，最神圣的地方是旁边一间的火塘边上。火塘边上正对着旁边山墙的一根中柱，那一小块地方是供奉祖宗的地方，一般不准人去那个位置。家人围坐火塘边的时候，那一方也不能坐人，只能坐在其他三方。在这种传统苗族民居中，正中的堂屋就不是很重要的地方了，最重要的地方是旁边的火塘。在家屋内举行的祭祖仪式的空间朝向就不是纵向的（朝向堂屋正面），而是横向的，朝向旁边房间的侧墙面。因为这一特点，传统的苗族民居中三开间的房屋中没有墙壁分隔，即在家屋内三间房屋是横向相通的。不仅如此，我们在调查中还发现，早期的苗族住宅中不仅没有墙壁分隔，甚至还通过屋顶内部构架的特殊处理，使房屋中间没有柱子。这些显然都是为了方便房屋内横向进行的祭祀活动的需要。

然而从调查的情况来看，我们发现近一百年以来，苗族民居的内部布局发生了悄悄的变化——火塘边祭祖宗的活动不见了，变成了在堂屋正中间祭祖宗，这显然是受到了汉族文化的影响所致。今天的苗族民居基本上都是在正中间的堂屋祭祖宗，已经看不到过去那种在火塘旁边祭祖宗的情形了。与此同时，民居建筑的格局也在发生变化。古老的民居屋架中间没有柱子，而后来的民居屋架中间都有了柱子，因为已经不再朝着火塘边祭祖宗，室内不受遮挡的横向的仪式空间不需要了。而中间有柱子的屋架相对比较容易做，于是后来的人们就都做这种有柱子的屋架了。再往后发展，今天新建的苗族民居已经在横向的三开间之间，即中间堂屋与两旁的主屋之间有了墙壁分隔，有的甚至旁边房间里连火塘都没有了。说明苗族古代传统的火塘边祭祀祖宗的习俗已经逐渐消失了。

　　与苗族毗邻的土家族，也是中国南方最大的少数民族之一。他们的传统民居中也保留着火塘，而且今天仍然保留着全家围绕着火塘吃饭的生活方式。但是在土家族民居中，全部都是在正中间堂屋里祭祖宗，我们完全找不到他们过去用其他方式祭祀祖宗的痕迹。因为苗族、土家族等这些民族都是有语言而没有文字的，关于他们的生活方式的细节我们无法从文字记载的历史来考证，只能通过对民居建筑的考察来证实。对比土家族和苗族民居中火塘与堂屋的关系，我们能够发现：土家族在较早的时候就已经受到汉文化的影响，在堂屋中祭祖宗了；而苗族则是在最近一百多年的时间内才改变为堂屋中祭祖宗的。

　　说到火塘，还有一个有意思的现象就是侗族的"火铺"。在湘西新晃和芷江一带居住的侗族叫"北侗"（湖南怀化的通道、靖州地区居住的侗族叫"南侗"），是侗族的一支。北侗民居中的火塘做法特殊，它不是做在地上，而是做在一个从地面架起来的木制平台上，这个平台长宽各2米多，高于地面50~60厘米，火塘就做在这个平台的中间，叫作"火铺"。火铺做在房间的一角，两方靠着墙壁，它不仅是一家人围坐吃饭、烤火取暖的地方，而且还在这火铺上做饭。最特别的是，在火铺上围坐火塘周围的时候，各人坐的位置是有规矩的，不能乱坐。家中的老人或男主人坐在火塘的里边，这里是"上方"，家里其他人坐在火塘的另一边，女主人坐在火塘的前边。如果家中来客，则客人坐上方，家里人坐在旁边。如果客多，则尊贵的客人坐上方，其他客人坐旁边，家里人就搬凳子坐在火铺外面。北侗民居也是在堂屋中祭祖宗，火铺仅作为家人聚集的场所，但是火铺上这种位置观念也表明它是和祭祀有着一定关系的。

　　不论是堂屋，还是火塘，它们都是作为一个社会基本单位——家的活动中心。显然，火塘比较原始，是最初家庭聚合的场所。我们可以想象到原始的狩猎时代，人们围绕着篝火、火堆进行各种活动——烧烤、取暖、聚谈、祭祀仪式等情景。由室外的篝火，发展到室内的火塘，仍然是家人的活动中心，它具有了神圣性和权威性。再往后发展，人们的生活条件改善，文明进步，不再需要围绕着火来进行活动了，于是家族的聚集中心就变成了堂屋。但是在一些经济发展较缓慢的地方，今天仍然保留着以火为中心的生活习俗，这无疑是文明发展过程的一个例证。

# 第五节　农耕文化的政治表达

中国古代是一个农耕社会，以农业立国，农耕文明的一些特征在建筑领域留下了完整的印记，最突出的表现就是坛庙祭祀。中国古代的"坛"和"庙"两类祭祀建筑中，"坛"主要是用来祭祀自然神灵的，如天坛、地坛、日坛、月坛、社稷坛、先农坛等，而这些自然神灵全都是和农耕文化以及农耕所需的地理气候等因素直接相关的。古代建都城首先就要决定好天坛、地坛等祭祀建筑的位置。例如北京，南有天坛，北有地坛，东有日坛，西有月坛。这种布置除了有皇帝亲自祭拜的需要以外，还有一种观念上的信仰，即天地日月各路神灵共同保佑着中央的皇帝，同时也是保佑着这个以农耕为本的国家。除了天地日月的祭祀以外，最能体现农耕文化的就是对社稷坛和先农坛的祭祀。

所谓"社稷坛"中的"社"是指社神——土地之神，"稷"是指稷神——五谷之神。中国古代是农业国，土地和粮食至关重要，有了土地，有了粮食，就会国泰民安，天下太平。以至于后来人们在语言中习惯于把"社稷"一词等同于国家政权了，所谓"江山社稷"，就是这样来的。因此一国之君的皇帝必须隆重地祭祀社神和稷神。《礼记·祭仪》记载"建国之神位，右社稷而左宗庙"。春秋战国时代的《考工记》中正式确定了皇宫规划中"前朝后寝，左祖右社"的制度。在今天北京故宫的布局中我们还能完整地看到"左祖右社"的痕迹——天安门的东边是太庙（皇帝的祖庙叫"太庙"），即今天的劳动人民文化宫；天安门的西边是社稷坛，即今天的中山公园。这就是所谓"左祖右社"的规划布局。社稷坛的建筑形式也很特别，一个方形的土台，四周围以石块，台上填土。按照东、南、西、北、中五方分别填埋不同颜色的土壤：东边青色，南边赤色，西边白色，北边黑色，中央黄色。这是中国传统的阴阳五行学说中的"五方五色"观念的表达，它是天下四方土地的象征。五色土的中央有一根方形的石桩子，大部分埋在地下，只露出顶上的一点，这石桩子就是"社神"的牌位。祭社稷也就是祭土地，这是我们中国人把农耕文化社会化、政治化的一种表达方式。

农耕文化的政治表达另一方面就是皇帝的"亲耕"。古代皇帝作为这个农业之国的最高统治者，为了表达对于立国之本——农业的重视，每年都要"亲耕"。所谓"亲耕"就是在每年春耕开始的季候，皇帝要亲自主持一个仪式，自己亲自下田，驾着牛和犁耙亲自犁一段田地，这就标示今年的春耕开始了。

皇帝的"亲耕"，和先农坛祭祀有着直接的关系，"亲耕"仪式是在先农坛举行的，先农坛是用来祭祀"先农"神的坛庙。对"先农"之神的祭祀可以上溯到周朝，"先农"也就是传说中的神农，是古代中国的"国之六神"之一。"国之六神"是指风伯、雨师、灵星、先农、社、稷，都是与农业耕种相关的神灵。每年仲春亥日，皇帝要亲领文武百官到先农坛举行"祭田礼"以祭祀先农。皇帝先在神坛祭拜过先农神后，再在俱服殿更换礼服，随后到亲耕田举行亲耕礼。

如今北京先农坛里有一块一亩三分大的田地就是当年给皇帝亲耕的，人们平时俗话中说的"一亩三分地"就是由此来的。皇帝亲耕礼毕后，再回到观耕台上观看王公大臣们耕作。观耕台是一座简单的正方形平台，边长16米，台高1.9米，每边有9级台阶上下。先农坛里面还有神仓院，秋天，皇帝亲耕的田里收获以后，就将谷物存放在神仓院，供京城里其他祭祀时使用。

更有意思的是，在先农祭祀的同时，还有"先蚕"的祭祀，"蚕"代表丝织。先农的祭祀由皇帝主持，而先蚕的祭祀则由皇后主持。京城里除了有"先农坛"以外，还有"先蚕坛"。和皇帝"亲耕"一样，皇后要"亲蚕""男耕女织"，这正是农业社会最典型的特征。在日本的皇宫中今天还在延续着"亲耕"和"亲蚕"的传统。

# 第六节　照壁、仪门、"太师壁"

在中国的传统住宅和庙宇建筑中人们常会看到一个特殊的建筑物——照壁。所谓照壁，也叫"影壁"，是建筑物前面矗立的一面墙壁，它正挡在建筑大门前面，使人不能从大门外面直接看见大门里面。重要的、大型的建筑，例如一些寺庙、文庙、王府照壁直接立在大门外正前方；民居院落，例如北方四合院，照壁比较小，竖立在大门里面，人走进大门以后正面看到照壁，被迫转弯从旁边绕过照壁才能进到院内。

建筑前面做照壁首先是出于风水的考虑，即建筑内部不能没有遮拦直通外面，否则屋内的"气"会跑掉，"财"也会跑掉，若朝向不好还会受到外来的"煞气"。总之，是防着里面的"气"跑掉，也防着外面的"气"冲犯里面。这种出于风水观念上的说法还是比较"形而上"的，而真正"形而下"的直接建筑学上的原因就是视线问题。因为中国传统的庭院式建筑，中轴线贯通，当大门打开的时候，外人站在大门外就可以直接看到里面堂上的场景，这当然是很不好的，所以要用照壁来遮挡一下。

古代皇亲国戚的宅第——王府前面的照壁其建筑宏伟，装饰华丽，由一般遮挡的功能演变为权力地位的象征。著名的山西大同的九龙壁，就是这种王府的照壁。较少有人知道的湖北襄阳城内也有一座大型照壁，当地人叫"绿影壁"，也是一座王府的照壁。这座王府是明代襄阳王（明仁宗的第五个儿子襄宪王）的府第，明末农民起义领袖李自成也是在此称王登基。影壁长20多米，高7米多，厚1米多。壁面用绿矾石雕凿，白矾石镶边，壁面共雕有99条蟠龙，十分精美，是目前国内唯一一座大型石雕龙影壁。北京故宫、北京北海、山西代王府等几座九龙壁都是琉璃制作的，只有这座是用大块石头雕凿的。

除了照壁（影壁）之外，中国传统建筑中还有一种仪门。所谓仪门，就是进了大门以后的第二道门。这仪门立在庭院中间，两旁是空的，并没有与院墙相连。它并不具有实际的作用，是一种权力和地位的象征。平时仪门是关闭的，一般人和家人进大门后从仪门两旁绕过去，只有贵宾和重要人物来的时候才打开仪门从中间走过去。这种有仪门的宅院都是身份地位高的贵族府邸，一般官员、富商和老百姓的宅院是没有的。但是一般人家的住宅也需要正面的遮挡，有的就采用屏门的形式，即在进大门的门厅中做一个类似屏风的隔扇，平时是关闭的，只在重要的时候打开。还有的干脆就做成固定的屏板，不能打开，人进到大门内只能从两旁走到后面去。

在中国传统建筑中还有一种叫作"太师壁"的东西，常用在庙宇、书院和民居宅第中。所谓"太师壁"实际上就是做在堂屋中的屏板。当堂屋的后面还有庭院或房屋，要从堂屋中穿过到后面去，就把堂屋的后墙壁做成"太师壁"，即从两旁开门或留出往后面去的通道。太师壁往往是整个建筑的中心，若是庙宇，这里就是做神龛供神的地方；若是书院，这里就是讲学的神圣的地方；若是宅第，这里就是供奉祖宗，举行各种仪式的场所，叫作"中堂"。

　　不论是建筑前面的照壁，还是大门内的仪门、屏门，或是正堂中的太师壁，都是中国建筑特有的中轴线布局方式的产物。

# 第七章　中国传统建筑的装饰文化

## 第一节　色彩与尺度

和整个建筑形象问题所面对的状况类似，中国传统建筑中对待建筑装饰问题的态度同样处于一种暧昧状态。一方面，独特的建筑装饰体系是中国传统建筑营造体系最引人注目的特征之一，在建筑单体的体量、高度总体上都较有限的情况下，建筑装饰也是中国传统建筑视觉形象表达最重要的手段之一。另一方面，崇尚俭德的"卑宫室"观念又始终限制着建筑装饰的应用和技艺的发展，建筑等级制度也对建筑装饰的应用范围、装饰内容和装饰手法有着严格的限制，并在很大程度上主导着中国传统建筑装饰技术和艺术的发展方向和进程。

相对于现代建筑来说，各文明中的传统建筑无疑都将装饰作为重要的内容，但其传统建筑装饰体系的特征，又因所处的自然地理、社会文化条件以及建筑营建体系的整体逻辑不同而表现出明显的差异。以中国传统建筑装饰而论，相对于其他诸文明和建筑传统来说，在多个方面都体现出了较为明显的独特性。

中国传统建筑装饰最直观的特征之一是用色的大胆。尽管很多建筑传统中在特定历史时期都有过色彩丰富的建筑装饰类型，但中国传统建筑装饰特别是官式建筑装饰体系中色彩的应用仍然是非常突出的。官式建筑中宫殿、寺庙等重要的建筑类型中，无论是大木结构，还是小木作内外檐装修，又或是围护墙体，基本完全被油饰、粉刷、彩画、彩绘的色彩所覆盖，以至于很少显露木材、砖、生土材料本身的色彩和质感，与被彩色琉璃瓦覆盖的屋顶

一起，形成令人印象深刻的色彩组合。

传统官式建筑对色彩的热爱，与木材在建筑中的普遍应用是分不开的。木材的耐久性和耐候性总体上较差，特别是雨水的侵蚀和虫蚁的蛀蚀对于木材来说是非常大的威胁。在这种情况下，在木材表面以漆或油覆盖是非常自然的选择。相应地，油饰、彩画也就成为木构件装饰乃至整个中国传统建筑装饰体系中最为重要的内容。同时，传统时期的五行学说对建筑中的色彩应用也有一定促进作用。

中国传统官式建筑的色彩体系经历了长期的发展，对色彩的运用规律有了较为成熟的认识，对于饱和度高、对比强烈色彩的组合使用经验丰富。例如明清时期宫殿建筑中屋顶、墙体、柱身等阳光直射的部位采用大面积的暖色纯色，而檐下阴影中的部位则采用冷色的彩画。一方面色彩的冷暖对比与阳光的光影对比有相互强化的效果，另一方面彩画主要位于阴影之中，对比度和饱和度均被弱化，使得图案不至于在建筑整体视觉效果中过分凸显出来。

中国传统建筑装饰另一个直观的特征在于尺度。与其他建筑传统中的装饰艺术相比，中国传统建筑装饰的尺度相对更为近人。无论是在乡土建筑中还是官式建筑中，都很少有超大尺度的建筑装饰，且各种建筑类型、各个装饰部位、各种装饰类型之间总体上尺度差异不大。如果说乡土建筑中装饰的尺度一定程度上受到成本和技术水平的限制的话，那么官式建筑中的同样状况即使考虑到"卑宫室"观念的影响也仍然是相当不同寻常的，毕竟相对于建筑高度和体量的增加来说装饰尺度的增大通常并不意味着难以接受的成本，甚至相对于繁复、密集的小尺度装饰来说，单一的大尺度装饰在人工成本方面往往要更低一些。

这其中当然有建筑整体尺度方面的原因，中国传统建筑单体整体上尺度不大，高度不高，受主要建筑材料木材的天然尺寸影响，建筑构件的尺度总体上来说也不大，相应地，建筑装饰的尺度也会与建筑的整体尺度相协调。

另一个原因在于，在中国传统建筑体系中，装饰艺术的应用虽然普遍，但并不是建筑的核心内容，装饰永远是依附于建筑而存在的。一方面很多装饰都源于实用功能，例如硬山式建筑山墙面山尖处的拔檐、博缝砖细装饰就是源于山墙面与屋顶交接部位防止雨水渗漏的需要。有一些装饰做法虽然在发展中逐渐丧失了实用性，但仍大体上保留着实用主义起源的痕迹，例如官式建筑中梁柱交接部位的彩画图案就保留了早期木建筑中作为结构强化构件的铜制"金钉"的形式特征。而作为中国传统木结构建筑典型特征之一的斗棋，也经历了从具有装饰功能的结构构件到纯粹装饰构件的发展过程。另一方面，即使没有实用功能的纯粹装饰做法，也是依附于建筑本体的，作为建筑本体的一部分而存在。其目的是装饰服务于建筑，而非建筑服务于装饰。这就使得装饰的尺度不可能超出建筑的基本尺度。

此外，影响建筑装饰尺度的一个重要因素在于观察与欣赏的视角。与中国传统建筑中对待这个问题的整体态度相一致，建筑中的人"看"装饰的视角是一种平常的、人行进或停留于建筑之中的视角，而非外在于建筑的特殊视角，是一种动态的、日常化的视角，而非静止的、纪念性的视角。人"看"装饰的时候，正是使用者生活于建筑当中，或者游览者游走于建筑当中的状态。以至于在一些例子中，甚至能够看到精美的装饰出现在从当代人欣赏建筑来说非常次要的视角所涉及的部位。这种视角的平常化必然排斥建筑体量、建筑构件乃至建筑装饰的超常尺度。

中国传统建筑中对于平常化、动态化视角的强调，一方面与中国传统城市和建筑实际建成环境的特征有关，另一方面也受到中国传统时期审美文化的影响。在实际建成环境方面，中国传统建筑合院式的空间组织模式决定了人对建筑的体验模式必然是分散的、动态的、日常化的，而在城市和聚落层面，类似西方城市中的广场这样的大尺度公共空间的缺乏，使得静止的纪念性视角很难受到重视。在审美心理与文化方面，中国传统时期的建筑审美乃至整个审美心理和审美文化中，都更倾向于动态的、日常化的而非特定视点的、纪念性的审美视角。关于这一点一个典型的例子是，中国传统时期并没有产生当代意义上的透视法。

今天人们通常认为透视法（perspective）是对客观世界视觉形态的真实而准确的描述，实际上尽管对基本的透视规律的定性化的认识在远古的时候就已经产生并且表现在原始的艺术作品中，但即使在西方世界真正现代意义上的线性透视法（linear perspective，下文中，除非特别说明，通常提及透视法时所指的即是这种狭义的概念）却直到文艺复兴时期才出现，而完整的直角投影画法的出现更是要晚至 18 世纪。而中国在和西方就这个领域有充分的交流之前，一直都没有形成基于单一焦点的线性透视法。鉴于透视法在平面艺术中的运用很大程度上反映了人类通过视觉观察世界的角度和方式，这些事实说明了一个问题，即基于透视特别是线性透视的观察方式并不是唯一正确的方式，它并不比其他的观察方式具有天然的正确性，尽管在一些特定的条件下这种方式确实更有效地满足了我们的需要。并且，虽然今天人们更多地强调透视法与严谨的几何制图的联系以表明其科学性，但其最初的产生却是源自透过玻璃看物体并在玻璃上直接描摹出所见的形态。换句话说，透视法仍然是一种经验化的方法。相应地，其对应的观察方式也同样并没有脱离一种经验化的观察方式的范畴。

对于建筑形态和城市空间来说，透视法在平面艺术领域的普及化以及在其推动下人类认知世界的方式所发生的变化具有深远的意义。透视法规定了一种静态、稳定的观察世界的方式，并且把这种方式上升为一种标准。通过这种标准，建筑和城市视觉形态的优劣和一种特定的画面效果联系到了一起，从传统的手绘建筑画到当代的电脑效果图，这种画面效果传达着内在的一致性，一种共同的审美标准。对这种标准的满足，因而成为建筑形态和城市空间设计中刻意追求的目标，在一些极端的情况下，这个目标甚至被作为建成环境优劣评价最重要的标准。

在这种情况下，一方面，对体量感的强调被赋予了前所未有的重要地位，那种在三个维度上充分展开的体量能够使线性透视的视觉优势得到最大限度的展现，因而得到了建筑师和艺术家们的喜爱。另一方面，基于透视法的观察方式对建筑形体的丰富性提出了更高的要求。透视法所代表的观察方式是一种基于固定视点的静态的观察方式，与人们在建筑和城市中行进的过程中伴随的观察体验的丰富性和随心所欲相比，固定视点的观察方式在丧失了运动所带来的时间维度的丰富性的情况下，必然要求建筑和空间自身的丰富性来对此加以弥补。此外，这种观察视点的固定化同时也意味着特定尺度的形态要素得到了最大化的关注，而其他尺度的要素则因为在固定视点和观察距离上难以产生明显的视觉影响力而趋于弱化。典型的例子就是建筑表面装饰内容意义的削弱，尽管能够带给建筑在各种尺度上的丰富性，但装饰的价值在观察者与建筑处于接近的距离上时才得到最主要的体现，而这种观察者的运动和观察距离的变化无疑是被基于透视法的观察方式所排斥的。

因此，虽然建筑领域明确地全面反对装饰的潮流晚至 20 世纪才出现，但是从文艺复兴时代开始，相对于对体量感和大尺度的形态要素的追求，装饰在建筑和城市空间中的地位一直是在逐渐削弱的，并且对装饰的关注也逐渐从对装饰本身的内容和形式的关注转向对于装饰作为建筑外表面的一种可以产生视觉效果的纹理、质感甚至是作为一种材料的关注。并且，这种对于与特定观察距离相对应的特定尺度形态要素的强调通过广义上的透视法中的空气透视（aerial perspective）或者说"空气感"之类的概念以理论的形式确立下来并得到进一步强化。最终，基于透视法的观察方式的这一系列的影响在改变建筑和城市形态中显出一致性的指向，即指向建筑和空间形态在特定观察方式下所呈现出的"单一层次的丰富性"。

而在中国传统时期，并没有经历透视法的产生这样一个城市观察和体验方式发生显著变化的过程。相应地，在建筑和城市形态的发展历程中也没有西方建筑中从文艺复兴一直到现代主义建筑运动这一具有明确方向性的进程。因此，一方面清晰的体量感、明确的几何形态、强烈的光影等要素一直没有成为影响建筑和城市形态的主导性要素，对装饰性细节的迷恋也一直延续到近代开始与西方的充分的文化交流为止；另一方面，建筑装饰的尺度也从来无须迁就特定视角观察和欣赏的需要，而是始终保持了与游走过程伴随发生的近距离欣赏的状态。虽然这种差异无疑是自然地理和文化等诸种要素综合作用的结果，但确实很难否认空间观察和体验方式的根本性差异在其中所起到的重要作用。

中国传统建筑装饰对动态化、日常化的视角即与游走过程伴随发生的近距离欣赏状态的强调的一个例证，是对城市、聚落与建筑中行进路径中重要节点部位的装饰的重视。例如在城市和聚落中，门坊、牌坊强调了路径的通过性，同时因为牌坊的营建往往带有褒扬忠君、报国、节孝、科举等功德的意图，对空间的场所感和文化内涵往往具有重要意义，因此常常成为装饰的重点。而在进入建筑的路径中，建筑的大门往往是重要的具有标志性的视觉节点，同时也起到提示和引导空间中的人流方向的作用，因此往往也是装饰的重点部位。而在建筑内部和入口处，影壁位于空间中重要路径的转折之处，同时也是行进中视线的焦点，因此其视觉效果得到充分的重视，相比普通墙体装饰的密度更高，也更为精致。

## 第二节　题材与内容

　　如果说大胆的用色和近人的尺度是中国传统建筑装饰在视觉形式方面的重要特征的话，那么在装饰图案的题材和内容方面，中国传统建筑装饰则以题材内容的世俗化为其最为重要的特征。这种世俗化不仅仅体现在住宅等世俗功能的建筑中，祭祀类的祠堂、民间信仰庙宇等建筑类型中的装饰也大体上以乡土建筑中常见的装饰题材为主，并未发展出独立于住宅建筑之外的装饰体系。同时因为乡土聚落中的祠堂、庙宇在平面格局和建筑形态上通常都与同地域的居住建筑相近似，相应地，其中建筑装饰的重点位置和技术类型也大体上采用地域乡土民居中常用的做法。而在采用官式建筑形制的孔庙、道观、佛寺等大型宗教类建筑中，装饰的重点位置、技术类型乃至题材内容等则多参照官式建筑中的对应样式，仅为避免"逾制"做适当调整。同样没有为儒家、道教、佛教宗教建筑创立独特的装饰系统。

　　究其原因，最为重要的自然是来自中国传统文化整体上的非世俗化的影响。道教、佛教以及儒家思想等中国传统时期最为重要的精神信仰来源均带有强烈的世俗化倾向，并与纷繁复杂的民间信仰紧密地联系在一起。这种真正意义上的宗教文化的缺失或者说世俗思想始终居于精神世界之主流的状况，对中国建筑的发展有很大的影响。在建筑装饰方面，最为明显的就体现在装饰的题材和内容方面。

　　需要注意的是，在中国传统建筑装饰的题材和内容中，确实有来自宗教的题材，例如来自道教传说故事的八仙过海、来自佛教的八宝等，但这些题材并没有被限制为所对应宗教建筑中专门化的装饰内容，而是被纳入整个建筑装饰题材系统中，在官式建筑和乡土建筑中的世俗化建筑类型中都成为常用的装饰题材。并且通常其图案的宗教内涵已经消失或极度弱化，仅保留单纯的美学形式与祝福意义而已。

　　另外，宗教建筑形制的地域化趋向也使得其形式中容纳了越来越多的世俗化内容。即使是正规化的大型寺观，其建筑形制按照宗教仪轨有明确的要求，但在具体的建筑形式方面仍然会体现出地域建筑风格的影响。而在建筑装饰方面，这种地域化倾向甚至有些时候表现得更为明显。这种建筑装饰的地域化，也为宗教建筑装饰的题材和内容增添了更多世俗化的内容。即使是孔庙这样带有明显官方意识形态色彩和教化功能的建筑类型，其建筑形式和装饰内容的地域化程度在一些实例中也会达到很高的水平。

即使是基督教、伊斯兰教等外来的、本土化程度相对较低的宗教，在建筑的形制方面同样也常有本土化的做法，在平面功能组织模式和建筑形式方面，都会因地域的文化和审美特征做出相应的调整。因为与建筑的使用功能关联度较低，在建筑装饰方面这种外来宗教的本土化现象通常会表现得更为明显，甚至出现一些不符合相关宗教教义的地域性装饰题材与内容。

具体地看，中国传统建筑装饰的题材大体上包含如下方面的内容。

（1）神话传说。例如龙凤呈祥、双龙戏珠、和合二仙、麒麟送子、三星高照、八仙过海、刘海戏金蟾等。

（2）民间故事。例如成语典故、小说故事、戏曲人物、二十四孝、文王访贤、桃园结义、三顾茅庐、刀马图、渔樵耕读等。

（3）自然、建筑。例如山川、湖泊、河流、树林、农田、亭台楼阁、桥梁、城楼、船舫等。

（4）动物、植物。例如龙、凤、麒麟、狮子、梅花鹿、耕牛、仙鹤、喜鹊、蝙蝠、鹌鹑、鲤鱼、松柏、竹子、山茶、玉兰、荷花、梅花、兰花、牡丹、月季、菊花、海棠、柿子、葫芦、石榴、枫叶、莲蓬等。

（5）器物。例如花瓶、如意、香炉、书卷、乐器、算盘等。

（6）书画题材。例如国画、书法、诗文、印章、匾额、楹联、寿字等。

（7）抽象图案。例如回纹、万字、云纹、卷草、博古、八卦、河图、洛书等。

此外必须注意的是，尽管在题材和内容方面高度世俗化，但这并不意味着中国传统建筑在装饰图案的选择方面仅依据形式上的美感。传统建筑装饰题材与传统社会生产生活的各个方面之间存在着千丝万缕的联系，受到历史、社会、文化和审美取向等因素的制约，也会受到绘画、雕塑、手工艺等相关艺术形式题材与内容的影响。除了纯粹形式的美感，传统装饰题材和图案更追求所蕴涵的意义，其中常有以借代、隐喻、比拟、谐音寓意的做法。或者表达居住者的志向意趣，例如以梅兰竹菊寓意品行高洁等；或者表达吉祥祝福，例如以松树和仙鹤的图案寓意松鹤延年，梅花和喜鹊的图案寓意喜上眉梢等。因此，装饰的应用，无论对于官式建筑还是乡土建筑、民居建筑还是公共建筑来说，都能够最为直接地表达营建者的所思所想，将抽象的空间与传统社会的情感、信仰、文化和审美最为紧密地联系在一起。

# 第三节　材料与技术

按照建筑装饰的技艺类型和来源来划分，中国传统建筑装饰可以分为如下几个大类，每个大类中根据材料、手法和表现方式的差异又可以划分为若干类型。

## 一、平面装饰技艺

平面装饰类技艺以材料、构件表面的涂、绘为主要技术特征，是中国传统建筑装饰中最具鲜明特色的装饰类型。大体上包含油饰、彩画、彩绘等类型。

油饰和彩画是应用于木材表面的装饰类型。油饰从其来源来看是改进木材防水、防潮、防虫蛀等耐久性性能的饰面措施，很多地区的乡土建筑中仅使用桐油覆盖木材表面，大体上放弃了油饰的装饰功能。但在官式建筑中，丰富的色彩使得油饰成为中国传统建筑装饰中最为重要的类型，并在很大程度上界定了中国传统建筑的整体视觉形象。乡土建筑中油饰色彩装饰的使用受到建筑等级制度的限制，在乡土建筑中大量采用油饰装饰的类型中，大体可以分为两种情况，一种是京畿地区等明清时期受官方审美文化和官式建筑风格影响较大的地区，油饰的色彩严格遵循建筑等级制度的规定，用色谨慎，效果朴素。另一种是闽、粤等东南沿海地区或西藏等少数民族地区，传统上或因地处偏远，或因外来文化、民族文化的影响，建筑形式受官方审美文化和官式建筑风格影响较弱，油饰用色大胆，很多时候会突破建筑等级制度的限制。

彩画和油饰基于近似的技术流程，但其表现方式不同，除了颜色之外，彩画更把图案当作装饰表达的重点。与油饰相类似，彩画的使用特别是图案

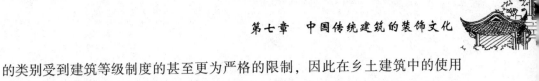

的类别受到建筑等级制度的甚至更为严格的限制，因此在乡土建筑中的使用状况也大体与油饰类似，既有模仿官式建筑的装饰样式同时谨慎地遵守等级制度限制的做法，也有在审美观念和制度约束方面都表现得极为大胆的例子。

与彩画依托于木材不同，彩绘所附着的介质是围护墙体。与木材通过油饰来提高耐久性类似，生土和砖砌墙体也有通过抹灰和粉刷提升防水、防潮等耐久性能的做法。石砌墙体虽然一般没有耐久性问题，但在一些地区也有通过抹灰和粉刷提升墙体密闭性和增进美观的做法。宫殿、寺庙等官式建筑中多有红色、黄色的墙体粉刷，而在民居中则多为白色，具备简单的饰面效果，并不强求其装饰意义。墙体的装饰则通过彩绘来实现，彩绘的打底环节大体上与墙体抹灰类似，为防止开裂，通常采用"纸筋灰"等掺入纤维材料的灰浆类型，待灰浆半干时以矿物颜料绘制。墙体彩绘在官式建筑中并不是主要的装饰手段，在乡土建筑中通常也限于建筑局部的应用，大面积使用的做法仅限于部分地区。

## 二、构件组合类装饰技艺

构件组合类技艺是指通过小构件的组合所形成的重复、秩序、韵律、镶嵌、镂空关系和图案感来产生装饰效果。主要用于木作和砖作装饰，在石作中也有应用。

木作是构件组合类装饰技艺的基础，砖作中砖细装饰技艺在很大程度上受到木作的影响，而石作中的类似装饰技艺则几乎完全模仿木作。通过大量木构件的组合来实现结构、构造和装饰的功能，是中国传统木建筑营造技术体系的典型特征。在这当中，有斗拱这种既具有结构功能又可以作为纯粹装饰的组合型构件，也有小木作中大量由多种木构件组合形成的带有强烈装饰性的实用构件。而像藻井、天宫楼阁这样的大型组合型装饰，更是通过大量构件所形成的秩序与韵律，结合斗拱、木雕、彩画等装饰手段，形成强烈的装饰效果，极大地强化了所处空间的整体氛围。

砖作营造体系中采用构件组合的方式获得实用功能和装饰效果的做法被称作砖细。广义上讲，砖细包括所有对砖材成品在使用前进行的二次加工，如砍、锯、铲、刨、磨等，《营造法原》中称为"做细清水砖作"："砖料经刨磨工作者，谓之做细清水砖。"按这个定义，传统建筑中砖砌墙体砌筑、砖地面铺墁技术中的相当一部分环节，都属于砖细的范畴。以墙体的砌筑为例，干摆、丝缝、淌白墙体，均需要对砖料进行不同程度的砍磨加工。在此仅关注砖细中属于装饰技艺的部分，即通过砍、锯、铲、刨、磨等方式，对砖料进行二次加工，使其形成需要的形状，并通过安装组合产生装饰性的效果。砖细工艺的发展，大体上是伴随着魏、晋、南北朝时期砖砌佛塔建筑的兴盛而逐渐普及的。

在砖砌佛塔中，由于接受了伴随佛教传入的犍陀罗艺术风格的影响，同时也受到追求宗教建筑纪念性需求的激励，开始追求利用砌块的特点形成具有雕塑感的造型，在这个过程中，砍砖、磨砖等技术手段得到了普遍使用，基本奠定了后世砖细工艺的技术基础乃至砖砌装饰风格的总体基调。隋、唐、五代时期，砖砌佛塔通过预制异形砖或砍砖、磨砖进行装饰的做法更趋成熟、精美，其中密檐式塔多延续之前风格，使用须弥座、仰莲等佛教带来的外来装饰要素，而楼阁式塔则延续以砖仿木的逻辑，砌筑柱、额、栌斗等。宋《营造法式》"诸作功限二"一卷中"砖作"下有"斫事"一项，即对砖进行砍削加工之意。明、清时期，伴随着砖在民居建筑中的普遍应用，砖细工艺的应用随之普及，技术水平也进一步提高。如《园冶》中记载："如隐门照墙、厅堂面墙，皆可用磨或方砖吊角，或方砖裁成八角嵌小方；或砖一块间半块，破花砌如锦样。封顶用磨挂方飞檐砖几层。"

# 三、雕刻类装饰技艺

如果说构件组合类装饰技艺仍然是基于木材和砖作为一种建筑材料的基本建造逻辑，而只是在此基础上进一步结合了材料本身可加工和形塑的潜力以及来自木作的榫卯连接方式的话，那么雕刻类装饰技艺则已经彻底远离了材料的营造逻辑，而将之视为一种适于雕刻的原材料，使用工具进行刻镂来制作装饰构件。其题材和手法也基本上远离了营造技术，而进入了传统工艺美术的范畴。木雕、石雕、砖雕是中国传统建筑中主要的雕刻类装饰技艺类型，分布地域广，在建筑中的使用方式也非常多样化，因而在整个中国传统建筑装饰体系中也占有着最为重要的位置，在其他装饰技艺的使用受到较为严格限制的乡土建筑中表现得更为明显。

相对来说，木材质地较软，也具有较好的韧性，是理想的雕刻材料，因此木雕也是应用最为广泛的雕刻技艺类型。石雕、砖雕虽然依据各自材料的特性以及在建筑中应用部位的不同而有着各自的特点（例如，砖雕在雕刻完成，用磨头对粗糙之处进行打磨时，就需要注意并非一律打磨得越细越平越好，有时需要适当保留雕刻痕迹和锐利之处，更显精细，也符合砖雕材料和工艺的特点），但总体上与木雕在题材、表现力和技法方面都具有较高的相似性，例如其工艺类型都大体可以分为平雕、浮雕、透雕、圆雕。此外，木雕在使用中多有采用与油饰、彩画结合进一步增强表现力的做法，而石雕、砖雕虽然也有雕刻完成后表面上色的做法，但总体上应用并不普遍。此外，在清代，砖雕的发达成为清代建筑的特色之一，"清代工匠术语中称砖雕为'黑活'，黑活不受等级制度的限制，因此一般宅第、会馆、寺庙、店铺等均有大量的砖雕，达到砖雕发展史上的顶点。"这一点在乡土建筑中体现得非常明显。

## 四、烧造类装饰技艺

烧造类装饰技艺是指通过烧制而成的陶瓷类装饰构件。在工艺流程和成品效果方面，烧造类装饰技艺与雕刻类技艺中的砖雕有较为密切的关联，两者均属于黏土经过造型和烧制后制成的装饰性建筑构件。不同之处在于，后者是在砖料烧制完成后通过雕刻进行造型，前者则是在烧制之前完成造型，之后通过烧制过程将造型固定下来。中国传统建筑中主要的烧造类装饰技艺包括陶塑和琉璃，此外还有交趾陶等地域性的做法。

陶塑与砖雕的工艺和烧造流程最为接近。广义上讲，陶塑装饰技艺的历史，几乎与制陶术产生以及应用于建筑之中的历史同样古老。从现有的考古证据来看，中国陶制品制作大体上肇始于旧石器晚期，成熟于新石器时期，在公元前3500~前3000年的仰韶文化晚期遗址中已经发现了烧结砖。江西万年仙人洞新石器时期的遗址中，发现了外表带有绳纹的陶罐，而在陕西岐山赵家台遗址中则发现了西周时期拍印细绳纹的空心砖，同时陕西扶风、岐山的周原遗址西周时期的板瓦、筒瓦、瓦当中，也有采用绳纹、雷纹、回纹、重环纹等纹样装饰的实例，说明了对陶制品——无论是作为器物还是建筑材料，在烧制之前进行形式塑造并通过烧制将形式固定下来的做法所具有的久远历史。

由于与砖雕之间在烧制和造型塑造流程上的差异，在一些地区，将陶塑称为"窑前雕"，而将砖雕称为"窑后雕"。与砖雕相比，陶塑的造型塑造工作在黏土阶段完成，因此技术要求、制作难度和成本都显著低于砖雕，但造型手法相对受限，精细程度和装饰效果也较砖雕差。因此多用于屋面装饰构件等观看距离较远的位置，或者成本受限无法使用砖雕的场合。

琉璃是表面上釉的瓦及其他陶制构件，较之普通陶制品，琉璃具有更好的耐磨、耐水和耐久性能，色彩艳丽，装饰性好。早在南北朝时期已经有了在建筑中制造和使用琉璃瓦的记载（《南齐书·卷五十七列传第三十八魏虏》中记载北魏平城宫殿建筑时说"正殿西又有祠屋，琉璃为瓦"），是陶土装饰构件发展史上的重要事件。唐宋时期，琉璃砖瓦的烧制和应用日趋普及，北宋开封佑国寺塔通体施琉璃砖瓦，说明其相关技术已较为完善。元明时期的琉璃烧制和应用技术较前代有较大发展。元代统治者在艺术上总体追求金碧辉煌、富贵华美的效果，促进了琉璃的使用。到了明代，琉璃的制造技术更加成熟，琉璃瓦在宫殿和寺庙建筑中都有广泛的应用，琉璃砖则应用在琉璃照壁、琉璃塔、琉璃门、琉璃牌坊上，今存的明代实例包括山西大同代王府九龙壁、山西洪洞广胜寺飞虹塔、北京东岳庙琉璃牌楼等。明代南京大报恩寺琉璃塔是中国古代最高的砖塔，装饰华丽，在当时闻名海外，惜毁于太平天国运动时期。高等级官式建筑中大面积的琉璃瓦屋面，是中国传统建筑最重要的视觉特征之一。

交趾陶是一种施彩釉的低温软陶，是福建闽南、广东潮汕、台湾等地乡土建筑中具有地域特色的建筑装饰技艺类型。交趾陶多用于建筑中屋脊、墙面、水车堵等部位的装饰，色彩艳丽，极具装饰效果。

# 五、地域性装饰技艺

除上述在中国传统建筑中使用范围较广泛的类型外，还有一些装饰技艺类型仅仅在部分地区使用。这些装饰类型或是基于地域特定的资源条件，或是与地域的自然气候条件密切相关，又或者来自地域文化和审美心理中的某种偏爱，从而形成乡土建筑装饰中独具地域特色的组成部分。例如灰塑、嵌瓷等，都是地域性装饰技艺的典型例子。

灰塑也称泥塑，是以石灰（沿海地区也有用贝灰代替石灰的）为主要原料，辅以河沙、纸筋、草筋、棉花、麻绒、颜料、红糖、糯米等辅料，用水调制成灰膏、灰浆，以铁丝为骨架，进行塑造并施以彩绘的装饰方式，一般多用于照壁、山墙、墙楣、墀头、屋脊、脊坠、门窗、檐下、水车堵等部位。灰塑适应了南方地区气候潮湿的特点，在广东和福建地区的乡土建筑中最为常见，是闽南、潮汕、广府、雷州等地乡土建筑中重要的装饰类型，在海南、广西、江西、两湖乃至川渝等地也有使用。灰塑采用灰膏、灰浆进行堆抹（称为"堆活"）、镂画（称为"镂活"），因其工艺特点一般称为"软花活""堆活"，与砖雕被称为"硬花活""凿活"相对。此类装饰工艺应用灵活，便于修改、修补，但耐久性较差，精细程度也较砖雕差。

嵌瓷又称剪粘，是将彩色的瓷碗、瓷碟用特制的尖嘴剪剪成需要形状的瓷片，然后嵌入未干的灰泥中形成特定形状的装饰工艺，是闽南、潮汕和台湾地区特有的装饰样式。嵌瓷的效果华丽、繁复，一般用于屋脊、山墙等部位的装饰。

# 六、外来装饰技艺

中国传统建筑装饰技艺，既是中国传统营造技术和审美文化长期发展的结果，同时在其发展过程中也受到外来文化的影响，例如魏、晋、南北朝时期砖细、砖雕技艺的发展，是与其时砖砌佛塔建筑的兴起分不开的。而同时期石刻佛教造像的兴盛和犍陀罗艺术风格的影响，也推动了石雕、砖雕技艺的发展。但总体上说，发展到传统社会晚期，上述装饰技艺类型都在融汇多种来源的技艺和风格的基础上，发展出成熟的中国传统建筑装饰技艺和风格类型。但也有一些装饰类型，是在清代晚期甚至民国时期，才开始传入并在建筑中小规模地使用。虽然在其应用中也存在技术本土化的现象，但在总体上仍保持了作为输入性装饰技艺和风格的特征。这些装饰类型也构成了中国传统建筑特别是乡土建筑装饰体系中的一个组成部分。比较典型的例子包括广东、福建地区乡土建筑中的装饰性面砖、混凝土装饰构件、铁艺装饰构件等。

# 第八章 历史文化名城建筑遗产保护

## 第一节 建筑遗产的内涵及其价值认识的变迁

按照 1972 年联合国教科文组织颁布的《世界文化与自然遗产公约》第一条的界定,"文化遗产"指从历史、艺术或科学角度看,具有突出的普遍价值的文物、建筑群和遗址。1989 年联合国教科文组织中期规划更为明确地界定了文化遗产的范围,即"文化遗产"可以被定义为全人类过去由各种文化传承下来的所有物质符号的集合——不管是艺术性的还是象征性的。由此可见,联合国教科文组织在 21 世纪之前,对"文化遗产"的界定并没有明确涵盖非物质文化遗产(2003 年联合国教科文组织颁布《非物质文化遗产保护公约》,正式开启非物质文化遗产保护工作),实际上与广义的建筑遗产的内涵相近。

陈曦指出:"建筑遗产(architectural heritage)概念的形成本身就有长时间的铺垫。有一些核心概念直接影响了它的形成,包括'纪念物''纪念性建筑''废墟''古建筑''历史建筑'等等。"20 世纪 60 年代之后,有关建筑遗产的范围持续扩展,无论是在类型、规模还是在创建与保护的时间间隔方面,都是如此。一般认为,文化遗产保护界明确使用"建筑遗产"这一提法的是 1975 年欧洲议会部长理事会通过的《建筑遗产欧洲宪章》。该宪章认为,建筑遗产"不仅包含最重要的纪念性建筑,还包括那些位于城镇和特色村落中的次要建筑群及其自然和人工环境"。这一界定扩大了建筑遗产的范围,使之与"纪念性建筑"的概念加以区分,即纪念性建筑只能代表一部分建筑遗产,不能涵盖建筑遗产范围的全部。1985 年,欧洲理事会在西班牙格拉纳达通过的《欧洲建筑遗产保护公约》(简称《格拉纳达公约》),更为明确定义了建筑遗产。该公约认为，建筑遗产具体包括三个部分，一是纪念物（monuments），具体指所有具有突出的历史、考古、艺术、科学或技术价值的建筑物和构筑物，包括其附属物和辅助设施；二是建筑群（groups of buildings），指具有突出的历史、考古、艺术、科学、社会或技术价值的同类型的城市或乡村建筑组群，它们相互连贯，构成了地形上可定义的单位；三是遗址或历史场所（sites），即指具有突出的历史、考古、艺术、科学、社会或技术价值的人与自然结合的作品，具有足够的特色或同质性的景观而能够从地形上加以定义。这一界定实际上与《世界文化与自然遗产公约》对"文化遗产"的界定大体相似。

总体上说，可将建筑遗产界定为具有一定价值要素的有形的、不可移动的实物遗存，不仅包括文化纪念物、建筑群，也包括能够体现特定文化特征或历史事件的历史场所以及城市或乡村环境。英国城市规划学者纳撒尼尔·利奇菲尔德（Nathaniel Lichfield）提出的文化建成遗产（Cultural Built Heritage，简称 CBH）概念，更为宽泛地界定了建筑遗产的内涵。他认为："CBH 涵盖了一系列相互独立的对象，诸如考古学上的遗址、古老的纪念性建筑、单个的建筑物或建筑群、街道以及联系一个群体的方式、建筑物周围的场所、单独耸立的塔或雕像等，甚至还能扩展至本身具有遗产价值的整个地区，或者说，它们本身没有遗产价值，但因靠近具有遗产价值的地方而使其成为有重要意义的区域。"

对建筑遗产内涵的认识本身便突出了它所具有的价值属性。联合国教科文组织站在全球高度理解文化遗产，强调遗产的"突出的普遍价值"（outstanding universal value），欧洲理事会强调建筑遗产突出的历史、考古、艺术、科学、社会和技术价值。无论强调哪些价值，或者在何种程度上强调这些价值的重要性，只有那些具有一定价值要素的建筑遗产才值得保护，才具有保护的理由与合法性。"一部人类文化遗产的保护史，其实也是对遗产价值的认识史。"对于建筑遗产价值的认识，是长期以来人类建筑保护历史进程演变的结果，是各种价值观念不断变迁与相互较量的结果。

在西方，神学思维支配的古代社会以及中世纪，建筑遗产的价值主要与特定的宗教象征意义、崇拜和教谕功能、传递宗教记忆相关联，受到保护与修缮的建筑遗产往往是那些被视作神圣的遗物或神之居所之类的建筑遗产。中世纪天主教经历了 13 世纪末"阿维尼翁之囚"（Prisoner of Avignon），罗马

教廷几乎沦为法国君主的御用工具。后经历教会大分裂，教皇马丁五世
（Martinus Ⅴ）于1420年光荣返回罗马后，那些存留下来的罗马教廷遗址和古
代纪念性建筑，如圣彼得大殿已然成为废墟。然而，它们作为信仰寄托物的
精神膜拜价值却依然强大。正是在此意义上，弗朗索瓦丝·萧伊认为，"我们
可以说历史性纪念建筑约于1420年诞生于罗马"。因此，理解中世纪的纪念
建筑这一概念，需要联系宗教语境。因为那时认为没有宗教信仰寄托意义的
建筑物，是没有保存价值的。例如，位于今天意大利首都罗马市中心著名的
古罗马斗兽场，在中世纪时其实并没有受到任何保护，它或被人们当作洞穴
般的避难所，或干脆被用作碉堡，或在15世纪时教廷将它的部分石料拆除后
建圣彼得大教堂和枢密院。

　　在对建筑遗产价值的认识方面，揭开现代欧洲历史序幕的文艺复兴时期，
标志着一种重要的转变。这一时期除了给予建筑遗产的艺术价值以前所未有
的重视外，尤为重要的是，开始形成一种新的历史观，即视历史的演变为一
个有始有终的过程，认为"现代"是过去各个时代进步累积的结果。于是，
人们生发出一种怀古情怀，重新欣赏古代的优秀遗产，这为建筑遗产保护奠
定了强有力的思想基础。

　　16~19世纪的欧洲，经历了启蒙时代与法国大革命的洗礼，由神学思维
发展到现代社会的理性思维，开始用多种价值观来衡量、评估前人留下来的
建筑遗产，并逐步确立了现代意义上的文化遗产概念。18世纪法国大革命时
期，一方面，基于摧毁封建专制制度的象征物和宗教象征物等各种不同的动
机，大量历史建筑遭到破坏；另一方面，这一时期又强调作为"国家遗产"
的纪念建筑主导性的国家价值，保护这些建筑有助于强化具有思想凝聚意义
的情感力量，在"大革命时期的法国，国家的价值是使得所有其他价值合法
化的价值""通过使历史性纪念物经继承成为全体人民的财产，大革命的一些
委员会给它们赋予了一种主导性的国家的价值，并给予它们教育的、科学的、
实用的新用途。"此外，17~18世纪欧洲还出现了源自于绘画领域的"古色"
或"古锈"（patina）和"如画"（picturesque）这两个重要的建筑遗产价值概
念，是当时重要的美学发现。其中，"古色"指的是建筑遗产在漫长的时光侵
蚀下呈现的变化痕迹所带来的一种特殊审美价值，"如画"同样指经历岁月磨
砺之后，建筑遗产所呈现的介于优美与崇高之间的一种难以描述的审美特性。

　　19世纪中后期，许多有关建筑遗产的价值观念更为理性化，获取详尽、

客观的历史事实变成了价值追寻的重要目标，历史性建筑的修复开始被视为一种科学活动。从此，"对建筑遗产文献价值、史料价值的推崇从 19 世纪末开始占据了建筑遗产保护的舞台，而且至今仍有着强大的影响力"。这种观点的直接后果就是，人们认为只有那些具有历史证言性质的建筑遗产才是值得保护的，而且保护的首要任务就是保护历史证言的真实性。

19 世纪英国著名艺术批评家约翰·罗斯金（John Ruskin）在《建筑的七盏明灯》（*The Seven Lamps of Architecture*，1849）中，讴歌了建筑岁月价值的无比魅力，以及建筑承载过去记忆的重要功能。在此基础上，他明确提出了反干预的历史性修复观，强调必须绝对保持历史建筑的真实性，"无论是公众，还是那些掌管公共纪念碑的人，都不能理解修复一词的真正含义。它意味着一座建筑最彻底的毁坏；在这场毁坏中，任何东西都没有留下，它总是伴随着对所毁事物的虚假描绘""那么就让我们不再谈论修复，这件事是个彻头彻尾的谎言"，因而罗斯金主张，对历史建筑只能给予经常性的维护与适当照顾，而不可以去修复，因为经历时间洗礼的原始风貌难以再现，任何修复都不可能完全忠实于原物，都可能破坏建筑物的真实美德。即便历史建筑最终会消逝，也应该坦然面对，与其自我欺骗地以虚假赝品替代，不如诚实地面对建筑的生老病死。罗斯金的历史建筑修复观，虽然有偏激和绝对化的一面，但是他对历史建筑绝对真实性的尊敬，为欧洲后来的建筑保护哲学奠定了重要的价值基础。

重视建筑遗产历史真实性、客观性和完整性的价值观，在 1931 年希腊雅典召开的第一届历史性纪念物建筑师及技师国际会议上通过的《关于历史性纪念物修复的雅典宪章》得到确认。该宪章确立了"保养"（maintained）胜于"修复"（restored）的历史建筑保护理念，尤其反对追求风格统一的修复观，提出应尊重过去的历史和艺术作品，不排斥任何一个特定时期的风格，尤其是应处理好建筑遗产与周边环境的关系，提升文物古迹的美学意义。

多年后，作为对《关于历史性纪念物修复的雅典宪章》精神的细化与完善，在 1964 年第二届历史性纪念物建筑师及技师国际会议上通过的《国际古迹保护与修复宪章》（即《威尼斯宪章》）进一步强调和阐释了遗产的真实性、完整性价值。作为世界文化遗产界公认的最具权威性的纲领性文件，该宪章特别强调尊重建筑遗产的历史价值和艺术价值，提出传递原真性的全部信息为建筑遗产保护的基本职责，而保护与修复的基本目的则是"旨在把它们既作为历史见证，又作为艺术品予以保护"。

在继承《威尼斯宪章》基本原则的基础上，澳大利亚国际古迹遗址理事会于 1979 年通过、1999 年修订的《巴拉宪章》，使用"文化意义"（或"文化重要性"）（cultural significance）的概念来表述遗产的文化价值，"指的是对过去、现在和将来世代的人具有美学、历史、科学、社会或者精神方面的价值。"《巴拉宪章》突出强调了遗产的文化价值，引领世界建筑遗产保护的基本价值观转向对文化价值的高度重视。1994 年世界遗产委员会第 18 次会议通过的《关于原真性的奈良文件》，其重要意义是强调文化多样性观念，将文化遗产的真实价值放在世界各地区、各民族及其不同的文脉关系下加以理解。

总之，对建筑遗产价值基础和价值要素的认识，是长期以来人类建筑保护历史进程演变的结果，是各种价值观念不断变迁与相互较量的结果。近几十年，建筑遗产保护工作呈现出良好的发展态势。随着遗产价值观念的变化，建筑遗产保护对象的范围也不断扩展，折射出建筑遗产保护价值观的变迁。

需要补充说明的是，以上对建筑遗产价值认识变迁的简要梳理，主要基于欧洲的遗产保护理念和重要的遗产保护国际宪章。从中国建筑遗产保护研究的历史来看，学界一般认为可从朱启钤 1930 年发起成立的我国第一家从事中国古代建筑调查、研究和保护工作的学术机构——中国营造学社算起。总体上说，近代中国建筑遗产保护思想一方面明显地反映出同时期国际上文物保护思想的影响，另一方面又显现出中国传统建筑思想和社会价值观的烙印，并至今一直影响着中国文化遗产保护。论及近代中国建筑遗产保护思想，以梁思成的学术贡献最为突出。尤其是针对北京的建筑遗产保护，梁思成在《北平文物必须整理与保存》一文中，不仅以北京的"故都文物整理工程"为例，阐述了文物建筑与城市发展的关系，更重要的是，强调了文物建筑的历史价值、艺术价值，尤其是精神价值。梁思成说：

> 北平的整个形制既是世界上可贵的孤例，而同时又是艺术的杰作，城内外许多建筑物却又各个的是在历史上、建筑史上、艺术史上的至宝。整个的故宫不必说，其他许多各个的文物建筑大多数是富有历史意义的艺术品。它们综合起来是一个庞大的"历史艺术陈列馆"。历史的文物对于人民有一种特殊的精神影响，最能触发人们对民族、对人类的自信心。……无论如何，我们除非否认艺术，否认历史，或否认北平文物在艺术上、历史上的价值，则它们必须得

到我们的爱护与保存是无可疑问的。

梁思成和陈占祥于 1950 年 2 月提出了《关于中央人民政府行政中心位置的建议》，虽然最终并没有得到实施，但该方案所体现出的对北京老城进行系统性保护的整体观念，从城市有机疏散和发展更新的角度认识北京老城的历史价值和文化价值，以及"古今兼顾，新旧两利"的保护原则，至今对北京城市文化遗产保护都具有重要的启示意义。

# 第二节　建筑遗产的价值要素

国际建筑遗产保护界著名学者尤嘎·尤基莱托（Jukka Jokilehto）说："现代遗产保护中的主要问题是价值问题，价值的概念本身就经历了一系列的变化。"虽然每个时代对建筑遗产价值要素、价值类型的强调各有侧重，但总的说来建筑遗产呈现出多重性、多元化的价值要素，尤其是当代国际遗产界对遗产价值认识已有了多方面扩展，则是不争的事实。需要说明的是，《关于历史性纪念物修复的雅典宪章》和《威尼斯宪章》虽未明确提出遗产的价值要素，但都间接涉及了对遗产艺术、历史和科学价值的确认。

从我国建筑遗产保护的理论、法规与实践来看，取得共识的是 1982 年颁布的《中华人民共和国文物保护法》和 2000 年由中国国家文物局与美国盖蒂保护所、澳大利亚遗产委员会合作编制的《中国文物古迹保护准则》中确立的"三大价值"，即历史价值、艺术价值和科学价值。2014 年底《中国文物古迹保护准则》修订版公布，关于价值认识方面，在强调原"三大价值"的基础上，增加了文物的社会价值和文化价值，确立了"五大价值"的说法，对建筑遗产价值的认识有了更全面的理解与概括。

本书所提的情感价值是一个广义的概念，它兼容了社会价值和精神价值，将在本章的其他部分进行专门讨论。因此，本节主要阐述建筑遗产的历史价值要素、艺术价值要素、科学价值要素和经济价值要素。

# 一、"石头的史书"：建筑遗产的历史价值要素

从语源学上看，无论中西，"遗产"的本义大多是指过世的先辈留给后代子孙的东西。汉语文献中"遗产"始见于《后汉书·宣张二王杜郭吴承郑赵列传》，有"丹出典州郡，人为三公，而家无遗产，子孙困匮"。法语 patrimoine（遗产）这个词的最初含义是指从父辈和祖辈继承下来再转交给儿辈的东西，包括房屋、土地、家族的姓氏、头衔等。后来，遗产的概念逐渐从家族领域扩大到整个社会系统，更宽泛地说，遗产就是人类历史上遗留下来的物质财富与精神财富。可见，从遗产的基本意义上看，以时间性要素为前提的历史价值是遗产固有的"存在价值"，时间属性对于建筑遗产价值的高低至关重要，如陈志华所言，"文物建筑的主要价值在于它携带着从它诞生时起整个存在过程中所获得的历史信息，也就是说，在于它是历史的实物见证。"同时，时间属性也是构成建筑遗产衍生价值的重要变量。"只有历经几个世纪沧桑之变，熏黑的横梁上留下了历史的印记之后，这个古迹才会令人肃然起敬。"法国作家夏多布里昂说的这句话不无道理。

作为"石头的史书"，建筑遗产的历史价值相比于其他非物质文化遗产而言，其独特性在于它可以通过实体形态直观地呈现和"记录"曾经流逝的岁月印记，以延续我们对历史的记忆，有助于我们较为直观地理解过去与当代生活之间的联系。没有物质性表征的记忆往往是抽象的，建筑遗产作为存储和见证历史的具象符号，借由时间向度的历史叙述，突显了建筑所具有的不可替代的集体记忆功能。对此，英国艺术家约翰·罗斯金曾感叹，没有建筑，我们就会失去记忆，和活的民族所写的及纯洁的大理石所承载的相比，历史是多么冷酷，一切图像又是多么毫无生气！有了几个相互叠加的石头，我们可以扔掉多少页令人怀疑的记录！"罗斯金的感叹不仅道出了建筑的记忆功能，而且说明了建筑所记录的历史，往往比文字更加真实。

历史价值指的是建筑遗产作为历史见证和人类记忆载体的价值。例如，始建于明成祖永乐四年（1406 年）的北京故宫，历经 600 年风雨，依然屹立于北京中轴线的中心，明清两个朝代二十四位皇帝在此兴盛一时又消失如烟，只有这座宫殿建筑群，岿然不动，一柱一檩见证沧桑历史，并以其巍峨壮丽的气势和严谨对称的空间格局表现着昔日帝王的九鼎之尊，"站在故宫太和门

前，北望太和殿，南望午门，这时候你对封建专制制度的理解，岂是自哪本书里能读到的"。

又如，北京八达岭长城，作为至今为止保护最好、最著名的一段明代长城，自古即为兵家必争之地，历史上许多重大事件曾聚焦八达岭，如秦始皇东临碣石后，自八达岭取道大同，驾返咸阳；辽国萧太后巡幸、元太祖入关、元朝皇帝往返北京与上都间、明代帝王北伐、李自成攻陷北京、清代天子亲征等，八达岭均为必经之地。近代以来，詹天佑在八达岭主导了中国人自行设计和建造的第一条铁路——京张铁路。近代社会改革家康有为的诗作《登万里长城》，不仅赞美了长城的雄伟壮丽，表达对国家衰败、民族危亡的关切，也生动描述了长城的历史见证作用。

建筑遗产保护理论中，与历史价值紧密相关的一个价值要素，是所谓"年代价值"或"岁月价值"（age value）。明确提出"年代价值"概念并将其与历史价值区分的是奥地利艺术史家阿洛伊斯·李格尔（Alois Riegl）。他在《对文物的现代崇拜：其特点与起源》（*The Modern Cult of Monuments: Its Character and its Origin*, 1903）一文中，详细阐述了文物的多重价值要素。李格尔首先将文物的价值要素划分为两大类型，即纪念性价值（commemorative value）与现今的价值（present-day value）。其中，纪念性价值包括历史价值（historical value）、年代价值和有意为之的纪念性价值（deliberate commemorative value）。李格尔认为，研究纪念性价值，必须从年代价值着手，指的是文物让人第一眼就感受到它所显露出的过去的古老特质，"一件文物的年代外观立即就透露出了它的年代价值""年代价值要求对大众具有吸引力，它不完整，残缺不全，它的形状与色彩已分化，这些确立了年代价值和现代新的人造物的特性之间的对立"。关于文物的历史价值，李格尔认为，它"产生于某一领域中文物所代表的人类活动发展中的一个特殊阶段""一件文物原先的状态越是真实可信地保存下来，它的历史价值就越大：解体与衰败损害着它的历史价值"。

由此可见，年代价值主要来自建筑遗产的岁月痕迹，是时间流逝所衍生的一种价值，本质上是审美性的情感价值，不需要联系建筑遗产本身的历史重要性、真实性来衡量。但是，对历史价值的判断，则要求其能够真实可信地代表过去某个特定的历史事件、历史瞬间或历史阶段，尤其是强调其所体现的历史真实性。

回溯人类对建筑遗产价值认识的变迁史，毫无疑问，不可替代的历史价值一直是保护建筑遗产的基本理由。陈志华谈到北京古城保护时曾说，一座古建筑、一片老街区，或者老北京城的保与不保，不决定于它是不是破烂，也不决定于它的居民的生活状态，而决定于它的历史文化价值。陈志华的意思并非不关心老城居民生活水平的提高，而是强调由于建筑遗产历史价值的宝贵性和不可再生性，我们不能借由旧城改造、改善居民生活环境的名义而破坏建筑遗产。

## 二、"艺术的丰碑"：建筑遗产的艺术价值要素

几乎在所有建筑遗产保护的国际宪章、法规和相关文件中，除了遗产的历史价值，被反复强调的一个价值要素便是艺术价值。早在 1890 年，意大利罗马就成立了文物古迹艺术委员会。该委员会将文物古迹定义为，"任何建筑物，无论是公共财产还是私有财产，无论始建于任何时代；或者任何遗址，只要它具有明显的重要艺术特征，或存储了重要的历史信息，就属于古迹范畴。"

艺术价值如同历史价值一样，是遗产的核心价值，对于判定建筑遗产价值的高低至关重要。无论从艺术起源的角度，还是艺术功能的角度，建筑确凿无疑的是一种艺术的类型，而且它在"艺术大家庭"中还扮演着不同凡响的角色。按照黑格尔的观点："所以我们在这里在各门艺术的体系之中首先挑选建筑来讨论，这不仅是因为建筑按照它的概念（本质）就理应首先讨论，而且也因为就存在或出现的次第来说，建筑也是一门最早的艺术。"作为一种艺术的建筑，具有艺术价值，似乎是很自然的事情。实际上，建筑遗产保护中所指的艺术价值，主要是指遗产本身的品质特性（主要是视觉品质）是否呈现一种明显的、重要的艺术特征，即能否充分利用一定时期的艺术规律，较为典型地反映一定时期的建筑艺术风格、审美趣味，并且在艺术效果上具有一定的审美感染力。

奥地利学者弗拉德列认为，建筑遗产的艺术价值包括三个方面，即艺术历史的价值（最初形态的概念、最初形态的复原等）、艺术质量价值和艺术作品本身的价值（包括古迹自身建筑形态的直接作用和与古迹相关的艺术作品的间接作用）。

从宽泛意义上说，与艺术价值要素相关联的一个概念，是所谓的美学价值或审美价值（aesthetic value），不少学者在表述建筑遗产的艺术价值时主要指的是美学价值或审美价值。作为一种造型艺术的建筑，往往通过点、线、色、形等形式元素以及对称与均衡、比例与尺度、节奏与韵律等结构法则，使人产生美感，并使建筑达到或崇高，或壮美，或庄严，或宁静，或优雅的审美质量，这便是建筑所体现出的美学价值。澳大利亚学家戴维·思罗斯比（David Throsby）认为，遗产的审美价值主要指的是遗产所具有的美感、和谐、外形及其他美学特征。俄罗斯建筑保护专家阿列克·伊万诺维奇·普鲁金认为，建筑遗产的美学价值指的是"建筑或建筑群落其自身确定的形态反映其建筑风格或建筑时期，这种确定的形态指的是建筑结构方面的、装饰细部方面的，或者是区别于别的建筑的独特建筑品质，属于世界或本民族范围内的建筑古迹"。

建筑遗产的美学价值具有历史性和地域性，即它必定要反映特定时代的审美趣味或典型风格，同时必定是特定民族和地域文化审美特征的重要构成。例如，从北京天安门广场鸟瞰图中，我们可以明显看到体现不同时代典型风格和审美趣味的建筑遗产。作为明清皇城正门的天安门及它所开启的紫禁城，是中国宫殿建筑艺术的集大成者与最高水平的代表，如同浩瀚的"宫殿之海"，鲜明体现了中国传统建筑群体组合与多样性统一的审美特点；而位于广场西侧的人民大会堂、广场东侧的中国国家博物馆（原中国革命历史博物馆）同属于首批中国 20 世纪建筑遗产，两座建筑造型相似、体量相当，相互对称。在当时党中央制订的"中外古今，一切精华皆为我用"的方针基础上，都采用了类似折中主义的古典建筑风格，将 20 世纪 30 年代传入中国的西方"布杂艺术"（Beaux-Arts）、苏联新古典主义纪念建筑风格和中国传统风格三者融合在一起，建筑风格雄伟明朗、简洁大方，既有民族特色，又反映了鲜明的时代印记。

尤其要强调的是，理解和评估建筑遗产的美学价值不能将建筑遗产从其现实环境中孤立出来，还应考虑其周围的环境与氛围，只有两者和谐时，才能共同呈现出更高的美学价值。因为建筑与其他艺术类型相比，具有强烈的环境归属性，好比"太和殿只有在紫禁城的庄严氛围中才有价值，祈年殿也只有在松柏浓郁的天坛环境中才有生命"。绘画、雕塑作品可以自由流动，不受空间环境限制，且空间环境的变化不改变或损害作品的审美特征。但建筑却不同，它总要扎根于具体的环境，成为当地的一个部分，并构成环境的重要特征。美国学家艾伦·卡尔松（Allen Carlson）说："对每座建筑、每种城市风景或景观，我们都必须根据存在于建筑物内部以及该建筑物与其更大环境之间的功能适应关系欣赏，不能做到这一点，便会失去许多审美趣味与价值。"

# 三、"科技之凝结"：建筑遗产的科学价值要素

科学价值如同历史价值、艺术价值一样，是有关建筑遗产保护的宪章、准则和相关文件中普遍强调的重要价值要素。1931 年颁布的《关于历史性纪念物修复的雅典宪章》不仅重视提升文物的美学意义，也强调了保护历史性纪念物的历史和科学价值。我国的建筑遗产保护工作一向重视建筑遗产的科学价值。1982 年颁布的《中华人民共和国文物保护法》和 2000 年通过的《中国文物古迹保护准则》都明确提及了文物古迹的价值包括科学价值。

建筑遗产的科学价值，主要指的是建筑遗产中所蕴含的科学技术信息。不同时代的建筑遗产一定程度上代表并体现着当时那个时代的技术理念、建造方式、结构技术、建筑材料和施工工艺，进而反映当时的生产力水平，成为人们了解与认识建筑科学与技术史的物质见证，对科学研究具有重要的意义。在此意义上，《巴拉宪章操作指南：文化意义》中指出，科学价值指的是"一个地点的科学或研究价值将取决于有关资料的重要性、稀缺性、品质性或代表性，以及它可能贡献出更深层次的实质性信息的程度"。建筑遗产的科学价值不同于其历史价值与艺术价值，它需要专业的科学性评估与辨识，除了从建筑遗产的设计及相关技术、结构、功能、工艺等方面作出判断外，还需要从遗产所处的社会背景及当时的技术标准进行衡量，以判断其先进性、合理性和重要性。

以中国传统建筑遗产为例，中国古代建筑的木构架结构体系在世界建筑文化史上独树一帜，如梁思成所言，"满足于木材之沿用，达数千年；顺序发展木造精到之方法"。中国古代木构架有抬梁、穿斗和井干三种结构方式，其中抬梁式架构最为重要，《营造法式》大木作部分主要讲的是这种架构，它主要运用于宫殿、坛庙、寺院等大型建筑物，更为皇家建筑群所选，是汉族木构架建筑的代表。中国古代建筑木构架结构体系中，斗拱技术是古代建筑技

术的独特创造，它使中国古代木构建筑不用一颗钉子而所支撑的大殿屹立不倒。斗拱组织也是中国古代演变最为明显、等级标示和建筑审美艺术突出的建筑技术。斗拱最初是柱与屋面之间的承重构件，起着承托、悬挑、拉结等结构功能。在斗拱型制的历史性演变过程中，将其力学结构的实用功能赋予了礼仪的或伦理的功能。现存山西五台山佛光寺大殿是唐代殿堂型构架唯一遗例，也是认知和理解斗拱与梁柱的复合组合技术的最早范例。

由于国家主持的皇家建筑往往集中了当时最先进的建造技术，因此对于元明清三代都城的北京而言，有着得天独厚的大型木架构建筑遗产，是我们认识中国古代建筑科技和进行相关专业研究的重要实物资料。例如，作为中国古代宗法制度的物化象征，早期的宗庙没有一座留存至今，我们今天能看到的最早的宗庙就是位于北京天安门广场东北侧的太庙，它是明清两代皇帝祭奠祖先的家庙。太庙始建于明永乐十八年（1420 年），占地 200 余亩，根据中国古代"敬天法祖"的传统礼制而建造。其中，太庙前殿是皇帝敬祖行礼的地方，面阔原为 9 间，清改为 11 间，进深 4 架，屋顶为最高等级的重檐庑殿顶，并坐落在用汉白玉石栏环绕的三层台基上。梁思成说："考今太庙诸建筑，独戟门斗拱比例最宏，角柱且微有生起；前殿东西庑柱且卷杀，作梭柱，当均为永乐原构。"可见，太庙虽经清代改建，但其木石部分，大体保持原构，具有重要的科技信息价值。

重建于明末及清初的北京故宫外朝三大殿太和、中和、保和三殿，是帝王举行重大典礼、处理国家政务的地方，建筑等级最高，气势最宏大，且是体现中国古代宫殿建筑技术最高水平的实物见证。其中，太和殿是我国现存最大的木构殿宇，屋顶式样为等级品位最高的重檐庑殿式。间架等级最初为五间九架，在清康熙八年（公元 1669 年）改建时，筑为五间十一架，"它在许多方面都可以看作是我国历代宫廷建筑之成功经验的总汇"。保和殿的珍贵性体现在今北京故宫主要殿宇中唯有它现存的主体梁架仍为明代建筑。建筑结构采用"减柱造"的特殊法式，减去了殿内前檐六根金柱，使殿前廊和殿内空间更为开阔。

其实，从更广的视角看，建筑遗产所蕴含的科学技术信息，不过是建筑遗产所携带的历史信息的一部分，对遗产科学价值的理解必须联系其历史价值，因而科学价值实质上是历史价值的一种具体表现。

## 四、"特殊的资本"：建筑遗产的经济价值要素

建筑遗产的历史价值、艺术价值、科学价值、情感价值等价值要素，若按照戴维·思罗斯比等学者的观点，可统称为遗产的绝对价值或内在价值，它们独立于任何买卖交换关系，是建筑遗产本身所具有的自然的或可以重现的价值要素。简言之，这些价值不需要与其他价值的联系或促进其他价值的生成而显示其重要性。显然，像建筑遗产的经济价值、利用价值这类价值要素，本质上不属于遗产固有的内在价值，而是一种衍生性价值，即只有当遗产存在历史价值、艺术价值等文化价值时，才能衍生其经济价值，"历史建筑可能体现了'纯'文化价值，同时作为一项资产还因为其物质内容和文化内容而具有经济价值。"例如，正是因为建筑遗产的艺术价值、历史价值，才让人们愿意付费购票参观。

其实，早在18世纪的欧洲，建筑遗产的经济价值就以一种特别的方式得以显现。这种特别的方式就是作为一个受过良好教育的绅士或欧洲贵族子弟的必修课——盛大旅行（Grand Tour），在长达数月甚至数年的旅行中，参观和研究古罗马的废墟等建筑遗产是其重要内容。因此，在盛大旅行盛行期间，"几乎所有的文献都表明了历史性纪念建筑吸引外国参观者的价值：尼姆的竞技场及加德桥带给法国的财富或许要超过古罗马人建造时付出的代价。"可见，基于文化旅游的建筑遗产的经济价值至少在18世纪的欧洲就得到一定程度的彰显。

关于如何理解建筑遗产的经济价值要素，荷兰学者瑞基格洛克（E. C. M. Ruijgrok）认为，建筑遗产保护应是一项合理的投资，他将文化遗产的经济价值分为三个方面，即住房舒适价值、娱乐休闲价值和遗赠价值。其中，住房舒适价值依据享乐价格法（Hedonic Pricing Method, HPM）加以评估，娱乐休闲价值和遗赠价值则根据条件价值评估法（CVM）加以评估。他由此得出的基本结论是：建筑物及其周围环境的历史特征占该建筑物价值的近15%。

埃及文化遗产保护专家、亚历山大图书馆馆长伊斯迈尔·萨瓦格丁（Ismail Serageldin）对建筑遗产的经济价值进行了更为细致的界定。他将遗产总的经济价值划分为使用价值与非使用价值，而在使用价值与非使用价值之间存在一个选择价值。萨瓦格丁对文化遗产经济价值要素的理解颇为宽泛，不

仅包括由遗产之使用而直接产生或间接产生的收益，如居住、商业、旅游、休闲、娱乐等直接收益和社区形象、环境质量、美学质量等间接效益，以及未来的直接或间接收益，还涵盖了存在价值、遗赠价值等非使用价值。

兰德尔·梅森（Randall Mason）的观点与萨瓦格丁的观点较为类似，他在盖蒂保护中心出版的《文化遗产的价值评估》研究报告中，将文化遗产的经济价值分为两大类，即使用价值或市场价值与非使用价值或非市场价值。其中，建筑遗产的使用价值指的是在市场中可交易与可定价的商品与服务，如一个历史遗址的门票收入、土地收益费用和员工的工资。建筑遗产的非使用价值指的是不能由市场交易而获得的经济价值，因此很难用价格来衡量。

这类价值要素具体可分为存在价值、选择价值及遗赠价值。其中，存在价值指的是个人仅看重的是遗产存在本身，即使他们自己可能没有亲身体验或直接消费其服务；选择价值指的是某人希望在未来某段时间内，保留他或她有可能会利用遗产的可能性（选择）；而遗赠价值则源于将遗产这一资产遗赠给子孙后代的愿望。其实，严格说来，萨瓦格丁和梅森所说的非使用价值实际上属于遗产广义的文化价值，建筑遗产的经济价值主要应指其直接的使用价值或利用价值。

过去的建筑遗产保护国际宪章和国内法规很少涉及经济价值。从相关国际宪章来看，只有《建筑遗产的欧洲宪章》较为明确地提出了遗产的经济价值，指出建筑遗产是一种具有精神、文化、社会和经济价值的不可替代的资本，它远非一件奢侈品，而是一种经济财富。我国的文物保护法规没有明确提及经济价值。在建筑遗产保护理论研究方面，过去极少研究经济价值，认为保护工作耻于言利，似乎一涉及经济，就玷污了保护这一神圣使命。但是，在实际保护工作各个环节都离不开市场经济这一只无形而又无所不在的手。实际上，完全否认或忽视建筑遗产的经济价值既不现实，也不利于建筑遗产的可持续保护与再利用。

当代建筑遗产保护运动的发展，一个非常重要的价值拓展，便是对建筑遗产的价值认识从内在价值走向内在价值与外在价值（或者绝对价值与相对价值）相结合的综合价值观，即将建筑遗产不仅视为一种历史和文化见证的珍贵文物，同时还视为一种促进经济与文化发展的文化资源和特殊的文化资本，从而将建筑遗产的文化价值与经济价值紧密联系在一起。经济价值虽然在建构一个地方的文化意义时，很少被专业人士认为是真正的遗产价值，但是常常被用来作为保护的理由，尤其对地方政府而言如此。对于今天的社会而言，促使遗产在其文化价值与经济价值的发挥之间良性互动，对于让民间力量在建筑遗产保护中发挥更大的作用至关重要。

# 第三节　建筑遗产的情感价值

民间古城保护人士华新民在自己的书中这样写道：

我 1954 年出生在北京东城区无量大人胡同 18 号院里。我可能是当时三千二百条胡同里唯一的一个蓝眼睛的"洋娃娃"了。我在好奇的目光下长大，经常在街头被称为"外国人"。

但我并不是外国人，这不单是因为我有着四分之一的中国血统，更因为盛过我的那支摇篮，就放在一座有三千年历史的中国古都的土地上。当我的母亲把我搁在院子里晒太阳时，当院子里粉色的芙蓉掉到我脸上时，便传来了几百种声音，有蚯蚓一类的蠕动，有墙外的像唱歌一样的叫卖，有房上一个石头小人嘴里的嗳嗳。还因为，在我会站起来自己打开门的时候，便天天端着一个板凳坐在门口，看着人来人往，听会了北京胡同的语言，那是最清脆和最诙谐的一种语言，听着和说着都是一种极大的享受。

我多想搬起我的小板凳坐在胡同口上，看住我的每一条胡同，看住我的北京。

有一天我曾在街头遇到了过去教过我的一位老师，他知道我在做什么，他管我叫"胡同的孩子"。这是我最喜欢的一个称呼了，一想起它眼睛就湿润了。

显然，北京的胡同、四合院之于华新民的意义，绝不只是以上所述历史的、艺术的和经济的价值，其承载的情感价值才是她最为割舍不掉的东西。不仅华新民有这样的感受，这也是生于斯、长于斯的老北京人的共同感受。2017 年 5 月，笔者曾到北京前门街道草厂社区、大江社区进行调研，对出版有《昨日重现：水彩笔下的老北京》的赵锡山等五位老北京人进行了访谈，在有关北京建筑遗产文化价值的构成要素问题上，他们一致认为情感价值最为重要，尤其认为老建筑有助于增强北京人的文化认同感、归属感，能够引发乡愁。赵锡山老人几辈人都住在北京前门一带的胡同里，那里是古都的中心，明清时期的建筑遗存丰富。然而，随着城市的快速发展，他眼看着一些老建筑和胡同景观在逐渐消失，隐隐感到不安，于是他通过绘画的方式让北京"昨日重现"，以纾解和释放心头的那一抹乡愁，用自己的画笔重建他记忆中的北京老城景观。老建筑于这些土生土长的北京人而言，更多的是挥之不去的情感价值，这是他们集体回忆的依托。

## 一、认同感：建筑遗产情感价值的基本内涵

关于建筑遗产的情感价值，国内外一些学者展开过相关讨论。曾任英国国际古迹及遗址理事会主席的费尔登（Bernard M. Feilden）在著作《历史建筑保护》（*Conservation of Historic Buildings*，2003）中，提出了历史建筑的情感价值问题。在一开篇对历史建筑的界定中，费尔登就表达了对情感价值的重视，他指出：

> 简言之，历史建筑就是一个能给予我们惊奇（wonder）感觉，并令我们想去了解更多有关创造它的人们与文化的建筑物。它具有建筑艺术的、美学的、历史的、纪录性的、考古学的、经济的、社会的，甚至政治的、精神的或象征性的价值，但历史建筑最初给我们的冲击总是情感上的，因为它是我们文化认同感和连续性的象征——我们遗产的一部分。

费尔登将历史建筑的价值主要划分为三种类型：第一，情感价值（emotional value）；第二，文化价值；第三，使用价值。其中有关情感价值，其内涵包括："惊奇；认同感；延续性；精神和象征价值。"费尔登没有将历史建筑的社会价值（social value）单独列出来，因为他认为社会价值就是一种情感价值，与对一个地方或一个群体的归属感相关。实际上，一些将社会价值列为单独价值类型的学者，主要是强调建筑遗产与社群情感的联系，与形成身份意识、文化认同感和归属感相关联，属于建立在一个地区、社区或一个群体的集体记忆和共同情感体验基础上的价值类型。

阿列克·伊万诺维奇·普鲁金所建构的建筑遗产价值及其评价体系，将建筑遗产的艺术价值与情感价值综合，提出了艺术、情感的价值类型。所谓

艺术情感的价值，在普鲁金看来，既涵盖艺术价值又包含情感价值，是"在其自身的建筑形象中具有艺术的因素，对于人们的情感接受有着正面的影响作用""古建筑及古建筑群从整体有益于人的心理，呼应于人的情感作用标准"可见，普鲁金对遗产情感价值的理解，偏重于古建筑对人潜移默化的情感陶冶作用，严格意义上说属于建筑遗产的教化价值。

林源在《中国建筑遗产保护基础理论》一书中，将建筑遗产的价值构成归纳为信息价值、情感与象征价值和利用价值三个方面。林源将情感价值与象征价值联系起来理解，认为"情感与象征价值是指建筑遗产能够满足当今社会人们的情感需求，并具某种特定的或普遍性的精神象征意义"，他认为情感与象征价值具体包含文化认同感、国家和民族归属感、历史延续感、精神象征性、记忆载体等价值要素，核心是文化认同作用。

华裔人文主义地理学家段义孚（Tuan Yi-Fu）虽然没有专门探讨建筑遗产的保护问题，但在讨论"时间与地方"这一主题时，涉及保存历史建筑的原则，他以个体生命历程为参照的方法路径颇有启示意义。他说："让我们先来看一个人的生命，然后再讨论城市的生命。人生活在同一屋里若干年，当他五十岁的时候，这屋子已经由于繁忙生活的累积而非常杂乱，它们会使他的过去有舒服的时刻，但有些却必须丢弃，因为它们现在和未来都妨碍屋子里的通道，所以他丢弃大部分而保留对他而言有价值的。"什么是对他有价值的？他由此提出"保存的热情依能支持认同感的需求程度而升温"的观点，实际上确认了建筑遗产保护的重要情感价值——强化认同感。

美国著名规划理论家凯文·林奇（Kevin Lynch）同样没有系统讨论建筑遗产保护的价值问题，但在探讨城市发展与地点和时间的关系时，涉及对过往遗迹的保护问题，他同样将视角集中到了情感归属层面。他认为，虽然城市中有历史意义的地点和建筑遗产对本地居民而言似乎不大光顾，但是，一旦这些地方面临被毁掉的危险，他们便会有强烈的情感反应，因为这些地方的存在让他们有一种稳定感和延续感，他们不希望这种安全感被打破。

上述学者在对建筑遗产的价值认识和评价中，都关注到了情感价值要素，比较一致的观点是强调建筑遗产带给人们认同感、归属感这一重要的情感价值。今天，虽然引领世界建筑遗产保护的基本价值观转向对文化价值的高度重视，但对文化价值这一极具综合性概念的理解，往往偏重从社会、国家、地域层面对文化重要性的认识，忽略生活其间的个体的文化需求和归属感，并不能涵盖情感价值所具有的丰富内涵。

## 二、作为一种场所感的乡愁

目前建筑遗产保护价值理论总体上都忽略对作为个体的"人"的情感需求。"何人不起故园情",之所以我们感到"残山梦最真,旧境丢难掉",是因为扎根于人们心灵深处的对老建筑的情感价值难以割舍。随着城市建设日新月异,一个个熟悉的环境变得陌生,随着城市空间越来越"千城一面",失去地方特色,人们对老城、老建筑、老街区的珍惜和依恋之情反而日益增强。这种情感价值用一个富有审美意蕴的词来表达就是乡愁,乡愁是建筑遗产的一种独特的情感价值。

乡愁表现于人的情感层面,首先是一种场所感。场所感既是建筑现象学和环境美学范畴中一个重要的概念,也是人文地理学研究的中心话题之一。它是在人与具体的生活环境,尤其是建筑环境,建立起的一种复杂联系的基础上,所形成的一种充满记忆的情感体验,指的是人对空间为我所用的特性的体验,或者说是一种在共同体验、共同记忆基础上与空间形成的有意义的伙伴关系。

挪威建筑理论家诺伯舒兹(Christian Norberg Schulz)从建筑现象学视角对场所、场所精神(spirit of place)进行过深入研究。他认为,场所不是抽象的地理位置或场地(site)概念,而是具有清晰的空间特性或"气氛"的地方,是自然环境和人造环境相结合的有意义的整体。场所精神在古代主要体现为一种神灵守护精神(guardianspirit),古罗马人认为每一个独立的本体都有自己的灵魂,这种灵魂赋予人和场所以生命,同时也决定其特性。在现代则表示一种主要由建筑所形成的环境的整体特性,具体体现的精神功能是"方向感"和"认同感",只有这样人才可能与场所产生亲密关系。"方向感"(orientation),简单说是指人们在空间环境中能够定位,有一种知道自己身处何处的熟悉感,它依赖于能达到良好环境意象的空间结构。诺伯舒兹的这一观点非常重要。对于绝大多数历史古城而言,其友好的空间格局依赖某些高耸的标志性历史建筑或"特征性场所"所营造的方向感。例如,位于北京中轴线北端的鼓楼连同它后面的钟楼,由于相对周围大片覆盖着灰瓦的低矮民宅,它高耸的楼阁和雄大的基座,成为统率周围地段的构图中心,不仅使附近胡同的空间形态呈现独特的审美意味，也成为老北京人方向感的重要依托。"认同感"（identification）则意味着与自己所处的建筑环境有一种类似"友谊"的关系，意味着人们对建筑环境有一种深度介入，是心之所属的场所。在诺伯舒兹看来，建筑就是营建场所精神，是场所精神的形象化，建筑的目的是让人"定居"（dwelling）并获得一种"存在的立足点"（existential foothold），而要想获得这种"存在的立足点"，人必须归属于一个场所，并与场所建立起以"方向感"和"认同感"为核心的场所感。这就是诺伯舒兹有关场所问题的基本思想脉络。

此外，还有不少学者强调场所感的意义。例如，段义孚对场所感（或地方感）有独特研究，他系统发展的一个概念"恋地情结"（topophilia），表达了人们对场所的爱恋和依赖之情。他认为"'恋地情结'是人与地方之间的情感纽带，'恋地情结'是关联着特定地方的一种情感，环境能为'恋地情结'提供意象（images），因此这种情感远远不是游离的、无根基的。"乡愁本质上就是一种"恋地情结"。这种情结是大多数人离开长期生活的环境后自然而然萌发的。从胡同里狭窄的小房搬进单元楼的老北京人，即便他（她）深知胡同的灰土和四合院的杂乱之苦，仍旧会怀念往日那些场所氛围，甚或害起一种隐隐的如同怀乡病般的"恋地病"来，"不管活到多久，胡同的氛围、胡同的情趣，苦也好，乐也好，将永存心底，不能遗忘。"

凯文·林奇是最早系统研究城市意象的学者，他认为有可读性的、好的环境意象具有重要的情感价值，会使人产生犹如回家般的安全感和愉悦感。而"场所感"主要来源于地方特色，这种地方特色能使人区别地方与地方的差异，能唤起对一个地方的记忆。美国学者梅亚·阿雷菲（Mahyar Arefi）指出："场所的概念概括了一个具备独特物质与视觉特征的地区，它也为城市规划与设计事业指出了一条解决问题的途径。一个具有强烈地方感的位置不仅具有视觉上可辨认的地理边界，同时也能唤起人们的归属感、集体感，并给人一种踏实的感觉。"

现代建筑与城市规划的一个重要问题是场所感的削弱甚至消失，居民与环境的疏离感、陌生感日益增强，到处旧貌换新颜，到处变得都一样，让本地人也产生了"异乡人"的感觉。对此，加拿大人文地理学家爱德华·雷尔夫（Edward Relph）在 20 世纪 70 年代提出了"无场所"的概念，指出现代城市"随意根除那些有特色的场所，代之以标准化的景观，由此导致了场所意义的缺失",那些无场所感的标准景观,便将原本贴近个人与群体的共同生活记忆淡化为个人生活经验与空间的疏离,这是一种缺乏生活印记的空间,显然很难建立人与环境的情感关联,导致人们缺乏归属感。

有关建筑与城市规划中的场所、场所感的概念,对我们今天认识建筑遗产保护的特殊情感价值,极具启示意义。实际上,所谓城镇建设要让居民"记得住乡愁",本质上就是指城镇建设应保持和建构一种空间环境的场所感,一种建筑、城市、乡镇与人们的居住之间积极而有意义的情感联系。场所感一旦消失,就意味着乡愁无处可寻,也无处安放。

诗人北岛1949年生于北京,2001年底当他重回阔别13年的故乡,发现这片养育过他的土地,变化实在太大,难以辨认,陌生得连家门都找不到。北京之所以让他陌生,是因为他记忆中有关北京的场所特性减弱并消失了,如胡同构筑的迷宫、能看到西山层叠起伏的后海、冬储大白菜的味儿、七拐八弯的吆喝声,他在自己的故乡成了异乡人。于是,在《城门开》这本书中,他说:

> 我要用文字重建一座城市,重建我的北京——用我的北京否认如今的北京。在我的城市里,时间倒流,枯木逢春,消失的气味儿、声音和光线被召回,被拆除的四合院、胡同和寺庙恢复原貌,瓦顶排浪般涌向低低天际线,鸽哨响彻深深的蓝天,孩子们熟知四季的变化,居民们胸有方向感。我打开城门,欢迎四海漂泊的游子,欢迎无家可归的孤魂,欢迎所有好奇的客人们。

显然,北岛想用文字塑造他记忆中的那个北京城,以此唤起一种巨大的都市变迁中浓浓的乡愁。北京几乎翻天覆地的城市新貌,引发北岛感怀的反而是那些过往的充满场所感的回忆和愁绪。

一座城市在走向现代化的进程中必然遭遇保护与发展的难题。从城市历史发展的角度来看,城市建筑空间的场所特性和场所结构存在保护与发展、稳定与变化的矛盾。应该看到,场所不可能永远不变化,场所的变化既有积极的一面,又有消极的一面。积极的一面是城市要发展、要前行,要让市民生活得更舒适,就不能不更新改造,创造符合时代要求的新空间,不可能不触碰历史建筑和历史空间,而且也并非所有老建筑、老街道都有必要或有条件完整保留下来。消极的一面是,城市若在高速经济发展中,对突显城市特色,承载历史、承载人们记忆和情感的老建筑缺乏起码的敬意,将历史建筑、历史街区当作城市发展的绊脚石，一味以推土机为先锋大搞城市建设，导致的结果便是城市现代与繁华了，但这个城市的文化血脉却没有了，原有的场所感几乎完全丧失了，当然也就很难记得住乡愁了。

这说明，对于城市建筑空间的场所特性和场所结构，应当处理好稳定性与变化性的关系，必须保持其相对稳定性，尤其是一些原有的承载城市特质和乡愁的场所特征，应当在城市建设发展中延续下来，并得到妥善保护。

对于北京城而言，明清两代留下的 62.5 平方千米的北京老城，以其匀称明朗、气象非凡的城市格局而成为世界城市史上的典范，必须要加以保护。这其中，最需要我们关注的不是已得到有效保护的重要文物建筑，而是最容易受到伤害的传统街道系统与民居建筑形态——胡同和四合院，正是胡同与四合院及其相互依存关系造就了北京独特的场所感。

澳大利亚遗产保护建筑师伊丽莎白·瓦伊斯（Elizabeth Vines）说得好："一座城市不仅仅只是由砖和灰浆所构成，而应该是此地独一无二的场所特征及其不断演变的故事的综合性结果。传统街景的拆毁隔断了一个社区与自己特殊过去的联系，这个过程是不可逆的——一旦消失，这些熟悉而亲切的建筑与场所将无法恢复。"

今天，面对城市建设、城市发展、居民生活条件改善与北京传统建筑文化传承、北京胡同与四合院保护之间的尖锐矛盾，也许我们首先应该反思的是：如何正确认识胡同和四合院在古都风貌和历史文化名城保护中的地位和价值？胡同与四合院作为植根民间和日常生活的建筑文化遗产，其本身除历史价值、建筑艺术价值之外，还有与其独特的场所特征相联系的情感价值，这一点尤其值得重视。没有物质性表征的记忆往往是抽象的，北京老城里活生生的老街巷、老房子作为存储和见证城市生活的具象符号，借由时间向度的历史叙述，借由城市居民对它们的依恋，突显了胡同——四合院所具有的不可替代的集体记忆功能，成为乡愁最重要的载体。如若在现代化发展与城市化进程中，一砖一瓦都带着民风民俗沉淀的胡同与四合院完全被宽阔的大街与鲜亮的新建筑湮没，我们又如何能体会到六朝古都的市井文化魅力呢？为了短期的经济利益和商业利益，拆除一个个老房子时，可能就少了一个个有场所感的地方。可喜的是，《北京城市总体规划（2016-2035 年）》提出，保护北京特有的胡同——四合院传统建筑形态，老城内不再拆除胡同四合院。

总之，破解城市发展中新与旧、保护与发展的难题，必须首先尊重老街区、老房子的文化情感价值，把它当成一种不可再生的城市财富来珍惜。

同时，全球化趋势使世界文化出现了史无前例的文化碰撞与文化交汇的复杂格局。在这样的时代背景之下，相对于西方强势文化的迅速扩张，处于发展中国家的我们，反而应当更要对本民族、本地域的文化传统抱有深厚情感，怀有浓郁的"乡土情结"或家园意识，坚守对民族传统文化的忠诚与认同。这种精神诉求实际上是传统文化的情感价值的重要体现，它源于人们一种内在的社会心理上的需求，即归属感需求。作为一种集体记忆形式存在的传统建筑、传统街区，恰恰能够满足人们归属于某一场所、某一地域、某一文化传统的愿望，强化人们的共同身份认知，成为乡愁的依托之地。

## 三、作为一种建筑审美意象的乡愁

总体上看，建筑遗产保护理论中的审美价值，其内涵注重的是建筑的形式元素和结构法则所体现出的审美质量和艺术水平，比较忽视审美意象层面的阐释，当然这可能与审美意象难以转换为具体的评估标准有一定的关系。实际上，从审美意象层面看建筑遗产的审美价值，乡愁是建筑审美意象的一个重要体现，我们可以在建筑遗产审美价值范畴内提出第二级的价值评价要素——乡愁价值。

关于审美意象，在我国近现代美学界，从朱光潜、宗白华到叶朗，一直被推崇为中国美学的核心概念。在朱光潜看来，意象是美感体验的对象和审美活动的结晶，"依我们看，美不完全在外物，也不完全在人心，它是心物婚媾后所产生的婴儿。"这个人心与外物、情与景交融而产生的"婴儿"就是意象。宗白华谈意境和意象时，举过一个例子。龚定庵在北京时对戴醇士说："'西山有时渺然隔云汉外，有时苍然堕几榻前，不关风雨晴晦也！'西山的忽远忽近，不是物理上的远近，乃是心中意境的远近。"透过这个例子，宗白华形象说明了意象是情景交融所产生的心像。

叶朗对意象进行了更为系统的分析。他认为，审美意象是一种在审美活动中生成的充满意蕴和情趣的情景交融的世界，它既不是一种单纯的物理实在，也非抽象的理念世界，而是一个生活世界，带给人以审美的愉悦，并以一种情感性质的形式揭示世界的某种意义。

从审美意象的视角看建筑遗产的审美价值，就不能仅仅停留于只是对作为审美客体的建筑本身的形态、结构和元素的审美价值评估，而应将建筑遗产视为一种审美之"象"，即作为主体的一种情感体验"意"之载体的"象"，这时的建筑遗产已经不是单纯的物理存在，而是充满情感意味的审美意象了。

同时，建筑遗产不仅具有三维空间的立体性，而且它还随时间的流逝而变化，也就是说建筑遗产之"象"是一种存在于四维时空中的形象，其独特性在于它可以通过实体形态直观地呈现和展示曾经流逝的岁月印记。对于普通人而言，看到老建筑上留下的由时光制造的斑驳痕迹，往往会引发一种怀古思幽之情。用阿洛伊斯·李格尔的一个概念来表达，这些浸透着细节回忆的岁月印记就是所谓的年代价值，"年代的痕迹，作为必然支配着所有人工制品之自由规律的证明，深深打动着我们""年代价值通过视知觉就立即可以表明自身，直接诉诸我们的情感"，它不需要像历史价值一样要获取有关详尽的历史事实，需要联系建筑遗产本身的历史重要性、真实性来衡量。可见，年代价值本质上是审美性的情感价值，它诉诸直观感受和当下的情绪体验，是构成建筑文化遗产乡愁价值的重要来源。

"乡愁不可道"！具有乡愁价值或者说带给人们乡愁感的建筑、历史古迹，往往具有某种难以名状的精神特质。很难准确界定乡愁的内涵，因此吟诵它的往往是诗人。唐代诗人戎昱凭吊楚国都城郢的遗址废墟时，登临高处想重拾旧游的心情，生发出的却尽是剪不断的乡愁："故国遗墟在，登临想旧游。一朝人事变，千载水空流。梦渚鸿声晚，荆门树色秋。片云凝不散，遥挂望乡愁。"钱钟书先生 1935 年在牛津大学埃克塞特学院学习，秋游牛津公园，触景生乡愁："绿水疏林影静涵，秋容秀野似江南。乡愁触拨干何事，忽向风前皱一潭。"

建筑遗产所呈现的乡愁价值是一个包容性很强的概念，既是一种特殊的审美价值，又是一种特殊的情感价值，它并非单一的如和谐、温暖、愉快等情感色调，还有静谧、孤独的感觉，也能够引发惆怅、忧愁、惋惜、忧郁等与愉快相对立的情感色调，尤其是建筑审美意象所体现的人生感、历史感、宗教感、沧桑感等意蕴，往往更容易使人感到莫名的惆怅、伤感，或可称之乡愁，但这种感受其实正是一种美感体验。梁思成和林徽因认为，建筑并不是砖瓦沙石等物无情无绪地堆砌，不仅是一种物质产品，同时也是一种能够营造意象的精神产品，尤其是人们面对着古建筑遗物时，能感受到一种他们

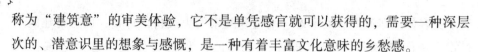

称为"建筑意"的审美体验，它不是单凭感官就可以获得的，需要一种深层次的、潜意识里的想象与感慨，是一种有着丰富文化意味的乡愁感。

无论哪一个巍峨的古城楼，或一角倾颓的殿基的灵魂里，无形中都在诉说，乃至于歌唱，时间上漫不可信的变迁；由温雅的女儿佳话，到流血成渠的杀戮。他们所给的"意"的确是"诗"与"画"的。但是建筑师要郑重地声明，那里面还有超出这"诗""画"以外的"意"的存在。眼睛在接触人的智力和生活所产生的一个结构，在光影可人中，和谐的轮廓，披着风露所赐予的层层生动的色彩；潜意识里更有"眼看着他起高楼，眼看他楼塌了"凭吊与兴衰的感慨；偶然更发现一片，只要一片，极精致的雕纹，一位不知名匠师的手笔，请问那时锐感，即不叫它作"建筑意"，我们也得要临时给他制造个同样狂妄的名词，是不？

需要说明的是，上面这段话选自梁思成与林徽因共同署名的《平郊建筑杂录》一文。1932年夏，林徽因在北京香山养病期间，曾与梁思成去香山卧佛寺、北法海寺和杏子口石佛龛等地考察古建筑，同年11月在《中国营造学社汇刊》第三卷第四期上，发表了这篇著名文章。正是当时北京四郊近二三百年间众多的寺庙和古建筑遗址，有的是显赫的名胜，有的是沉寂的"痕迹"，但它们都见证聚散流变，网罗鸟鸣松声，引发了他们"建筑意"般的乡愁。

瑞士著名建筑师彼得·卒姆托（Peter Zumthor）思考建筑时，谈到了建筑带给人的一种特别的情感"melancholy perceptions"，有学者将其译为忧郁感、凄迷感，笔者认为译为乡愁感更为贴切。他的基本观点是好建筑必须有能力融入人类生活的痕迹，他说："当我闭上双眼，尝试忘记这些自然痕迹和我最初的联想时，留下的是一种不同的印象，一种更深刻的感受——对时光流逝的感悟，对那些曾经发生在这些场所和空间的生活的理解，这些生活还赋予了他们特殊的氛围。在这些时刻，建筑的美学价值和实用价值、风格和历史的意义，都是次要的。唯一重要的，是这深深的伤感。"美国建筑师克里斯托弗·亚历山大（Christopher Alexander）在《建筑的永恒之道》一书中，一步一步探索具有永恒之道的建筑所具有的无名特质，从"生气"（alive）、"完整"（whole）、"舒适"（comfortable）、"自由"（free）、"准确"（exact）、"无我"（egoless），一直到"永恒"（eternal），最后他得出结论："无名特质包容了这些更简单、更美妙的特质。但它也还是如此的普通，不知怎的，它竟使我们想起了我们生活的匆匆流逝。这是一个略带惆怅的特质。"亚历山大最终将踏上永恒之道的建筑用略带"惆怅"或"辛酸"的字眼来表述其无名特质，这一观点同样表达了美感与乡愁的关联，可以说，无名特质就是一种乡愁感。

乡愁价值是建筑遗产的一种特殊的衍生价值，它既是一种以场所感为核心的情感价值，又是一种与岁月价值紧密相关的具有复杂情感色调的审美意象。这种乡愁价值，一方面作为人们共有的情感记忆，彰显了逝水流年中建筑场所的不朽特质与历史痕迹，一方面又与生生不息的现实联系在一起，呈现出旧与新的对话、毁坏与建设之间的反差，建筑遗产因而既具有过去性又具有当下性，所以它唤起的情感体验，既可能是民族、地域和乡土的熟悉感、认同感和自豪感，也可能是"时至自枯荣"般的伤感和忧郁。同时，乡愁的情感力量在推动建筑文化记忆传承中还发挥着不可小觑的作用。

阐释建筑遗产所具有的情感价值及其重要的构成要素——乡愁，将有利于拓展我们对建筑遗产价值的认识，并更为深刻地理解建筑遗产保护的重要意义。荷兰建筑师阿尔多·范·艾克（Aldo Van Eyck）有一句话说得很好："建筑，不必多做，也不应该少做，它就是协助人类回家。"有助于唤起我们的记忆、增强我们认同感和归属感的建筑遗产将帮助我们回家，并铭记乡愁。

# 第四节　历史文化名城整体保护原则

在我国，长期以来城市规划偏重物质空间规划而缺乏对文化层面问题的关注。进入 21 世纪，城市规划作为一种公共政策的观点，在我国规划界和政府层面得到广泛认同。作为公共政策的城市规划，也包含作为公共文化政策的城市规划。换句话说，城市规划从偏重于物质空间规划向偏重于公共政策设计转变，就意味着须将文化规划也纳入城市规划的体系之中，文化规划实际上就是公共政策与文化资源之间的联结。

总体上看，我国的城市规划编制体系，已将城市历史文化遗产保护纳入城市总体规划之中，尤其是国家法律层面已明确要求将名城保护规划纳入城市总体规划。现行《中华人民共和国文物保护法》第十四条第三款指出："历史文化名城和历史文化街区、村镇所在地的县级以上地方人民政府应当组织编制专门的历史文化名城和历史文化街区、村镇保护规划，并纳入城市总体规划。"

2005 年施行的《北京历史文化名城保护条例》第十六条规定："市人民政府应当根据北京历史文化名城保护工作的要求，组织编制北京历史文化名城保护规划，并将其纳入北京城市总体规划。市规划行政主管部门应当根据北京历史文化名城保护规划及市人民政府公布的名单和保护范围，组织编制城市地理环境、城市中轴线、旧城、皇城、历史文化街区等专项保护规划和旧城、历史文化街区修建性详细规划，报市人民政府批准并公布。"然而，上述规定主要针对的是由国务院核定公布的历史文化名城的文化遗产保护，其主要任务是划定保护和控制范围，鲜有将城市主题文化、城市总体文化风格、城市形象的文化表达明确纳入城市规划体系之中，并将文化规划视为各个层次规划中一个不可分割的部分，与其他领域的规划共同发挥作用以更为有效地发挥文化资源的作用，同时制定出将文化和土地利用以及文化和城市经济发展关联的整体规划政策。

正如单霁翔所说，在我国，"从城市规划的任务到城市规划管理的方法，从城市规划的编制到城市规划的实施，内容可谓详尽，但是缺少城市文化的基本内容，无论是城市文化规划还是城市文化建设均少有涉及"单霁翔所说的城市规划忽视城市文化规划和建设的现象，在我国新一轮的城市总体规划编制中得到了一定程度的纠正。

例如，2017 年 9 月，中共中央国务院批复的《北京城市总体规划（2016—2035 年）》中，历史文化名城的文化规划和建设工作有着举足轻重的地位。其中，第四章关于"加强历史文化名城保护，强化首都风范、古都风韵、时代风貌的城市特色"的内容，字数近万字，篇幅占整个规划文本约六分之一，详尽构建了四个层次、两大重点区域、三条文化带、九个方面的历史文化名城保护体系。

一个城市，只有将文化特色纳入城市战略构想，并制定与文化发展与土地利用、城市经济发展相关联的整体城市政策，城市规划才有可能在战略发展的高度上充分体现城市的特质。"千城一面"的现象之所以普遍，很大程度上是因为城市规划片面看重城市功能属性，缺乏文化视野和战略眼光，缺乏对城市精神的深层理解，缺少对文化特色的有效维护。

因此，针对中国城市，尤其是对"保存文物特别丰富并且具有重大历史价值或者具有革命纪念意义的城市"，即历史文化名城而言，应借鉴欧美一些城市文化规划的成功经验，通过涵盖区域、城市、社区等不同层面的文化规划途径，使城市的传统特色文化有机融入城市规划、城市设计的所有物质空间对象，并得以强化和表达出来。

对于北京而言，需要使城市规划基于北京特色文化定位，从而制定秩序与合理控制，强化首都风范、古都风韵、时代风貌的城市特色，将有鲜明特色的北京主题文化纳入城市规划全过程之中，将城市定位、城市形象与城市品牌统一到城市主题文化上来，让传统的城市文化遗产资源在新北京的背景下历久弥新、焕发勃勃生机。

对建筑遗产保护而言，核心原则是坚持有机更新基础上的整体保护原则。有机更新基础上的整体保护原则主要用于调整建筑遗产与城市风貌、城市更新的关系。作为具有一定价值要素的有形的、不可移动的文化遗产，建筑遗产是一个城市历史文化最直观、具象的表现，是展现城市风貌独特性的核心元素和基本载体。现代城市在走向现代化、全球化的进程中，随着城市更新速度加快，建筑遗产与城市风貌的关系大体呈现两种形态。

第一种形态是建筑遗产资源日益呈现出"孤岛化"或"盆景化"现象。由于历史街区完整的格局被破坏，大量的普通老建筑被拆除，城市的传统格局和传统风貌整体性丧失。虽然仅靠少数文物建筑或标志性老建筑作为孤立的"岛"或"盆景"支撑，也能够使城市体现出一些历史的痕迹，但是历史文化名城的传统建筑元素萎缩为形象单薄的几个"点"，在现代风格高楼大厦的层层包围中显得孤立而突兀。

从1982年到2017年，国务院已将我国133座城市确定为国家历史文化名城。然而，正是在改革开放及快速城镇化进程的这四十年间，我国许多历史文化名城仅仅重视对单个文物古迹的保护，忽视对历史建筑群和传统街区的整体保护，尤其是在大规模的旧城改造中，所谓"建设性破坏"和所谓"复古"或"仿古"热潮下的"保护性破坏"现象，对原有历史城市的街巷肌理和空间遗产造成了新的损害。对此，林林指出："总体上历史城区一直是名城保护的最大盲点，历史城区在20世纪80年代屡屡'失语'，在20世纪90年代节节'失守'，到2000年后处处'失控'，历史城区面目全非，成为'失落的名城'已是不争的事实。"

第二种形态是注重城市规划对历史文化名城整体保护的控制作用，通过规划途径较好地处理老城与新城、保护与更新的关系，营造建筑群的图底关系，保留老城历史轴线、街巷格局、历史地段、传统街区、山水格局原有的空间场所特征，城市在保持基本文脉的基础上有机更新，历史文化名城整体风貌得以有效保护和延续。

例如，山西平遥是我国少有的传统风貌型历史文化名城。作为目前我国历史风貌保存最好的古代县级城池之一，老城至今仍保留着相对完整的传统建筑风貌。历经六百余年风雨沧桑、总周长6163米的城墙，把面积约2.25平方千米的平遥县城分隔为两种不同风格的城市风貌，城墙以内是明清形制的老城，城墙以外则是新城，古城被包裹在新城之中，较为科学地处理了古城保护与新城建设的关系。

苏州老城虽然没有像平遥那样得到完整保存，但《平江图》所描绘的一千多年前的苏州老城格局尚存，尤其是平江路历史街区保存完整，约16千米长的护城河分隔出新老两个苏州，老城依然保持着"水陆并行、河街相邻"的双棋盘格局以及"小桥流水、粉墙黛瓦"的独特风貌，老城周边新建筑高度控制也较为理想，整体风貌呈现出新旧和谐共融的有机更新态势。

此外，对北京有借鉴意义的世界历史文化名城巴黎，虽然上百年来城市面积也在不断扩大，但是在城市现代化的进程中合理处理老城与新城的关系，对老城环境进行延续性修复，很好地营造了建筑群的图底关系。在体现城市形象的建筑文化遗产得到精心保护的基础上，一些不破坏城市整体风貌的新文化地标建筑又成功跻身城市文化符号之列。

无论是从文化规划，还是从城市建筑遗产保护理论的基本原则来看，上述第二种形态都是历史文化名城建筑遗产保护应该努力的方向。即便在今天的中国，保留有一个或几个历史时期积淀的完整建筑群的历史文化名城也少之又少，但我们至少可以在一定程度上整体保护幸存下来的老建筑及其周边环境和街巷肌理，不能只留下孤零零的几座老建筑，使之与其历史背景完全剥离而在现代城市结构中如"飞地"般存在。

有机更新基础上的整体保护原则的第一层含义，是通过城市规划、城市设计途径实现城市建筑遗产资源的整体性保护。20世纪初，意大利建筑师兼城市规划师古斯塔夫·乔万诺尼（Gustavo Giovannoni）所创立的城市遗产保

护和修复学说中有一个极其重要的原则，即"古代城市'片断'应被整合到一个地方的区域的和国土的规划中，这一规划象征了古代肌理与现在的生活关系"。乔万诺尼主张，应通过城市规划整合建筑遗产与当代城市形态的关系，使古代的肌理能有机融入现代城市生活。

实际上，从相关国际组织和机构通过的一系列保护历史文化遗产的宪章来看，20世纪60年代以来，西方建筑保护理论对建筑遗产本身内涵的扩展性认识，即建筑遗产的范围既包括历史建筑及其建筑群，也包括历史建筑赖以存在的历史街区、历史文化风貌区等能够集中体现特定文化或历史事件的城市或乡村环境，已足以说明对建筑遗产资源整体性保护的重视。

1964年，第二届历史古迹建筑师及技师国际会议通过的《国际古迹保护与修复宪章》（《威尼斯宪章》）第六条指出："保护一座文物建筑，意味着要适当地保护一个环境。任何地方，凡传统的环境还存在，就必须保护。凡是会改变体形关系和颜色关系的新建、拆除或变动都是决不允许的。"

1975年，欧洲议会部长理事会（Committee of Ministers of the Council of Europe）通过的《建筑遗产的欧洲宪章》指出，"多年来，只有一些主要的纪念性建筑得以保护和修缮，而纪念物的周边环境则被忽视了"。因此，"欧洲建筑遗产不仅包含最重要的纪念性建筑，还包括那些位于古镇和特色村落中的次要建筑群及其自然环境和人工环境"。

1976年，联合国教科文组织通过的《关于历史地区的保护及其当代作用的建议》（《内罗比建议》），提出了一个影响深远的重要理念，即"保护历史地区并使其与现代社会生活相结合是城市规划和土地开发的基本因素"，同时，该建议还强调，"除非极个别情况下并出于不可避免的原因，一般不应批准破坏古迹周围环境而使其处于孤立状态，也不应将其迁移他处"。

上述宪章总体上强调的是通过保护建筑遗产的周围环境，或者说通过对建筑遗产外围环境的控制来实现对遗产的整体保护，这是建筑遗产资源整体性保护的底线要求。从城市发展和文化规划的视角看，对于有着丰富建筑遗产资源的历史文化名城而言，建筑遗产资源的整体性保护原则还要求充分发挥建筑遗产的综合价值与整体文化效能，避免城市空间中传统建筑元素的"面"被打散，"线"被切断，通过"整体保护"与"重点保护"相结合的规划策略，将建筑遗产有机整合到城市的空间结构形态之中。

以北京为例，20世纪90年代的快速城市更新，使大片历史风貌建筑被拆除，保护与建设的矛盾日益突出。在此背景下，1999年6月，吴良镛、贝聿铭、周干峙、张开济、华揽洪、郑孝燮、罗哲文、阮仪三各位先生提出《在急速发展中更要审慎地保护北京历史文化名城》的建议，他们认为："北京旧城最杰出之处就在于它是一个完整的有计划的整体，因此，对北京旧城的保护也要着眼于整体。"其实，在更早的1994年，吴良镛先生就在《北京旧城与菊儿胡同》一书中明确提出了在城市发展中要保护老城格局完整性、城市的发展要以保持整体性为依归的"整体保护"的理念，并且强调了北京老城整体保护的必要性。他认为主要体现在两个方面。

第一，北京不同于其他一般历史文化名城，它是历史上不同时代凝结而成的最大古都，也是我国封建都城形制的博物馆，其格局至今明确可见；第二，它具有极严谨、极完整的城市设计下形成的整体秩序，这是不同于其他城市的显著特色，所以北京的保护，也不同于一般名城，不是一般的几个点、线、面的保护，而是从完整性的角度对待它的保护与发展问题。

应该说，上述这些著名学者的建议和观点切中北京历史街区和建筑遗产保护的要害。从城市总体规划层面上看，《北京城市总体规划（2004—2020年）》提出了坚持整体保护的原则，完善了市域和旧城历史文化资源和自然景观资源的保护体系。新版《北京城市总体规划（2016—2035年）》提出，北京历史文化遗产是中华文明源远流长的伟大见证，是北京建设世界文化名城的根基，要精心保护好这张金名片，凸显北京历史文化的整体价值。传承城市历史文脉，深入挖掘保护内涵，构建全覆盖、更完善的保护体系。尤其要提出的是，新版北京城市总体规划在保护的空间层次上回应时代要求，提出了老城、中心城区、市域和京津冀四个空间层次的历史文化名城整体保护体系。

近些年来，北京已初步构建了片状保护与线状、带状保护与开发相结合的整体保护模式。目前，北京老城内共有33片历史文化街区，面积约2063公顷，占老城总面积的三分之一左右。如果加上文物保护范围及建控地带，其总面积达到2700多公顷，约占老城总面积的44%。正是它们所具有的丰富历史肌理、建筑遗产资源与浓郁的历史文化氛围，构成北京城市文化魅力的重要部分。

《北京城市总体规划（2016—2035年）》提出扩大历史文化街区保护范围，即历史文化街区占核心区总面积的比重要由现状22%提高到26%左右。

尤其是在老城现有的 33 片历史文化街区基础上，将 13 片具有突出历史和文化价值的重点地段作为文化精华区，以强化文化展示与传承。

除了片状保护，2011 年 12 月公布的《北京市"十二五"时期历史文化名城保护建设规划》提出了"一轴""一线"和"一带"的保护概念，坚持老城在历史文化名城保护和文化北京建设中的核心地位。这其中，"一轴"（传统的中轴线）、"一线"（从朝阳门到阜成门的朝阜路沿线）和"一带"（长安街—前三门大街带状区域）是老城的核心景观带，必须进行更为完整和系统的保护。2016 年 6 月，北京市发布实施的《北京市"十三五"时期加强全国文化中心建设规划》，提出了"两轴、两核、三带、多点"的历史文化名城保护格局。其中，"两轴"指进一步提升北京城市传统中轴线（南北轴线）和长安街沿线（东西轴线）在统领城市空间发展格局上的重要地位；"两核"指进一步强化以老城、三山五园两大历史文化资源富集区为核心的文化名城建设；"三带"指加强对北部长城文化带、东部运河文化带、西部永定河—西山—大房山文化带等跨区域历史文化资源的系统梳理和有机整合；"多点"指发掘和弘扬其他具有北京地域文化特色的优秀历史文化遗产的价值，包括古城、古镇和传统村落、考古遗址公园及其他重要文化景观、国家级代表性非物质文化遗产项目等。

历史文化区空间要素的整体保护与线状、带状开发，有利于突显北京传统城市格局和历史文化建筑的独特魅力，使之成为北京文化记忆和文化旅游的高度聚集地。总体上看，北京历史文化名城完整的"面"的保护还有待加强，尤其是还没有处理好历史文化保护区分片保护与实施老城整体保护之间的关系。

有机更新基础上的整体保护原则，首先强调在确立全面保护的理念上，文化规划必须从空间维度上将建筑遗产单体和周边环境、空间格局的整体保护作为首要考虑的因素。历史文化名城"全面保护"的内涵，在 2016 年 6 月北京市委市政府发布的《关于全面深化改革提升城市规划建设管理水平的意见》中，阐释为"构建全面保护格局，完善全面保护机制"。对此，王飞进一步解读说："全面保护的理念就是要分层次、分类型、分时间、分地域地保护北京古都风貌的所有历史文化要素。"其次，有机更新基础上的整体保护原则强调应当处理好建筑遗产保护与城市更新之间的关系，从时间维度上动态保护城市发展各个时期形成的建筑遗产，处理好新建筑与老建筑之间的关系。

物的衰败与消亡，正如其更新与发展。在历史文化名城发展过程中，即便在老城风貌区，也不可能完全不允许新的开发，不改造老建筑或更新老建筑，关键是新的改造、新的建筑要有机融合到原有的城市文脉之中。吴良镛对北京老城菊儿胡同的更新改造便是一个有代表性的成功范例。菊儿胡同东起交道口南大街，西止南锣鼓巷，20世纪80年代这条胡同被列为北京危旧房改造项目。经吴良镛团队重新设计、规划和改造的菊儿胡同四合院之所以成功，首先是基于吴良镛提出的理论前提，即"有机更新"理念的指导。所谓"有机更新"，"即采用适当规模、合适尺度，依据改造的内容与要求，妥善处理目前与将来的关系——不断提高规划设计质量，使每一片的发展达到相对的完整性，这样集无数相对完整性之和，即能促进北京旧城的整体环境得到改善，达到有机更新的目的"。对于老建筑有机更新式的改造，吴良镛形象地用"百衲衣"来比喻。老城区那些构成城市肌理的破旧了的老建筑，可以修缮改造的，需要顺其原有的纹理加以"织补"，这样随着时间的流逝，它虽然成了"百衲衣"，但还是一件艺术品。

历史城区的文化魅力来源于不断地新陈代谢和有机生长过程所呈现出的多样化形态。老建筑固然是旧城风貌的基本载体，但不同时期、不同时代的新旧建筑共存并置而形成一种和谐多态的层叠关系，恰是一些历史文化名城的独特魅力和活力之源。例如，世界历史文化名城捷克首都布拉格，因其拥有为数众多的各个历史时期、各种不同风格的建筑（从罗马风时期、哥特时期、文艺复兴时期、巴洛克时期直到19世纪、20世纪等各个历史时期的建筑），被誉为"欧洲建筑博物馆"。每一时期的建筑都是一个时代的历史见证物，它们有机交织在一起，构成布拉格老城不可替代的文化魅力。巴黎也是如此，"像巴黎这样的城市的魅力来自其建筑及空间风格的多样性，它们不应被毫不妥协的保护所凝固，而应是延续的，如罗浮宫的金字塔所体现的"。安东尼·滕（Anthony M. Tung）在总结以色列首都耶路撒冷历时20年的老犹太区修复和重建工作经验时指出，在那里广场上的古代残迹与当代生机勃勃的新建筑并置，不同时代独特的建筑元素因石材的共性而融合在一起，由此他提出一个令人深思的观点。

　　对建筑保护的一个基本误解是，当我们决定保护老城区时，这个城市就会在时间上凝固。这种观点假定过去是一个固定的概念，古老区域不会按照我们对历史进程的理解去改变其意义。犹太区新的空间构成从悲剧中诞生，各个不同时代的历史建筑，以其各自原初的高度比肩而立，当代结构织入这个矩阵，呈现出这个历史城市的一种新形式，以及对于耶路撒冷文化延续的一个不同且发人深省的观点。

简·雅各布斯（Jane Jacobs）认为，好的城市形态是充满活力的，而城市活力主要源于城市的多样性。维系城市多样性的一个重要途径是处理好老建筑与新建筑的关系，使不同年代和状况的建筑能够并存。雅各布斯特别强调，她所谓的老建筑主要不是指博物馆之类的标志性建筑，而是很多普通的老房子。假若不同年代的普通建筑能聚在一起，复杂多元的用途和功能才有可能真的混合。因此，在历史文化风貌区，可以在符合历史文化名城保护规划要求的基础上，顺应城市肌理，循序渐进更新或建造一些体现时代精神的新建筑，只要这些新建筑能够尊重周围的环境氛围和空间尺度，不以自我为中心，不破坏空间环境的整体审美品质和文化特征，如《内罗比建议》所说，"应特别注意对新建筑制订规章并加以控制，以确保该建筑能与历史建筑群的空间结构和环境协调一致"。

目前，在我国不少历史文化名城所制订的保护条例和保护规划中，对保护规划范围内的新建筑风格和体量都有一些强制性要求，现行《北京市历史文化名城保护条例》第20条规定不能突破建筑高度、容积率等控制指标，违反建筑体量、色彩等要求；不能破坏历史文化街区内保护规划确定的院落布局和胡同肌理等。然而，在现实的城市发展过程中，由于规划的严肃性和权威性不够等因素制约，城市开发建设常常突破上述要求。

例如，北京老城高度控制虽然历经三版总体规划［《北京城市建设总体规划方案（1982—2000年）》《北京市城市总体规划（1991—2010年）》《北京市城市总体规划（2004—2020年）》］，老城最高45米的高度从规划上坚守了30多年，但是在具体实施上情况并不乐观，这份高度控制方案自出台之日起，严守和突破两种观念间的较量就没有停止过，而且往往以后者的胜利而告终。而戴念慈先生生前"太和殿广场上不能看到高楼"的底线也最终被突破，这是十分令人遗憾和惋惜的。

另外，对新建筑风格、色彩、形态和体量上的一些要求和规定，仅适用于历史文化保护规划范围内的新建筑，从城市整体风貌保护的视角看这显然是不够的，应在城市总体规划层面划定建控地带，对新建筑的整体风貌提出基本要求，制订具体的新建筑设计导则，从城市规划、城市设计层面，不仅对历史风貌区，而且对整个历史文化名城新的城市开发建设形成有力的控制。《北京市城市总体规划（2016—2035 年）》通过"特色风貌分区"的方式，对新建筑的整体风貌提出了不同的管控要求。"总规"将中心城区划分为古都风貌区、风貌控制区、风貌引导区三类。其中，古都风貌区指二环路以内，实行最为严格的建筑风貌管控，严格控制区域内建筑高度、体量、色彩与第五立面等各项要素，逐步拆除或改造与古都风貌不协调的建筑，实现对老城风貌格局的整体保护。

风貌控制区指二环路与三环路之间，按照与古都风貌协调呼应的要求，细化区域内对建筑高度、体量、立面的管控要求，加强对传统建筑文化内涵的现代表达。

风貌引导区指三环路以外，处理好继承和发展的关系，充分吸收传统建筑元素，鼓励采用现代建筑设计手法与材料，展现具有创新精神的时代特征和首都特色。

# 第五节　适宜性开发原则

虽然在建筑遗产保护问题上，"开发"这个词如同"文化产业"一词一样，由于与市场化、商业化紧密相关而常常招致批评，但实际上，在现代城市建筑遗产保护工作中，不可能只对建筑遗产实施保存、修缮和环境整治工作，如同建筑遗产的内涵在不断扩展一样，对于何谓"保护"，也应有新的拓展性认识。

1979 年，澳大利亚国际古迹遗址理事会在巴拉会议上通过的《保护具有文化意义地方的宪章》（《巴拉宪章》），不仅突出强调遗产的文化价值，还提出"保护"的概念包含保护性利用（conservative use）、阐释（或展示）（interpretation）等更为广义的内涵。西班牙学者萨尔瓦多·穆尼奥斯·比尼亚斯（Salvador Munoz Vinas）认为，今天的保护是一项综合性的活动，狭义的保护是相对于修复而言的保持性活动，而广义的保护则是包括再生、复兴、更新、改造、利用、活化等其他相关活动在内的行为的总称。

马尔塔·托尔（Marta de la Torre）认为，今天的保护被认为包含了任何旨在维护遗产或场所意义的行动，无论是在过去还是现在，保护都是试图控制和直接改变遗产的一种尝试。随着现代建筑遗产保护运动的发展，还有一个非常重要的价值拓展，就是对建筑遗产的价值认识从内在价值走向内在价值与外在价值相结合的综合价值观，即将建筑遗产不仅视为一种珍贵的文物，同时还视为一种文化资源和文化资本（cultural capital）。在此意义上，可以说通过对建筑遗产的适宜性再开发（包括重建、改造、扩建、再利用等活动），更好地保护其综合价值，尤其是挖掘和发挥其蕴含的独特公共文化价值功能，也是一种保护。那么，何谓建筑遗产的适宜性开发原则？

文化规划视角下的适宜性开发原则秉承文化价值的保存与提升不仅是建筑遗产保护的首要目的，也是保护的重要手段的理念，强调任何对建筑遗产的利用性、开发性保护，若有助于提升而非损害遗产的文化价值的话，则是适宜的。其中，建筑遗产的文化价值具有丰富的含义，它至少包括历史价值、艺术价值、科学价值、文化教育价值。

法国文化部建筑和遗产司总监阿兰·马里诺斯（Alain Marrinos）认为："在全球化加速发展的 21 世纪，保护历史遗产不再是孤立地保护古建筑，更多的是保护一种文化认同，是一个与人息息相关的议题。人们需要文化根基来平衡现代化与全球化的冲击继续前行，这就是如今我们保护历史遗产最重要的意义。"马里诺斯的观点实际强调，不能仅仅为了保护而保护一些老建筑，建筑遗产保护的实质是保护一种文化认同，考虑如何让体现民族和地域文化精神的建筑文化传统在现代社会存续下去。马里诺斯的观点也折射出当今文化遗产保护理论中的价值转向。其一，真实并不是保护所追求的终极目标，应从保护"真实"走向保护"意义"；其二，保护不能仅仅基于文化遗产在物理方面的内在质量，还应当建立在我们认识到它们的美学价值、历史价值和社会价值等方面价值的基础上，或者说，社会必须认识到遗产对建构我们文化身份的作用。在此意义上，遗产不仅表现为一种有形的物理存在，更是一种作为文化认同的无形存在，与遗产的物理属性没有紧密联系。

建筑遗产与其他文化遗产相比，具有较强的社会属性和公共性文化意义，因而如何通过保护性再利用和再开发途径提升其公共文化效能，提升公众对建筑遗产的兴趣以及对其价值的认知和鉴赏水平，使之成为一个城市地方认同和文化认同的象征和源泉，一定程度上说就是对建筑遗产最好的保护。

1975 年欧洲建筑遗产大会通过的《阿姆斯特丹宣言》指出："建筑遗产只有得到公众赏识尤其是年轻一代的赏识才得以存续。"在此意义上可以说，只要有利于增强公众对建筑遗产的了解与赏识，增强对文化认同感的开发性利用和保护，就是适宜的。更准确地说，这是一种作为文化发展和教育策略的遗产保护途径。

英国学者贝拉·迪克斯（Bella Dicks）从"可参观性"（visitability）的生产这一视角，探讨了当代城市公共空间被展示出的文化价值。她认为，"20世纪 80 年代以来，可参观性已经成为规划公共空间的一项关键原则""将事物转化为可被参观、可被观赏的将延续其生命，不仅可以为他者充当展示，也可以为自己用作文化或教育的资源"文化遗产的可参观性取决于对文化的展示程度，即如何将场所变成展览，使场所具有"可读性"（legibility），让文化被铭刻在物质层面上，使某些文化价值被视为某一场所的身份，以此方式吸引市民的注意力，这是促进城市文化消费的重要路径。"可读性"与"可参观性"同样也可作为建筑遗产资源规划与开发的一项可行策略，使建筑文化遗产景观不仅成为文物，一种历史建筑，还成为一种独特的地方体验。

基于文化规划的城市有利更新与建筑遗产保护，可以通过对一些建筑遗产和传统都市空间进行改造、再开发、再利用，介入一些阐释性的公共艺术，使之成为具有可体验性、可参观性的文化设施或文化展示空间，让建筑遗产更好地传递意义，让使用者（居民、游客）不仅能"观看"建筑遗产，而且还可以通过各种方式"阅读"建筑遗产、体验建筑遗产，以此激活建筑遗产的公共文化价值，培育公众的传统文化认同感，发挥建筑遗产有助于展示与体验城市独特性的重要功能。

在当代，侧重与社会文化和艺术需求相结合的普通历史街区、产业建筑遗产的再开发模式，业已成为保护并活化建筑遗产的重要途径，中外都有不少成功的范例。一些再开发较为成功的历史文化街区，往往在保护真实的历史信息基础上，以地域文化脉络为主线，根据建筑遗产的不同特点，将其修复或改建成不同功能的文化空间，探索传统建筑遗产与城市文化生活融合的有效途径，有效发挥其公共文化功能，提升历史文化街区在文化上与经济上的增值效应。

例如，有七百多年历史的北京南锣鼓巷历史文化街区，是我国唯一完整保存着元代胡同院落肌理的传统民居区，整体呈"鱼骨架"状，以南锣鼓巷为骨干，东西两侧各有八条较为规整的胡同。其具体保护范围东至交道口南大街，南至地安门东大街，西侧为地安门外大街，北到鼓楼东大街，总面积88.15公顷。虽然1993年南锣鼓巷就被北京市划入第一批历史文化保护区范围，但在2005年之前，该区域人口密集（街区人口密度高达2万人/平方千米），基础设施落后，历史建筑破损严重，胡同破旧狭窄。

2005年之后，随着对南锣鼓巷的全面更新改造，依托其优越的区位优势和丰富的文化遗产资源，在城市规划［主要是《交道口街道社区发展规划（2006—2020）》《南锣鼓巷保护与发展规划（2006—2020年）》］的引导下，通过街区肌理修复、基础设施完善、胡同全面整治、文化业态引入、历史文化挖掘等一系列改造提升工程，南锣鼓巷成为享誉国内外的特色文化街区。

2016年12月，《南锣鼓巷历史文化街区风貌保护管控导则（试行）》发布，这是北京市第一个风貌保护管控导则。该导则对街巷尺度、建筑格局、门楼形式、装饰构件等20多项内容都做出了明确规定，并附有详细图例。南锣鼓巷的"可参观性"生产，主要基于以文化创意产业为基础的建筑遗产再利用策略。这是全国大多数历史街区开发再利用的主要模式，"一方面促进了建筑遗产的价值传承，另一方面也通过现代功能的改造，实现其文化利用与持续发展，将建筑遗产本身的价值与城市发展、社区促进紧密联系起来"。虽然当前南锣鼓巷存在着不少问题，如商业气息过浓、文化创意业态越来越乏味和标准化，但总体上说，仍是历史文化名城建筑遗产再利用较为成功的一个案例。

一些有丰富产业遗产的历史文化名城，则结合自身情况对产业遗产进行改造再利用，将其改造或扩建成主题博物馆或展览馆、社区文化中心、艺术区、景观公园、工业遗产展示游览区等各个层次的文化空间。例如，20世纪末至21世纪初，一批艺术家开始成规模租用改造原北京华北无线电联合器材厂闲置的厂房，创立工作室、画廊、文创业态和文化机构，后在多种力量推动下将此旧厂区发展成为中国最有世界影响力的798艺术区。1952年由苏联援建、由民主德国（DDR）德绍一家建筑设计院设计的北京华北无线电联合器材厂的厂房，属于有着重要艺术价值和历史价值的工业建筑遗产。该厂房采用典型的包豪斯风格设计，造型简洁朴实，线型灵活多样，尤其是其中的六七处厂房采用锯齿形现浇筒壳结构，梁柱为弧形Y状结构，北侧屋顶为横向天窗，为其他建筑所少见，整体造型呈现出一种特殊的美感。在当代国际范围内，如此大规模的包豪斯建筑群并不多见，非常珍贵。2005年这些包豪斯建筑被北京市政府列为"优秀近现代建筑"。除此之外，高大空旷的厂房墙上"毛主席万岁万万岁"等口号和语录还依稀可辨，令人仿佛置身于一个特殊的年代。正是这些独特的工业建筑遗产、时代印迹与现代艺术的奇妙交错，成为吸引艺术家们来到这里的一个重要原因。更难能可贵的是，艺术家们还以敏锐的眼光发掘、保存并激活了798迷人的空间特质，"这些空置厂房经他们改造后本身也成为新的建筑作品，与厂区旧有建筑在历史文脉与发展范式之间、实用与审美之间展开了生动的对话"。798艺术区具有了现代主义包豪斯风格建筑保护、艺术家的创作与展示、艺术品的交易、公共艺术教育及时尚消费、文化旅游等诸多功能和内涵。

总之，基于城市文化规划的历史街区和产业建筑遗产再开发利用模式，不仅可以通过其营造的文化空间展示和传承城市文化，而且还可以给予衰败的街区和废弃的建筑以新的生命。

需要说明的是，通过建筑遗产的再开发途径提升其"可参观性"，多数情形下只适用于具有一般保护价值的非重要文物建筑。建筑遗产中具有突出文化价值的重要纪念建筑和文物建筑，如北京的故宫、天坛，其建筑遗产本身便具有独一无二的"可读性"与"可参观性"，这类建筑不适合开发性保护。对这类建筑遗产的保护，除了坚持原真性和历史完整性原则之外，面对人潮汹涌的参观者，还有必要采取法国学者弗朗索瓦丝·萧伊（Francoise Choay）所提出的调节游客人流、设置步行通道等限制方式的策略性保护原则。由此可见，适宜性开发原则并非适合所有建筑遗产的保护，它主要针对的是历史文化名城建筑遗产中具有一般保护价值的普通建筑遗产。

# 参考文献

[1]丁援.文化线路:有形与无形之间[M].南京:东南大学出版社,2011.

[2]黄鹤.文化规划:基于文化资源的城市整体发展策略[M].北京:中国建筑工业出版社,2010.

[3]单霁翔.从"功能城市"走向"文化城市"[M].天津:天津大学出版社,2013.

[4]张松.城市文化遗产保护国际宪章与国内法规选编[M].上海:同济大学出版社,2007.

[5]吴良镛.北京旧城与菊儿胡同[M].北京:中国建筑工业出版社,1994.

[6]孔庆普.城:我与北京的八十年[M].北京:东方出版社,2016.

[7]北京市档案馆.北京档案史料(2013年4月)[M].北京:新华出版社,2013.

[8]陈曦.建筑遗产保护思想的演变[M].上海:同济大学出版社,2016.

[9]梁思成.建筑文萃[M].北京:生活·读书·新知三联书店,2006.

[10]邵勇,法国建筑·城市·景观遗产保护与价值重现[M].上海:同济大学出版社,2010.

[11]梁思成.中国建筑史[M].北京:生活·读书·新知三联书店,2011.

[12]孙机.中国古代物质文化[M].北京:中华书局,2014.

[13]薛林平.建筑遗产保护概论[M].北京:中国建筑工业出版社,2013.

[14]华新民.为了不能失去的故乡:一个蓝眼睛北京人的十年胡同保卫战[M].北京:法律出版社,2009.

[15]林源.中国建筑遗产保护基础理论[M].北京:中国建筑工业出版社,2012.

[16]彼得·卒姆托,思考建筑[M].香港:香港书联城市文化事业有限公司,2010.

[17]尤哈尼·帕拉斯玛.碰撞与冲突:帕拉斯玛建筑随笔录[M].美霞·乔丹,译.南京:东南大学出版社,2014.

[18]丹尼尔·布鲁斯通.建筑、景观与记忆——历史保护案例研究[M].汪丽

君,舒平,王志刚,译.北京:中国建筑工业出版社,2015.

[19]切萨雷·布兰迪.修复理论[M].陆地,编译.上海:同济大学出版社,2016.

[20]阿莱达·阿斯曼.回忆空间:文化记忆的形成和变迁[M].潘璐,译.北京:北京大学出版社,2016.

[21]伊塔洛·卡尔维诺,看不见的城市[M].张宓,译.北京:译林出版社,2012.

[22]北京市古代建筑研究所.当代北京古建筑保护史话[M].北京:当代中国出版社,2014.

[23]帕特里克·格迪斯.进化中的城市——城市规划与城市研究导论[M].李浩,等,译,北京:中国建筑工业出版社,2012.

[24]弗朗索瓦丝·萧伊,建筑遗产的寓意[M].寇庆民,译.北京:清华大学出版社,2013.

[25]贝拉·迪克斯.被展示的文化——当代"可参观性"的生产[M].冯悦,译.北京:北京大学出版社,2012.

[26]喜仁龙.北京的城墙与城门[M].邓可,译.北京:北京联合出版公司,2017.